Antiquarische Gesellschaft in Zürich

SGHB Schweizerische Gesellschaft für Historische Bergbauforschung
SSHM Société Suisse d'Histoire des Mines
SSSM Società Svizzera di Storia delle Miniere

Mitteilungen der Antiquarischen Gesellschaft in Zürich, Bd. 93
(190. Neujahrsblatt)

Minaria Helvetica 47/2026

Dölf Wild, Roger Widmer (Hg.)

Bergbau im Kanton Zürich

Eine Geschichte von Hoffnung auf Wohlstand und Unabhängigkeit

Mit Beiträgen von
Kurt Altorfer, Jean-Daniel Blanc, Sebastian Brändli,
Rudolf Gamper, Peter Niederhäuser, Johann Savary,
Bettina Schöller, Roger Widmer, Dölf Wild

CHRONOS

Die Antiquarische Gesellschaft in Zürich dankt der Stadt Zürich, Kultur, für die finanzielle Unterstützung der jährlichen Aktivitäten.

Die Publikation wurde ermöglicht durch die grosszügigen Beiträge folgender Gemeinden, Stiftungen und Institutionen:

Gemeinde Aeugst am Albis
Gemeinde Elgg
Gemeinde Horgen

Eisenbibliothek Paradies (Franziska Eggimann)
Erika Brawand Jucker- Stiftung
WAK, Elgger Genossenschaft für Wohnen, Arbeit und Kultur
STARCH, Stiftung für Archäologie und Kulturgeschichte im Kanton Zürich
Dr. von Moos AG, Geologie und Geotechnik
Jäckli Geologie AG

Bergwerkverein Käpfnach

Umschlagkonzept: Thea Sautter, Zürich
Umschlagbild: Stollen im Bergwerk Riedhof bei Aeugst. Roger Widmer, 2015.

ISBN 978-3-0340-1850-0

Chronos Verlag
Zeltweg 27
CH-8032 Zürich
T +41 44 265 43 43
www.chronos-verlag.ch
info@chronos-verlag.ch

Produktsicherheit
Verantwortliche Person gemäss EU-Verordnung 2023/988 (GPSR)
GVA Gemeinsame Verlagsauslieferung
Göttingen GmbH & Co. KG
Postfach 2021
37010 Göttingen
Deutschland
T +49 551 384 200 0
info@gva-verlag.de

Inhalt

Bergbau im Kanton Zürich

Es fällt schwer, sich den Kanton Zürich als Bergbaugebiet vorzustellen. Heute ist kaum mehr von Interesse, dass der kantonale Boden an erstaunlich vielen Stellen Kohleflöz enthält – die Vorkommen sind gemessen an unserem enormen Energiebedarf zu gering. Auch finden sich kaum Spuren der historischen Rohstoffgewinnung im Gelände, die für das ungeübte Auge zu erkennen wären. Und Zeitzeugen der letzten Phase des Abbaus gibt es nur noch wenige. Obwohl die Erinnerung an die Gewinnung von Rohstoffen in unserer Region verblasst ist, kann der Bergbau als ein bedeutendes Kapitel der Zürcher Wirtschaftsgeschichte bezeichnet werden. Das vorliegende 190. «Neujahrsblatt der Antiquarischen Gesellschaft», das gleichzeitig Band 47 der «Minaria Helvetica» der Schweizerischen Gesellschaft für historischen Bergbau ist, widmet sich diesem Kapitel.

Insgesamt sind im Gebiet des Kantons Zürich über 80 Abbaustellen bekannt. Die frühesten Spuren der Rohstoffgewinnung finden sich auf der Lägern, wo Menschen in der jüngeren Steinzeit die Silexvorkommen nutzten. Seit dem ausgehenden Mittelalter wurde im Norden des Kantons Quarzsand abgebaut. Die grösste Bedeutung kam den Kohlebergwerken zu, die vom 16. bis Mitte des 19. Jahrhunderts betrieben wurden. Ihr Ende kam mit der Ankunft der Eisenbahn in der Schweiz und dem damit einhergehenden exponentiell steigenden Bedarf an Kohle. Da dieser von Schweizer Bergwerken nicht gedeckt werden konnte, löste der Import ausländischer Kohle den Abbau inländischer Rohstoffe ab. Auch das Bergwerk Horgen-Käpfnach, das drittgrösste Bergwerk der Schweiz, stellte seinen Betrieb ein. Letztmals Kohle abgebaut wurde während der beiden Weltkriege. Seither ist keine der kantonalen Gruben mehr in Betrieb.

Mit dem Bergbau im Kanton Zürich greift der vorliegende Band ein Thema auf, das von aktuellem Interesse ist. Auf der Grundlage einer Einführung in die Geologie und das Rohstoffvorkommen des Kantons Zürich bietet er einen historischen Einblick in die Gewinnung von Bodenschätzen und den Umgang der Menschen mit wertvollen natürlichen Ressourcen, im Besonderen mit der heute intensiv zur Diskussion stehenden fossilen Energie.

Erarbeitung und Realisierung des Bands werden von zwei Gesellschaften getragen, die sich dafür erstmals zusammengetan haben: Die Antiquarische Gesellschaft (Historischer Verein des Kantons Zürich) konnte sein dichtes historisches und archäologisches Netzwerk einbringen, die Schweizerische Gesellschaft für Historische Bergbauforschung ihr naturwissenschaftlich-technisches. So ist ein Gemeinschaftswerk entstanden, in dem der Stand der Forschung über den Bergbau im Kanton Zürich über die Grenzen der Fachdisziplinen hinaus präsentiert wird.

Unser Dank geht an die Autoren und Autorinnen für ihre wertvolle Zeit und die Arbeit, die sie in die Artikel investiert haben. Besonders danken wir Dölf Wild und Roger Widmer, die das Thema aufgegriffen, die Zusammenarbeit der beiden Vereine aufgegleist, die Herausgeberschaft übernommen und selbst mehrere Artikel beigetragen haben. Ihre Begeisterung für den Bergbau im Kanton Zürich hat den vorliegenden Band erst möglich gemacht. Und nicht zuletzt bedanken wir uns bei allen Sponsorinnen und Sponsoren, welche den Band finanziell unterstützen.

Bettina Schöller
Präsidentin der Antiquarischen Gesellschaft
in Zürich

Rouven Turck
Präsident der Schweizerischen Gesellschaft
für Historische Bergbauforschung

Abb. 1: Hinterleuchtete Glasmalerei der heiligen Barbara im Bergwerk Käpfnach. Hergestellt von Janos Klein, Gründungsmitglied des Bergwerkvereins, nach einem ungarischen Vorbild anlässlich der Öffnung des Rotwegstollens am 4. Dezember 1984. Foto D. Wild 2025.

Bettina Schöller

Die heilige Barbara – nicht die einzige Frau im Kohlebergbau

Der 4. Dezember ist in vielen Bergwerken ein Feiertag. Auch im Kohlebergwerk Käpfnach bei Horgen, heute ein Besucherbergwerk und ein beliebtes Ausflugsziel, wird der Tag der heiligen Barbara noch immer begangen. Die Gäste fahren mit dem Zug in den Stollen und besammeln sich an einer weiten Stelle. Dort werden Reden gehalten und eine Person, die sich im vergangenen Jahr um das Bergwerk verdient gemacht hat, erhält einen Zweig. Auf ihrem Weg zur Feier passieren die Besucherinnen und Besucher ein hinterleuchtetes Glasbild der Heiligen (Abb. 1). Das in einem Holzrahmen montierte Fenster zeigt Barbara in historisierend mittelalterlichem Stil mit blauem Kleid, rotem Mantel, einer Krone und einem Heiligenschein. Sie steht neben einem schlanken Turm und trägt in den Händen einen Kelch mit einer Hostie und einen Palmzweig. Unten links ist das Bergwerkssymbol mit gekreuztem Schlägel und Eisen zu sehen, unten rechts das Wappen Horgens.

Die Legende der heiligen Barbara

In der Regel wird am Barbaratag auch an die Legende der Heiligen erinnert. Die frühchristliche Märtyrerin soll um 300 n. Chr. in Nikomedien gelebt haben, einer Stadt im Norden der heutigen Türkei. Historisch nachgewiesen werden konnte sie allerdings nicht. Der Kern der Erzählung ist frühmittelalterlichen Ursprungs, die früheste Nennung Barbaras findet sich in einem um 700 niedergeschriebenen Verzeichnis von Märtyrern und Märtyrerinnen der römischen Kirche. Die älteste heute bekannte schriftliche Version der Legende stammt aus dem 11. Jahrhundert.[1]

Im Kern berichtet sie von Barbara als einer Tochter des Dioskuros von Nikomedien. Der Vater lässt die ausserordentlich schöne und kluge junge Frau in einen Turm sperren, um ihre Unberührtheit zu bewahren. Vornehme Männer, die um ihre Hand anhalten, lehnt sie ab. Neben dem Turm wird ein Bad mit zwei Fenstern errichtet. Als Dioskuros für einige Zeit verreist, lässt Barbara ein drittes Fenster ins Bad einbauen, als Zeichen der christlichen Dreieinigkeit. In die Mauer gegen Osten zeichnet sie mit ihrem Finger ein Kreuz. Nach seiner Rückkehr stellt der Vater die junge Frau wegen des dritten Fensters zur Rede. Sie verweist auf die Dreieinigkeit von Vater, Sohn und Heiligem Geist und gibt sich damit als Christin zu erkennen. Dies erzürnt den heidnischen und christenfeindlichen Dioskuros so sehr, dass er sie töten will. Vorerst gelingt Barbara die Flucht, doch wird sie von ihrem Vater eingeholt. Als sie ein Gebet spricht, öffnet sich ein Fels, und sie kann sich im Berg verstecken. Ein Hirte verrät sie, woraufhin der Vater ihrer habhaft wird. Er schleift sie zurück in die Stadt und bringt sie vor den römischen Statthalter. Als bekennende Christin wird sie gefoltert. Nun vollziehen sich an der Märtyrerin für alle sichtbare Wunder: Über Nacht verschwinden ihre Wunden, und als sie öffentlich entkleidet wird, erscheint ein Engel und hüllt sie in ein weisses Gewand. Der wütende Dioskuros ermordet sie schliesslich eigenhändig mit seinem Schwert. Spätere Versionen der Legende berichten, dass er nach dieser schrecklichen Tat von einem Blitz getroffen und selbst getötet worden sei.[2]

Barbaras Aufstieg zur populären Schutzpatronin

Die Legende, die im Lauf der Zeit ausgeschmückt und um neue Episoden erweitert wurde, bot schon kurz nach ihrer Entstehung viele Anknüpfungspunkte für die Verehrung Barbaras durch zahlreiche Bevölkerungsgruppen. Die Verletzlichkeit der jungen Frau, die gefangen und hingerichtet worden war, machte sie als Schutzheilige für Mädchen, Gefangene und Sterbende beliebt. Wegen des Turms wurde sie unter anderem von denen verehrt, die mit Steinen arbeiteten. Ihr unverhoffter Tod machte sie zur Patronin von Menschen, deren Arbeitsalltag gefährlich war, darunter Architekten, Maurer oder Steinmetze. Zahlreiche weitere Berufsgruppen leiteten für sich aus der immer reichhaltiger werdenden Legende eine Schutzherrschaft der heiligen Barbara ab. Davon sind zwei Patronate bis heute populär geblieben. Zum einen gilt sie noch immer als Schutzherrin der Artilleristen. Als Soldaten sind sie nicht nur einem hohen Sterberisiko ausgesetzt, zu ihrem Handwerk passt auch das Motiv des rächenden Blitzes, der Barbaras Vater erschlagen hat und in seiner tödlichen Wirkung dem Feuer von Kanonen gleicht.[3] Zum andern hat das Barbara-Patronat der Bergleute nicht nur die Zeit überdauert, sondern ist in jüngerer Zeit von den Tunnelbauenden adaptiert worden. Die Verehrung der Heiligen durch diese beiden Berufsgruppen erklärt sich aus der Episode mit dem sich öffnenden Felsspalt: Dass ein Berg Barbara Zuflucht gewährt haben soll, prädestiniert sie für den Schutz der unter Tage Arbeitenden.[4]

Im Lauf des Mittelalters wuchs die Popularität der Patronin. Sie fand ihren stärksten Ausdruck darin, dass Barbara seit dem ausgehenden Mittelalter zum Kreis der 14 Nothelfer gehörte. Dabei handelt es sich um eine Reihe von im Volksglauben beliebten Heiligen, die in bestimmten Krisensituationen wirksame Hilfe leisten sollten. Barbara war eine von nur drei weiblichen Heiligen dieses Kanons und wurde in der Sterbestunde angerufen.[5]

Ihre Beliebtheit machte Barbara zu einer der am häufigsten abgebildeten Heiligen des ausgehenden Mittelalters. Das bereits beschriebene Glasbild von Käpfnach knüpft an diese Darstellungen an und zeigt prototypisch die Attribute der Heiligen (Abb. 1). Ihr wichtigstes Erkennungsmerkmal ist der Turm, neben dem sie entweder steht oder von dem sie ein kleines Modell in den Händen trägt. Hinzu kommen Kelch und Hostie als Verweis auf einen späteren Legendenzusatz, der berichtet, ein Engel habe ihr einen Kelch ins Gefängnis gebracht. Häufig ist sie mit Palmzweig abgebildet, einem in der christlichen Ikonografie typischen Erkennungszeichen von Märtyrern und Märtyrerinnen.[6] Ein

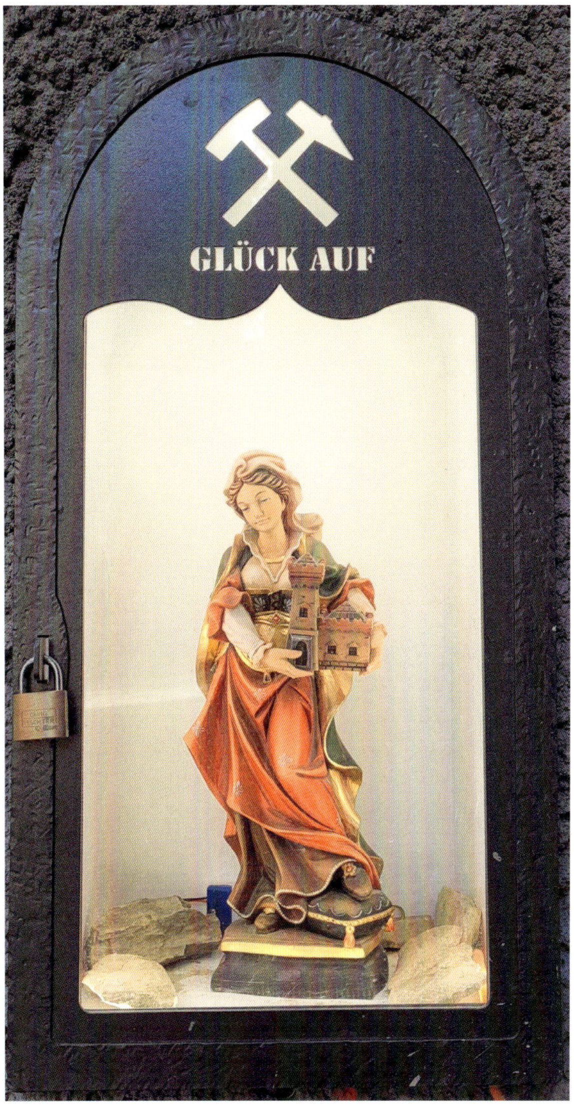

Abb. 2: Beleuchtete und hinter Glas gestellte Barbara-Statuette beim Eingang zur Tunnelbaustellen des Sihl-Entlastungsstollens. Foto W. Klaus, Bergwerkverein Käpfnach, 2025.

Zweig, wenn auch nicht ein Palmzweig, spielt auch im Barbara-Brauchtum eine bedeutende Rolle. Am 4. Dezember wird in der Kälte ein Forsythien- oder Kirschbaumzweig geschnitten, der um die Weihnachtstage zu blühen beginnt. Gedeutet wird die Blüte als Symbol der Geburt Christi. Ursprung dieses Brauchs ist ein weiterer Legendenzusatz: Ein Zweig habe sich in Barbaras Kleid verfangen und im Gefängnis zu blühen begonnen. Die Märtyrerin habe darin ein Zeichen der Hoffnung auf ihre Auferstehung nach dem Tod gesehen.[7] Der Zweig, der an der Käpfnacher Barbara-Feier verliehen wird, spielt vermutlich ebenfalls auf diese Episode an.

Barbara und der Bergbau

Aus der Zeit des Spätmittelalters, als die Verehrung Barbaras einen Höhepunkt erreichte, sind auch die frühesten Zeugnisse ihrer Funktion als Patronin der Bergleute überliefert. Die Bedeutung der Heiligen für diese Berufsgruppe war jedoch einerseits lokal, andererseits nicht exklusiv. Ihre Verehrung war vorerst vor allem in den traditionellen Bergbaugebieten wie Böhmen, Sachsen oder Schlesien nachzuweisen, doch auch im Oberengadin wurde 1481 eine Grube «St. Barbara» genannt. Zu dieser Zeit war Barbara nicht die einzige Schutzherrin der unter Tage Arbeitenden. Vielmehr verehrten die Bergleute eine ganze Reihe von Heiligen, im Engadin und in Graubünden beispielsweise Christophorus oder Magdalena. Der wichtigste Patron war vielerorts der Prophet Daniel. Im Buch Daniel, einer im Alten Testament überlieferten Geschichte, deutet der Prophet den Traum des Königs Nebukadnezar von einer Statue, die aus vier Metallen besteht.[8] Daniel als Deuter dieses Traums hatte für die Bergleute keine schützende Funktion. Er wurde angerufen, wenn reiche Gruben gefunden werden sollten. Um Schutz wurden andere Heilige gebeten, im Lauf der Zeit mehr und mehr die heilige Barbara. Im Alpenraum, in Kärnten und in Tirol behielt Daniel seine Stellung als wichtigster Bergbauheiliger relativ lange. Erst im 17. oder im 18. Jahrhundert wurde er von Barbara verdrängt.[9]

Es ist erstaunlich, dass sich die Bedeutung der heiligen Barbara auch in reformierten Bergbaugebieten hielt und weiterhin Bildwerke an den Eingängen zu den Stollen platziert wurden. Die Bedeutung der Heiligen unter Tage scheint derart gefestigt gewesen zu sein, dass sie sich der reformierten Bilderfeindlichkeit entziehen konnte. Auch der Barbaratag hatte sich als überkonfessionelle Bergbaufeier etabliert und bestand in einer adaptierten Form weiter. Während in katholischen Gebieten am 4. Dezember Messen gehalten wurden, hatte sich

Abb. 3: Verschiedene Arten des Kohletransports in Lüttich. Im Vordergrund eine Frau mit Tragkorb neben ihrem Ehemann mit Schrämmhacke. Vor ihnen eine Frau mit Schubkarre, vielleicht die Tochter. Im Hintergrund ein Mann mit einachsigem Fuhrwerk. Kupferstich von Wenzel Hollar, 1649. Aus Horst Kranz: Lütticher Steinkohlenbergbau im Mittelalter. Aachener Studien zur älteren Bergbaugeschichte Band 6. Aachen 2000, S. 397.

spätestens im 19. Jahrhundert eine protestantische Form ausgebildet. Es wurden Predigten gehalten, in der die Arbeit als Dienst an Gott verherrlicht wurde.[10] Barbaras Rolle als Beschützerin zum einen, die an ihrer Feier gewürdigte und beinahe sakralisierte Arbeit der Bergleute zum andern erklärt die anhaltende Bedeutung der Heiligen sowohl in katholischen als auch in reformierten Gebieten. Im Ruhrgebiet entwickelte sich Barbara im Lauf des 20. Jahrhunderts zur ökumenischen Schutzpatronin der gesamten Branche. Andere Heilige waren aus der zunehmend säkularisierten Welt des Bergbaus längst verschwunden.[11]

Die Stellung der heiligen Barbara wurde 1969 allerdings erschüttert. In diesem Jahr veröffentlichte die römische Kirche im Zuge des zweiten Vatikanischen Konzils einen neuen Heiligenkalender, aus dem Barbara und weitere Heilige entfernt worden waren. Dies geschah aufgrund einer Bereinigung: Nur Heilige, deren Existenz als historisch gesichert galt, wurden ins neue «Calendarium Romanum Generale» aufgenommen. In Kreisen des Bergbaus löste diese neue Ausgangslage Betroffenheit und Verunsicherung aus. Es folgten längere Diskussionen. Schliesslich einigten sich die deutschen und schweizerischen Bistümer darüber, Barbara wegen der noch immer lebendigen Verehrung wieder in den Regionalkalender für das deutsche Sprachgebiet aufzunehmen.[12]

Obwohl der Bergbau in der Schweiz kaum mehr von Bedeutung ist, lebt der Barbara-Kult auch hier weiter, und zwar im mit dem Bergbau verwandten Tunnelbau. Bei Baubeginn, dem Tunnelschlag, wird eine Barbara-Statue aufgestellt und oft mit einer Messe geweiht (Abb. 2).[13] Nach dem Durchschlag, der Durchbrechung des letzten Meters Fels zwischen den beidseits vorangetriebenen Tunnelbauten, steigen die Arbeiter durch die Öffnung und tragen eine Barbara-Statue mit sich, beispielsweise im November 2024 beim Bau des Entlastungsstollens Sihl–Zürichsee.[14] Die nachhaltige Bedeutung der heiligen Barbara kann mit der Konfession der Mineure erklärt werden, die traditionellerweise oft aus katholisch geprägten Ländern stammen. So zog die Gotthardbaustelle im ausgehenden 19. Jahrhundert vorwiegend italienische Arbeiter an,[15] auf der NEAT-Baustelle im frühen 21. Jahrhundert arbeiteten hauptsächlich österreichische Mineure.[16]

Frauenarbeit in Kohlebergwerken vom Spätmittelalter bis ins 19. Jahrhundert

«Die einzige Frau, die im Tunnel willkommen geheissen und zugleich inbrünstig verehrt wird, ist Santa Barbara»,[17] heisst es provokativ in einer Publikation von 2006 über Frauen und Männer auf Tunnelbaustellen. Die Vorstellung, Frauen würden unter Tage Unglück bringen, ist in einigen Kreisen noch immer verankert. Dies ist erstaunlich, weil sich die historische Forschung schon seit den 1980er-Jahren mit der Rolle von Frauen im Bergbau beschäftigt und dargelegt hat, dass Kohlengruben nie eine reine Männerdomäne waren.[18] Auch für den Kanton Zürich muss trotz der dünnen Quellenlage davon ausgegangen werden, dass Frauen seit der frühen Neuzeit in den Abbau von Kohle eingebunden waren.

Bis ins 19. Jahrhundert waren arbeitende Frauen die Norm und nicht die Ausnahme. Die in dieser Zeit definierten Geschlechterrollen, welche dem Mann die Erwerbstätigkeit und der Frau die Zuständigkeit für Haus und Familie zuschrieben, hatten vor der Industrialisierung eine andere Prägung. Die Familie war eine soziale und ökonomische Einheit, gemeinsam sorgte sie für den Lebensunterhalt und arbeitete in der Landwirtschaft, in Handwerksbetrieben oder in Heimarbeit. Hausarbeit und Kinderbetreuung, bisweilen auch der Anbau von Lebensmitteln und die Pflege von Tieren zur Eigenversorgung waren ein Bestandteil der gemeinschaftlichen Arbeit, den hauptsächlich die Frauen neben der Erwerbsarbeit erledigten.[19]

Auch die im Bergbau tätigen Menschen lebten in familiären Arbeitsgemeinschaften. Für den deutschsprachigen Raum sind in Text- und Bildquellen Tätigkeiten überliefert, welche vorwiegend Frauen ausübten. Vom Spätmittelalter bis ins 20. Jahrhundert üblich war die Rolle der Frau als Trägerin. Während der Mann als Hauer unter Tage die Kohle abbaute, war es ihre Aufgabe, das gewonnene Gut vom Abbau- an den Weiterverarbeitungsort zu transportieren. Vor allem in Gruben, in denen die Männer als Eigenlöhner arbeiteten, war die Trage- oder Fuhrarbeit von grossem Wert. Ohne die Ehefrau konnte ein Bergmann niemals dieselben Erträge erwirtschaften. In die familiäre Arbeitsgemeinschaft mit einbezogen und als Trägerinnen eingesetzt wurden auch Kinder, vor allem junge Mädchen. Eine weitere typische Frauenarbeit in Kohlebergwerken war das Klauben. Die Aufgabe der Klauberinnen bestand in der Auslese von nicht kohlehaltigem Gestein aus dem geförderten Gut. Die Tätigkeit fand ausserhalb der Gruben statt.[20]

Bis ins 19. Jahrhundert waren Frauen auch im Untertagebau präsent, in den deutschsprachigen Gebieten vorwiegend in ihrer Rolle als Transporteurinnen der Rohstoffe aus den Gruben zu den Verarbeitungsorten. Vereinzelt gibt es Hinweise, dass Frauen als Hauerinnen tätig waren. Eine Quelle des 16. Jahrhunderts aus Schwaz im Tirol überliefert eine Klage von Freigrüblern, das heisst von Grubenarbeitern, die selbständig und nicht im Auftrag eines Bergwerksherrn arbeiteten. Sie fürchteten wegen der ebenfalls als Hauerinnen arbeitenden Frauen um ihren Erwerb.[21] Dennoch waren Frauen zu keiner Zeit eine ernsthafte Konkurrenz für die Hauer. Dies war nicht nur der körperlich harten Arbeit geschuldet, zu der die Frauen als Trägerinnen durchaus fähig waren. Seit der frühen Neuzeit differenzierte sich in vielen Berufen eine Arbeitsteilung aus, in deren Folge die Anforderungen an die beruflichen Qualifikationen stiegen. So musste beispielsweise die Bedienung von Geräten und später von Maschinen gelernt sein.[22] Im Zuge dieser Spezialisierungen wurde Bergbau zum Fachwissen und die Arbeit des Bergmanns zum Beruf. Die Professionalisierung verschlechterte die Stellung der im Bergbau arbeitenden Frauen. Sie wurden mehr und mehr zu Hilfsarbeiterinnen degradiert.[23]

Wie viele Frauen in der Zeit vor der Industrialisierung im Bergbau arbeiteten, ist schwer zu beziffern. Vielfach waren sie aufgrund ihrer Stellung als Gehilfinnen nicht als Arbeiterinnen registriert. Nur vereinzelt sind Zahlen bekannt, etwa vom Goldbergbau im Lavanttal in Kärnten: Im 16. Jahrhundert war von rund 300 Arbeitenden ein Drittel Frauen.[24] Diese beträchtliche Anzahl war kaum überall die Regel. Es ist davon auszugehen, dass der Anteil der arbeitenden Frauen gerade in grösseren Gruben schwankte und abhängig von der Konjunktur und vom Angebot an Arbeitskräften war. Trotz der harten Arbeit, welche Frauen und Kinder leisteten, waren sie schlecht entlöhnt. In der Regel gehörten sie den untersten Lohnklassen an.[25] Was die Arbeit der Töchter prekärer machte als die der Söhne war die Tatsache, dass Jungen im Gegensatz zu Mädchen Aufstiegschancen hatten.[26]

Arbeitsverhältnisse und Diskussionen um Frauen- und Kinderarbeit im 19. Jahrhundert

Mit dem Aufkommen der Eisenbahn und dem Anschluss der Schweiz ans europäische Eisenbahnnetz in den 1850er-Jahren konzentrierte sich die Schweiz mehr und mehr auf den Import, da die eigenen Bergwerke zu wenig ergiebig waren und andere europäische Länder qualitativ bessere und billigere Kohle produzierten. Um 1800 hatte es im Kanton Zürich noch drei grössere Bergwerke gegeben, Mitte des 19. Jahrhunderts war nur noch Käpfnach in Betrieb.[27] Während in der Schweiz die Nachfrage nach Bergbaupersonal sank, stieg sie in den grossen Bergbaugebieten Europas rasant an. Nicht nur qualifizierte Bergmänner waren gefragt, sondern auch die billige Arbeitskraft von Frauen und Kindern.

Das Ausmass der Ausbeutung dieser Bevölkerungsgruppen in den Kohlengruben gelangte ab den 1830er-Jahren ins gesellschaftliche Bewusstsein. Eine Explosion in einem Kohlebergwerk in Lancashire tötete 1836 fünf Mädchen. Zwei Jahre später starben elf Mädchen und siebzehn Knaben bei der Flutung eines Stollens in Yorkshire. Die jüngsten Kinder waren acht Jahre alt. Die Erschütterung in der britischen Öffentlichkeit war gross, eine «Children's Employment Commission» wurde einberufen und mit der Untersuchung der Zustände in den Bergwerken beauftragt. Die Kommission stellte fest, dass in englischen Gruben die Untertagearbeit von Kindern und Frauen weit verbreitet war. Deren Aufgaben waren das Schieben der Wagen, das Bedienen von Seilwinden oder das Schleppen der Kohle, besonders an Stellen, wo die Stollen schmal oder tief waren. Kleinere Kinder öffneten und schlossen Wettertüren. Die Kommission zählte auch einige Frauen, die als Hauerinnen tätig waren, doch war deren Anzahl im Vergleich mit den Trägerinnen gering. Allerdings ist nicht auszuschliessen, dass Bergwerksbesitzer die Zahl dieser Frauen untertrieben, um möglicher Kritik zu entgehen. Wenn Frauen als Hauerinnen Kohle abbauten, dann oft wegen eines Mangels an männlichen Arbeitskräften. Bisweilen sprangen sie auch ein, wenn ihre Männer verstorben oder arbeitsunfähig waren. Andere Frauen betätigten sich neben ihren Ehemännern als Hauerinnen, weil das Elternpaar viele Kinder zu versorgen hatte und die Frau mit dieser Arbeit mehr verdiente als mit Tragearbeiten.[28]

Die Argumente, die letztlich zu einem Verbot der Untertagearbeit von Frauen und Kindern führten, waren vielfältig. Preussen hatte 1827 als erster Staat in einigen Gebieten ein Verbot gegen die Frauenarbeit verfügt. Als Grund wurden nicht fehlende körperliche Kräfte angeführt, sondern dass Frauen mangels Disziplin die Sicherheitsvorschriften nicht einhielten.[29] In England standen gesundheitliche Schäden an erster Stelle der Argumentation. Obwohl die Arbeit im Bergbau auch die Gesundheit der Männer angriff, wurden diese Bedenken nur im Hinblick auf Frauen laut, und es wurde auf die Verzögerung der Pubertät und die Anzahl Totgeburten hingewiesen. Ursache dafür war die staatliche Sorge um gesunden Nachwuchs, im Besonderen um gesunde junge Männer als Arbeitskräfte und Soldaten. Ein weiteres zentrales Argument der bürgerlichen Gesellschaft für ein Verbot der Arbeit von Frauen im Bergbau war die Sittlichkeit. Die Tatsache, dass Männer und Frauen in den Gruben mit Personen ausserhalb ihres Familienverbands eng zusammenarbeiteten und wegen der Hitze teilweise oder ganz nackt waren, schockierte die bürgerliche Gesellschaft. Besonders eindringlich schilderte Émile Zola diese Zustände in seinem Roman «Germinal» von 1885. Er beschrieb nicht nur die ausbeuterischen Zustände in den nordfranzösischen Bergwerken Mitte des 19. Jahrhunderts, sondern auch die freizügig ausgelebte Sexualität unter den Bergleuten. Weitere Argumente gegen die Frauenarbeit waren die Gefährlichkeit und Schwere der Arbeit und der Schmutz. Diese Begleitumstände der Arbeit in einem Kohlebergwerk wurden als der weiblichen Natur unangemessen qualifiziert und weckten die Befürchtung, die im Bergbau tätigen Frauen könnten vermännlichen.[30]

Verbote der Untertagearbeit und weitere Entwicklungen im 20. Jahrhundert

1842 verbot das britische Parlament die Frauen- und Kinderarbeit unter Tage. Frankreich zog 1874 nach, Belgien einige Jahrzehnte später 1914.[31] Dies war das Ende der gemeinschaftlichen Arbeit von Familien in Kohlebergwerken. Der Bergbau war nicht die einzige Domäne, in der die Frauen aus der Erwerbsarbeit

Abb. 4: Arbeiterinnen und Arbeiter des Bergwerks Käpfnach vor dem Stolleneingang Gottshalden. Foto W. Grimm, zwischen 1941 und 1946. Archiv Bergwerk Käpfnach, BWK 30A 237.

Abb. 5: Frauen bei der Arbeit in der Klauberei des Bergwerks Riedhof bei Aeugst, die moderne Anlage mit Förderband und Rüttelsieb. Fotograf unbekannt, 1942. Archiv Eisenbergwerk Gonzen.

gedrängt wurden, die Industrialisierung führte generell zu einer Trennung von Erwerbs- und Familienarbeit. Die Zuständigkeit für die Erwerbsarbeit fiel nun dem Mann zu, während alle häuslichen Bereiche in der bürgerlich geprägten Gesellschaft zur Frauensache erklärt wurden.[32] Wenn Familien nicht vom Gehalt des Mannes leben konnten, mussten die Frauen allerdings weiterhin einer Erwerbsarbeit nachgehen. Bergfrauen arbeiteten in diesem Fall über Tage im Transport oder wechselten zu den Kohleklauberinnen.[33] Proteste der englischen Bergarbeiterinnen gegen diese Arbeitseinschränkungen waren nicht erfolgreich. 1911 wurde ihnen auch das Wagenstossen und der Umgang mit schweren Gegenständen untersagt.[34]

Kaum hatten die grossen Bergwerksnationen Europas die Frauenarbeit unter Tage verboten, brach der Erste Weltkrieg aus und die Zahl der in Kohlebergwerken beschäftigten Frauen stieg wieder sprunghaft an. Es scheint aber, als seien sie vor allem im Übertagebau beschäftigt gewesen. Dies gilt auch für den Zweiten Weltkrieg, wo zum Beispiel in Deutschland vor allem Zwangsarbeiter und Kriegsgefangene in den Bergwerken beschäftigt wurden.[35] Das Bergwerk Käpfnach stellte bei der Wiederaufnahme des Betriebs im Zweiten Weltkrieg 220 Personen ein, darunter waren fünf Frauen (Abb. 3). Sie arbeiteten in der Kantine und in der Verwaltung, vereinzelt möglicherweise als Kohleputzerinnen. Denn seit die Schweiz 1935 das «Übereinkommen der Internationalen Arbeitsorganisation über die Beschäftigung von Frauen bei Untertagearbeiten» ratifiziert hatte,[36] war die Untertagearbeit für Frauen verboten mit Ausnahme wissenschaftlicher, medizinischer oder kurzfristiger handwerklicher Tätigkeiten.[37] 1971 wurde der entsprechende Artikel im Arbeitsgesetz aufgehoben und Frauen für Arbeiten unter Tage wieder zugelassen.[38]

Frauenarbeit im Kohlebergbau: Eine Tatsache

Das Paradox der lebendigen Verehrung einer weiblichen Heiligen und der noch immer geläufigen Vorstellung, reale Frauen habe es unter Tage nicht gegeben, ist nur ein scheinbares. Historisch gesehen war der Bergbau bis Mitte des 19. Jahrhunderts ein Ort der gemeinschaftlichen Arbeit von Männern und Frauen. Erst im Zuge der Industrialisierung und ihrer gesellschaftlichen Folgen wurde der Bergbau zur reinen Männerdomäne, zumindest unter Tage. Dass Frauen auch nach dem Arbeitsverbot weiterhin wichtige Funktionen übernahmen, ist hinlänglich bekannt.[39] Abschliessend kann festgehalten werden, dass die heilige Barbara zu keiner Zeit die einzige Frau im Kohlebergbau war.

Abb. 1: Bergwerksforscher Roger Widmer beim Fotografieren im Bergwerk Elgg. Foto S. Vogt 2025

Dölf Wild, Roger Widmer

Bergbau im Kanton Zürich – ein Überblick

Der Kanton Zürich ist heute kein Bergbaukanton. Es gab aber eine Zeit, wo man dies anders sah und auf eine solche Zukunft hoffte. Dabei ging es vor allem um fossile Kohle. Es war die Zeit, als das für die Energiegewinnung wichtige Holz der heimischen Wälder knapp wurde. Einen Ausweg aus dieser Energiemangellage versprach die fossile Form von Holz, die «Steinkohle», und man begann, diese zu suchen, abzubauen und zu nutzen. Später wurde präzisiert: Die hier zu findende Kohle ist keine Steinkohle, sondern Schieferkohle und Braun- respektive Molassekohle. Wann ihre Nutzung einsetzt, ist nicht klar. Aber das Bergwerk in Horgen-Käpfnach ist nicht nur sehr gross – es ist nach Bex und dem Gonzen das drittgrösste der Schweiz –, es erscheint auch bemerkenswert früh (1548) in den Schriftquellen. Die eigentliche Nutzung der Kohle begann aber erst im späten 18. Jahrhundert, als die Steinkohlekommission der Zürcher Obrigkeit die auswärtigen Fachleute Johann Sebastian Clais und Friedrich Albert Ginsberg das Zürcher Gebiet nach Vorkommen absuchen und bei den Fundstellen Käpfnach und Riedhof einen professionellen Bergbau einrichten liess. Ein Pionier war auch Johann Heinrich Ziegler, Chemiker und Ratsherr von Winterthur. Er war es, welcher Clais nach Zürich holte. Mit ihm hat er unter anderem in Winterthur die erste chemische Fabrik der Schweiz

Abb. 2: Bohnerz vom Südhang der Lägern oberhalb Otelfingen, Fundstelle auf 670 m.ü. M.
Foto Roger Widmer, 2025

eingerichtet und mit Kohle aus dem zürcherischen Elgg betrieben. Eine weitere Person ist zu nennen: Emil Letsch, langjähriger Sekretär der Schweizerischen Geotechnischen Kommission und 1899 Verfasser einer Arbeit, mit welcher er die Suche von Clais und Ginsberg nach Kohlevorkommen im Zürcher Gebiet auf eine wissenschaftliche Basis stellte.[1]

In diesem Überblick über den zürcherischen Bergbau bilden die Fundstellen von Kohle die überwiegende Mehrzahl.[2] Nur ganz wenige davon überlebten die Ankunft der Eisenbahn im Zürcher Gebiet in den 1850er-/60er-Jahren und wurden noch im Ersten und im Zweiten Weltkrieg ausgebeutet. Heute ist keine dieser Gruben mehr in Betrieb. Interessante Exoten in der Aufzählung bilden die Entdeckung beträchtlicher Kohlenflöze in über 1200 m Tiefe durch die Nationale Genossenschaft für die Lagerung radioaktiver Abfälle (Nagra) 1982 und das Auffinden erdölhaltiger Schichten in rund 2400 m Tiefe bei Lindau durch Bohrungen der Swisspetrol AG 1964.

Bergbau betrieb der Mensch in unserem Raum bereits in prähistorischer Zeit, wie der Abbau von Silex/Silizit auf der Lägern zeigt. Auf dem Jurahöhenzug finden sich auch Spuren von Eisen, wenn auch in so geringen Mengen, dass sie nie grössere Bedeutung erlangt haben. Dieser wichtige Rohstoff, wie generell Metalle, musste sich Zürich von weiter her beschaffen, im Fall von Eisen unter anderem vom Gonzen bei Sargans. Eine andere Konstante in der Geschichte des Menschen ist die (oft vergebliche) Suche nach den Edelmetallen Gold und Silber. Es überrascht daher nicht, dass es sie auch im Kanton Zürich gab.

Neben der Kohle kam dem bergmännisch betriebenen Abbau von Quarzsand eine gewisse Bedeutung zu. Dieser Rohstoff fand sich im Norden des Kantons und diente zuerst der Glasverhüttung. Kein Thema in dieser Zusammenstellung ist der Abbau von Dünger- und Kalkmergel. Er wird im Beitrag zu Käpfnach kurz erwähnt. Ebenfalls kein Thema sind die Gruben für den Abbau von Torf, Ton, Sand, Lese- und Sandstein.[3]

Silex und Eisen, Silber und Gold

Von den Abhängen der Lägern sind Spuren eines prähistorischen Abbaus von Silizit bekannt, jenem harten Rohstoff, aus welchem die Menschen aus den Seeuferdörfern am Zürichsee Werkzeug hergestellt haben.[4] Von Eisenerz, dem später dominierenden Werkstoff, ist aus dem Gebiet des heutigen Kantons Zürich nur eine, bisher kaum belegte Quelle bekannt – auch sie stammt von der Lägern. Die hier vorhandenen kleinen, kugelförmigen «Bohnerze» treten in einem weiten Bogen des Juras der Nordschweiz auf. Bekannt sind grössere Vorkommen aus dem Schaffhausischen, aus dem Fricktal und dem weiter westlich gelegenen Jura. Die Lägern bildet den letzten, isolierten Ausläufer des Faltenjuras. Es ist der berühmte Johann Jakob Scheuchzer, der hier 1707 in seiner «Naturgeschichte» «ziemliche Anzeichen eines Eisenerzes» erwähnt. Nach Hans Conrad Escher von der Linth hätten sie hat die Lägern um 1760 etwas über 3 t Bohnerze geliefert.[5] Johann Savary schildert in diesem Buch erste Schritte der Archäologie zu deren Erforschung und

Tab. 1: Sondierungs- respektive Fundstellen von Silex und Eisen (Bohnerz), sowie den eher hypothetischen Fundstellen von Silber und Gold, verteilt auf dem gesamten Kantonsgebiet.

Name	*Gemeinde*	*Koordinaten*	*Rohstoff*	*Abbauzeit*	*Abbauart*
Lägern, Eggetsacher	Otelfingen	670 715/259 175 – 671 149/259 170	Silizit (Silex)	Neolithikum	Schacht
Lägern, Eggetsacher	Otelfingen	670 715/259 175 – 671 481/259 148	Eisen	1760?	Tagbau
Eisenhalde, Isenhalden	Regensberg	675 50 /259 534?	Eisen	1760?	Tagbau
Lägern, Boleeberen	Boppelsen	673 751/259 365	Eisen	1760	Tagbau
Schnabelberg, Schlossberg	Hausen am Albis	682 874/235 303	Silber	1548–1550	Schürfung
Dägelsberg,	Goldigen SG	716 662/241 611	Gold	18. Jh.	Stollenbau
Isarenloch	Goldingen SG	718 049/239 819	Gold	18. Jh.	Stollenbau

Quelle: Rohstoffinformationssystem Schweiz (RIS)

Peter Niederhäuser skizziert in seinem Beitrag, wie die Zürcher im 15. Jahrhundert ihre Hand nach den Eisenvorkommen am Gonzen ausgestreckt haben.

Zur Suche nach Silber und Gold im Kanton Zürich gibt es drei Quellen, welche jedoch eher einem Wunschdenken als realem Gehalt entsprungen sind. Aus der Zeit um 1550 gibt es Nachrichten, gemäss denen im Umfeld der Schnabelburg am Abhang des Albis nach Silber gegraben und aus dem Ertrag die «Schnabeltaler» geprägt worden seien. Die Suche scheint stattgefunden, der Ertrag aber gegen null tendiert zu haben. Spuren davon finden sich nur in Schriftquellen.[6]

Ein anderer Traum, die Suche nach Gold, hat mit dem «Goldloch» im Dägelsberg bei Goldingen (SG) auf der Grenze zwischen Zürich und St. Gallen einen knapp 60 m langen Stollen aus dem 18. Jahrhundert hinterlassen.[7] Auch die andere Hoffnung, mit Alchemie zum begehrten Gold zu kommen, hat auf Zürcher Gebiet Spuren hinterlassen. Dazu mehr in den entsprechenden Beiträgen von Rudolf Gamper und Peter Niederhäuser in diesem Buch.

Tab. 2: Heizwertvergleich verschiedener Energieträger

Brennstoff	Heizwert (pro kg)	
	Megajoule	kWh
Torf (getrocknet)	14.6	4,1
Buchenholz, gelagert	15.1	4,2
Fichtenholz, gelagert	15.8	4,4
Schweizer Schieferkohle (getrocknet)	17.2	4,8
Braunkohle, Käpfnach	19.0	5,3
Schweizer Anthrazit (Wallis)	20.9	5,8
Koks	29,2	8,1
Holzkohle	31.0	8,6
Steinkohle	31.0	8,6
Anthrazit	33.4	9,3
Erdöl	41.0	11,3
Benzin	42.5	11,8
Erdgas	43.9	12,2

Quelle: Benjamin Jost, Bergwerk Käpfnach, Stolleninfo Nr. 11

Braunkohle (Molassekohle)

Kohle ist ein Sedimentgestein, das aus pflanzlichen Überresten entstanden ist.[8] Pflanzenmaterial, das sich am Grund eines flachen Gewässers, Sumpf oder Moor ansammelt, verrottet nicht, sondern wird im Laufe einer langen Zeit zuerst zu Torf und durch den chemischen Prozess der Inkohlung in noch längerer Zeit zuerst zu Braun- oder Molassekohle, dann zu Steinkohle und Anthrazit. Während die Braunkohle in unserem Raum ein Alter von etwa 16 Millionen Jahren hat, sind es bei Steinkohle und Anthrazit 300 Millionen Jahre und mehr. Die Braunkohle in unserem Raum unterscheidet sich durch ihren Glanz und die glatten Bruchflächen oberflächlich wenig von der viel älteren Steinkohle. In der Fachwelt wurde daher für sie der Begriff Molassekohle vorgeschlagen.[9] In unserem Raum gibt es sogenannte Flözkohle, die in ausgedehnten zusammenhängenden Schichten vorkommt, so im Gebiet Käpfnach und im Raum Aeugst/Riedhof bis nach Adliswil. Daneben gibt es hauptsächlich im

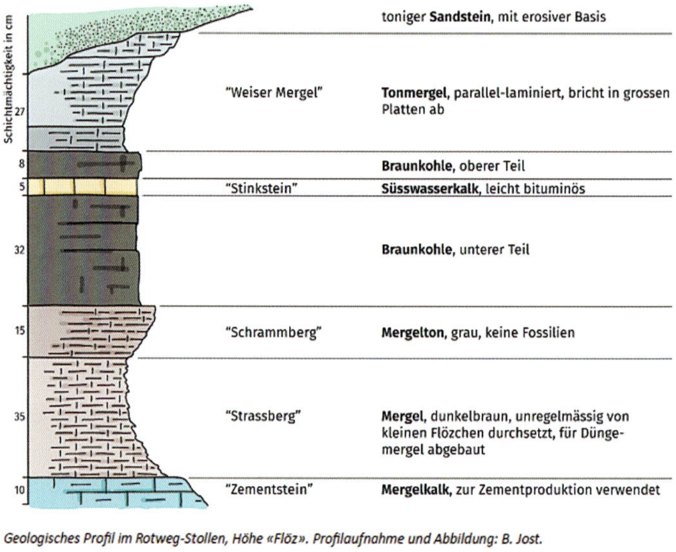

Abb. 3a, b: Das Kohleflöz von Käpfnach mit Umzeichnung und Beschriftung der geologischen Schichten. Rotwegstollen bei Meter 350. Profilaufnahme und Foto B. Jost 2025. Archiv Bergwerkverein Käpfnach

Abb. 4: Riedhof, Elektrischer Bohrer. Für ein 1.2 Meter tiefes Bohrloch wurden im Mergel 5 bis 8 Minuten benötigt, im Süsswasserkalk bis zu 30 Minuten. (Archiv Eisenbergwerk Gonzen AG 1942)

Oberen Tösstal eine Vielzahl lokal isolierter Nesterkohle. Auf die Schieferkohle wird weiter unten eingegangen.

Oberes Reppischtal: Riedhof (Aeugst)

Der Riedhof bei Aeugst war neben Käpfnach und Elgg eines der drei Kohlebergwerke, die auf dem Gebiet Zürichs zu etwas grösserer Bedeutung gelangt sind; er wurde zusammen mit Käpfnach vom Staat betrieben. Ausführlich dazu der Beitrag «Riedhof» von Roger Widmer in diesem Buch. Gesagt sei nur, dass hier ab 1786 die Zürcher Kohlekommission den auch in Elgg und Käpfnach engagierten Hofrat und Bergbaufachmann Johann Sebastian Clais und den Obersteiger (Leiter) des Bergwerks Käpfnach Friedrich Albert Ginsberg hinzugezogen haben.[10] Bereits 1814 wurde der Betrieb stillgelegt. Eine zweite Abbauperiode fand zwischen 1917 und 1921 statt,[11] eine dritte zwischen 1942 und 1947.[12]

Hausen am Albis

Die Schürfstellen Teufenbach, Türlen und Riedmatt gehen alle auf die Hoffnung zurück, das Flöz von Riedhof etwas näher bei Kappel wieder aufzufinden, wo ein Ziegelofen für die Riedhofer Kohle gebaut worden war. Am Werk war hier wiederum der Obersteiger von Käpfnach Friedrich Albert Ginsberg, der 1787 auch hier im Staatsauftrag handelte, beraten durch Johann Sebastian Clais. Zwar wurde überall «ein schwaches Flöz» angetroffen. Nur die Stelle oberhalb von Teufenbach schien ihm lohnend und er liess einen «gut gezimmerten Stollen» von 8,4 m anlegen. Emil Letsch schreibt, dass es ihm mithilfe

Tab. 3: Sondierungs- respektive Fundstellen von Braunkohle im Gebiet Knonaueramt und Zimmerberg

Name	*Gemeinde*	*Koordinaten*	*Abbauzeit*	*Abbauart*
Riedhof	Aeugstertal	678 794/237 980	1786–1947	Stollen
Teufenbach	Hausen am Albis	682 550/235 025	1787	Sondierstollen
Türlen	Hausen am Albis	681 304/236 109	1787	Sondierung
Riedmatt	Hausen am Albis	681 784/235 524	Ab 1787	Sondierung
Sellenbüren	Stallikon	678 495/244 038	1866–1943	Stollen
Stierlitobel	Birmensdorf	673 523/246 106	1889/92	Stollen
Kohlgrub / Häderli	Birmensdorf	672 895/246 679	18. Jh.	Tagbau / Stollen?
Krebsbach	Uitikon	675 674/246 727?	1780 erwähnt	Fundstelle
Kilchsteig, Wagenbach, Honert	Oberurdorf	673 753/247 687?	1769	Tagbau
Kohlgrube	Oberurdorf	674 964/248 023?	?	Tagbau
Rossweg	Adliswil	681 330/239 454	–1943	Sondierstollen
Juckern	Adliswil	681 364/239 804	1837 /1859–61	Stollen
Hinter-Steig	Adliswil	681 403/240 148	1763–?	Stollen
Obstgarten	Adliswil	681 391/240 763	1763–?	Stollen
Schweizertobel	Langnau am Albis	681 646/238 286	1763–?	Stollen
Käpfnach	Horgen	688 937/234 262	Vor 1548– 1946	Tagbau/ Stollen
Käpfnach / Gottshalden	Horgen	690 152/233 527	Vor 1548?–1946	Stollen

Quelle: Rohstoffinformationssystem Schweiz (RIS)

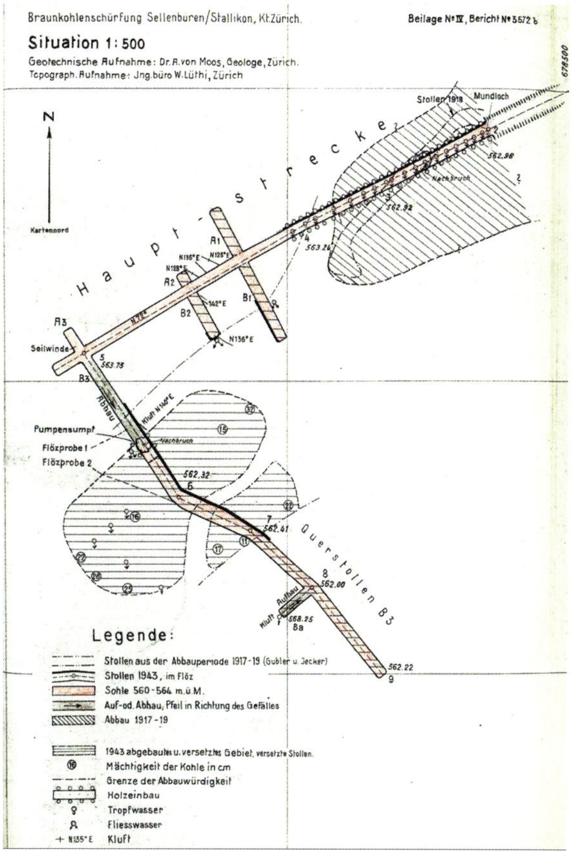

Abb. 5: Sellenbüren, Stollenplan vom Kohlenbergwerk. (Armin von Moss 1943, Archiv der Schweizerischen geologischen Dokumentationsstelle SGD)

«eines Greises von 71 Jahren» gelungen sei, die Stelle und die frühere Stollenmündung aufzufinden.[13]

Unteres Reppischtal: Sellenbüren, Birmensdorf, Uitikon, Urdorf

1769 berichtete Säckelmeister Frey von Oberurdorf der Steinkohlekommission, dass im Gebiet Wagenbach in Oberurdorf «Steinkohle» gefunden worden sei (von welcher Emil Letsch aber keine Spur mehr gesehen hat). In Birmensdorf im Gebiet Stierliberg und Tobel vermeldete der «Bergpraktikus» Mattig aus dem Elsass 1780, er habe Steinkohlenadern von «sehr ergiebiger und der allerschönsten und besten Qualität» gefunden. Dieser Mattig war eine zwiespältige Figur, die auch in Käpfnach und Elgg in Erscheinung trat, aber von der Obrigkeit bald entlassen wurde. 1797 wurde auch hier der Obersteiger Friedrich Albert Ginsberg von

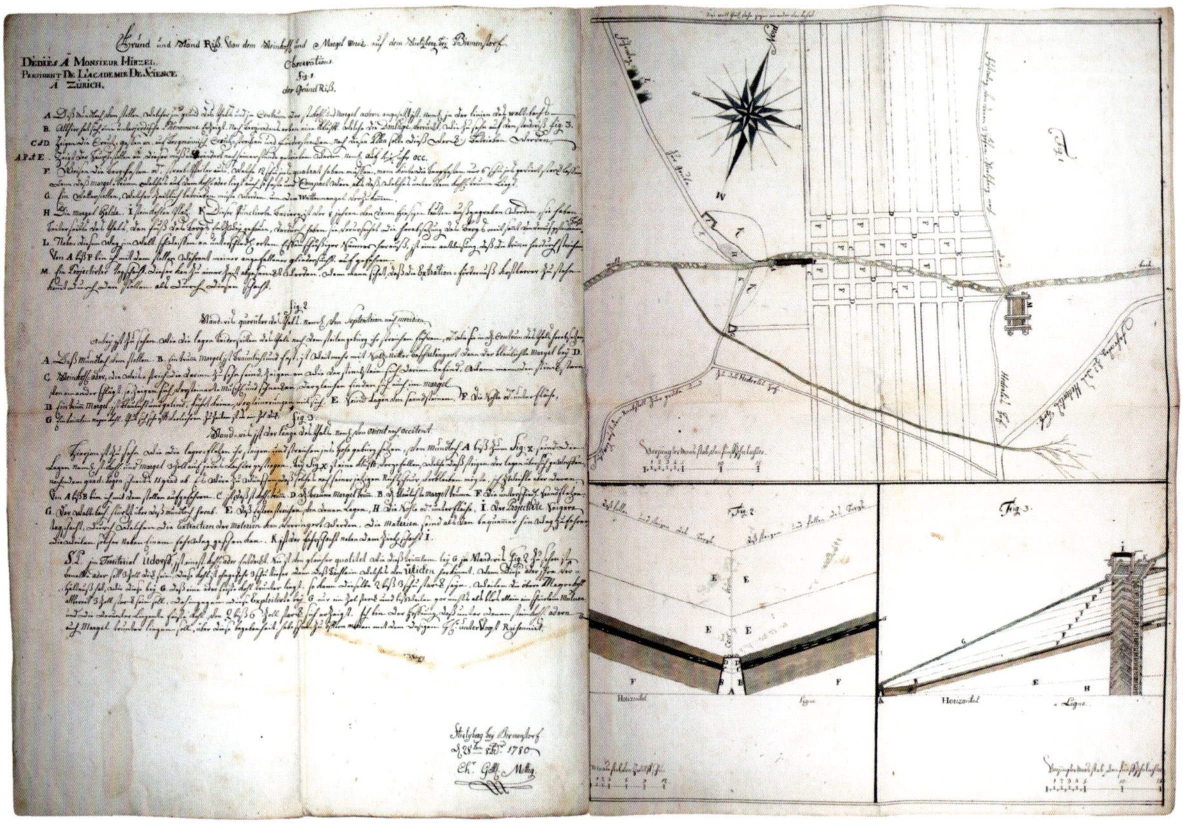

Abb. 6: Stollenplan des projektierten Kohlenbergwerks am Stierliberg bei Birmensdorf von Christian Gottlieb Mettig 1780. Angesichts des geringen Vorkommens dort wirkt das Projekt völlig überrissen. Mettig war ein guter Verkäufer seiner selbst. (StAZH R 96.1 (2), 1780)

Abb. 7: Sellenbüren, Stollenmundloch mit Luttenleitung. Links davon die Maschinenbaracke mit dem elektrischen Kompressor. (Armin von Moss 1943, Archiv der Schweizerischen geologischen Dokumentationsstelle SGD)

Käpfnach ins Stierlitobel zu einer Nachprüfung geschickt. Emil Letsch hat dort ausser bröckligem, bituminösem Mergel nichts mehr gefunden. Er vermutet, dass dieses ganze Flöz nur aus einzelnen Kohlenestern bestanden habe. Im Ersten und im Zweiten Weltkrieg wurden hier keine Sondierungen mehr vorgenommen.[14]

Die Fundstelle bei Sellenbüren liegt oberhalb der Mühle Sellenbüren und ist ein kleines, sehr unregelmässiges Flöz, das seit 1866 bekannt ist und immer wieder zu Abbauversuchen geführt hat. Es ist neben Käpfnach-Gottshalden, Riedhof und Adliswil eines der wenigen Vorkommen im Kanton, welche im Ersten und im Zweiten Weltkrieg auf ihre Ergiebig-

Abb. 8: Adliswil: Stollenmund beim Rossweg. (Armin von Moos 1943, Archiv der Schweizerischen geologischen Dokumentationsstelle SGD)

Abb. 9: Adliswil, Rossweg, Blick vom Mundloch zur Deponie. Im Hintergrund das Sihltal mit Langen- und Zimmerberg. (Armin von Moos 1943, Archiv der Schweizerischen geologischen Dokumentationsstelle SGD)

keit überprüft wurden. Ein geringer Abbau erfolgte von September 1918 bis April 1919. 1942/43 wurden erneut Sondierungen vorgenommen, dabei zeigte sich eine beschränkte Ausdehnung der Lagerstätte, aber schlussendlich mussten die Arbeiten wegen zu starken Wasseraustritts aus dem zerklüfteten Mergel eingestellt werden, ohne dass das Ende des Flözes erreicht wurde.[15]

Sihltal, Adliswil und Langnau

Der ganzen Albiskette entlang haben gemäss Emil Letsch Rutschungen und Abrisse den Anwohnern immer wieder Stellen mit «bituminösem Mergel und Schiefer, Kohlennester oder Kohlenschnitze» gezeigt.[16] Besonders im Gebiet von Adliswil haben seit dem späten 18. Jahrhundert mit mässigem Erfolg Sondierungen stattgefunden. Im Gebiet Rossweg seien davon die Überreste von sechs Stollen sichtbar. Dort hat ein Privatmann 1836/37 ohne Konzession Kohle abgebaut, die in der Qualität die von Käpfnach übertroffen habe. 1943 hat man einen der Stollen beim Hof Rossweg wieder geöffnet, den Abbau aber nach wenigen Wochen wieder eingestellt.[17] Auch in den markanten Fallätschen am Abhang des Albis oberhalb von Leimbach fand Emil Letsch «wohl zehn Lagen schwarzer, bröckliger oder schiefriger bituminöser Mergel mit Resten von Land- und Süsswasserschnecken, sowie selten 2–3 dünne Kohlenstreifen».[18] Emil Letsch rekonstruiert hier im Übrigen im Gebiet «Schweizertobel»,

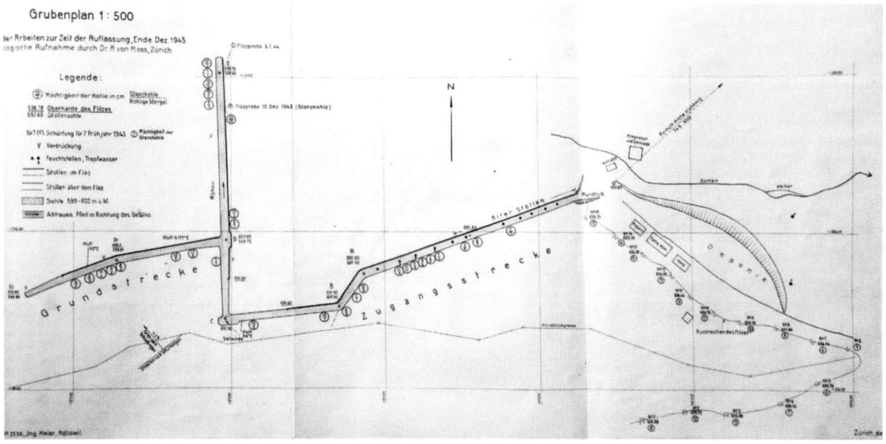

Abb. 10: Plan des Sondierstollens Rossweg. (Armin von Moos 1943, Archiv der Schweizerischen geologischen Dokumentationsstelle SGD)

«Rossweg», «Hintersteig» und «Obstgarten» ein mit dem Riedhof im Reppischtal zusammengehörendes, grosses Flöz, das den ganzen Albis und unbestimmt wie weit, den Mühle- und Aeugsterberg durchsetze und rund 300 m über dem von Käpfnach liege.[19]

Horgen Käpfnach

In Käpfnach befindet sich das einzige sicher nachgewiesene grössere Braunkohleflöz der Schweiz und gemäss Hans Fehlmann «die ertragreichste aller Schweizer Kohlengruben».[20] Dazu ausführlich der Beitrag «Käpfnach» von Dölf Wild in diesem Band. Die erste Nennung durch den Chronisten Johannes Stumpf von 1548 ist ausgesprochen früh und mit Abstand der frühste Beleg für Kohlenabbau in der weiteren Umgebung. Auch hier waren ab 1781 der «Bergpraktikus» Mettig, dann aber vor allem die bereits mehrfach genannten Herren Clais und Ginsberg aktiv. Zwischen 1784 und 1910 wurde das Bergwerk vom Staat Zürich betrieben, in den Jahren 1918–1921 und 1941–1946 privat vom Unternehmer Max Zschokke. Seit 1984 ist es ein Besucherbergwerk mit Museum.

Horgen Hirzel

An der Strasse von Hirzel nach Sihlbrugg gibt es den Siedlungsnamen Cholgrueb. Wegen seiner Höhenlage kann kein Zusammenhang mit dem Kohleflöz von Käpfnach bestanden haben. Auf dem Portal der schweizerischen Ortsnamenforschung (https://ortsnamen.ch) wird ein Zusammenhang mit der Köhlerei hergestellt: «Der Name verweist auf die Zusammensetzung schwzdt. f. Cholgrueb ‹Grube zum Kohlenbrennen›, die toponymisch sehr verbreitet ist und auf Orte verweist, an denen (meist im Wald) Kohlen zur Holzkohlegewinnung gebrannt wurden.»[21]

Lägern, Wehntal

Gemäss Emil Letsch sind beidseits der Lägern nur geringe Kohlenfunde gemacht und keine eigentlichen Flöze beobachtet worden. Allerdings hat 1749 der von der Steinkohlekommission beauftragte «Elsässer Senning» beim Lägernberg bei Wattwil «recht gute Steinkohlen» gemeldet. Ein Jahr später liess die Obrigkeit den «fremden Bergmann Köhler», der auch in Käpfnach tätig war, die Gegend untersuchen, mit negativem Ergebnis. Auch weitere Nachforschungen im 19. Jahrhundert zeigten wenig Ertrag. Valentin Hugentobler hat seit 1862 im Gebiet von Luchern bei Boppelsen Nachforschungen angestellt und dabei vergeblich einen rund 50 m tiefen Stollen angelegt. Nachdem ihn diese vergeblichen Bemühungen an den Rand des Ruins getrieben hatten und offensichtlich alles Natürliche nichts half, griff er zu einem letzten Mittel. Laut Letsch liess er seine Frau, die einen Ruf als Wahrsagerin hatte, im Stollen schlafen und ihr weiser Spruch habe dann gelautet: «Ohne Kampf kein Sieg!» Der blieb allerdings aus.[22]

Stadlerberg

Nach Berichten von Kohlefunden am Raaterberg bei Stadel wurde 1789 der Obersteiger Friedrich Albert Ginsberg von Käpfnach dorthin geschickt; er liess einen Stollen auffahren. Zwar stiess man im Berg tatsächlich auf ein Kohleflöz, dessen Lage und Struktur nur «mageren Erfolg» zeigte, sodass man den Betrieb «Kraft höheren Befehls» einstellte. An der Stol-

Tab. 4: Sondierungs- respektive Fundstellen von Braunkohle im Gebiet der Lägern, des Stadlerbergs und im Umland von Winterthur

Name	*Ort /Gemeinde*	*Koordinaten*	*Abbauzeit*	*Abbauart*
Egg	Wattwil / Oberwenigen	672 541/264 256	1749	Fundstelle
Lenzrüti, Länzrüti	Niederwenigen	671 445/262 494	1872	Schacht
Bolleren	Ankenland / Steinmaur	674 817/262 288	1953/97	Stollen
Luchern, (Locheren?)	Boppelsen	671 470 / 258 769	1862	Stollen
Raaterberg	Stadel	676 854/266 304	1789-1790/1837	Stollen / Schacht
Cholgrueben, Teufen	Freienstein-Teufen	685 715/268 431 – 685 147/267 315	1789	Schürfungen, Tagbau?
Steinler	Gräslikon	687 441/268 166	1896	Stollen
Irchel	Buch am Irchel	687 542/267 761 – 689 148/266 665	18./19. Jh.	Schürfungen
Teufelsküche, Hinterhub, Hühnerloch, Krummhaldentobel, Krummhalde	Buch am Irchel	690 458/265 575	1850	Tagbau, Stollen?
Weittobel, Weitobel, Schlossbuck	Pfungen	691 300/261 906	?	Stollen
Unter Wagenburg, Weid	Oberembrach	690 961/260 425	1840	Stollen
Unter Schneit	Elgg	706 698/262 866	1827-1837	Stollen
Im Fürst	Elgg	707 432/262 500	1811-1827	Stollen
Gisenthal, Giessenthal	Elgg	707 946/262 490	1763-1840	Stollen
Birmenstall, Birmistel	Elgg	708 065/262 537	1763-1840	Stollen
Eichholz / Haldenholz	Hagenbuch	709 306/263 721 - 709 491/263 583	1782?	Stollen
Heidenmoos	Hagenbuch	706 511/263 595	1782?	Stollen
Linsental, Sennhof, Tösstal	Winterthur	698 465/257 888	1837-?	Schürfungen
Häsental, Sennhof, Tösstal	Winterthur	698 835/258 048	1837-?	Stollen
Linsental, Sennhof, Tösstal	Winterthur	698 465/257 888	1837-?	Schürfungen
Kyburg, Tutschgenhalden, Leimenegg	Kyburg	699 350/257 750	?	Schürfung
Ankenfels, Kohlenloch, Löffler (Sennhof)	Sennhof / Winterthur	699 821/257 604	1837	Stollen
Töbeli, Tobel, Kohlenloch	Kollbrunn / Winterthur	700 349/257 460	1916-1917	Tagbau, tauber Stollen 3 m über dem Flöz

Quelle: Rohstoffinformationssystem Schweiz (RIS)

lentüre habe man das Zürcher Schild befestigt und sie mit einem Schloss versehen. 1837 hat dann eine «Bergbaugesellschaft Bülach» einen neuen Versuch unternommen, jedoch mangels Erfolg bald wieder eingestellt. Einige Versteinerungen seien von Raat in die Sammlung des Polytechnikums gelangt.[23]

Irchel, unteres Tösstal

Auch im Gebiet des unteren Tösstales und am Irchel wurden an vielen Orten kleine Nester oder Kohlenstreifen in mergeligem Kalk und Sandstein gefunden. So liess 1789 Landvogt Meiss durch den Obersteiger Friedrich Albert Ginsberg von Käpfnach den Irchel nach Kohle absuchen. Ginsburg meldete folgenden Befund: «Zwischen Berg und

Teufen trifft man schon erkanntliche Steinkohlen in einem eisenrostigen Sand an, weiter in das Gebürg gegen Teufen wurde das Flöz mächtiger, aber taub angetroffen. Doch liegt ein starker Stinkstein darauf und ist das mergelartige faule, mit Muscheln vermischte Flöz mächtig». Letsch sah aufgrund seiner eigenen Forschungen in diesem Gebiet nur «alles höchst unbedeutende Vorkommnisse».[24]

Elgg

In der Umgebung von Elgg befinden sich jene Fundstellen, welche zusammen mit denen von Käpfnach und Riedhof die bedeutendsten im Kanton Zürich darstellen. Seit dem frühen 18. Jahrhundert bekannt, fand der Abbau von 1781 bis in die 1860er-Jahre statt, zuerst in Verbindung mit dem «Laboratorium» in Winterthur, dann mit einer Glashütte in Elgg selbst. Der Abbau ist auch hier verbunden mit den Namen Clais, Ziegler, Ginsberg und anderen. Zu Elgg finden sich ausführliche Beiträge von Rudolf Gamper und Roger Widmer in diesem Buch.

Mittleres Tösstal bei Winterthur

Zur Fundstelle Lisental (Leisental an der Töss bei Kyburg) schreibt Johann Conrad Troll in seiner Geschichte der Stadt Winterthur, dass die Stelle im Jahr 1758 durch einen Erdrutsch entblösst worden sei. Durch einen Bergwerkssachverständigen sowie durch städtische Arbeiter liess der Magistrat Nachgrabungen ausführen. Die Untersuchung sei nicht ohne Erfolg geblieben. «Steinkohlen der schönsten und besten Art wurden zu Tage gefördert. Nur zeigten sich die geöffneten Adern so wenig ergiebig, dass es geratener schien, die Grabungen einzustellen. Denn man wagte noch nicht, das Geld auf Hoffnung zu sähen».[25] Auch der in Elgg aktive Winterthurer Johann Heinrich Ziegler hatte dort Versuche angestellt, wie er in einem Brief von 1782 an Landvogt Rahn von der Kyburg schrieb, auch er stellte das Unterfangen schnell wieder ein. Damit war aber noch nicht das Ende der Suche erreicht: «Im Zweifel, ob nicht unsere Vorfahren aus Mutlosigkeit oder Unkenntnis einen reichen Schatz in der Tiefe der Erde unentdeckt gelassen», verlangte der Winterthurer Stadtrat 1836 von der Zürcher Regierung eine Bewilligung und begann nach deren Vorliegen 1837 neuerdings mit den Arbeiten. Letsch

Abb. 11: Kollbrunn, «Kohlenloch» Sondierstollen im Wald oberhalb des ehemaligen Fabrikweihers. Der Stollen ist komplett im tauben Gestein angelegt. (R. Widmer 2025)

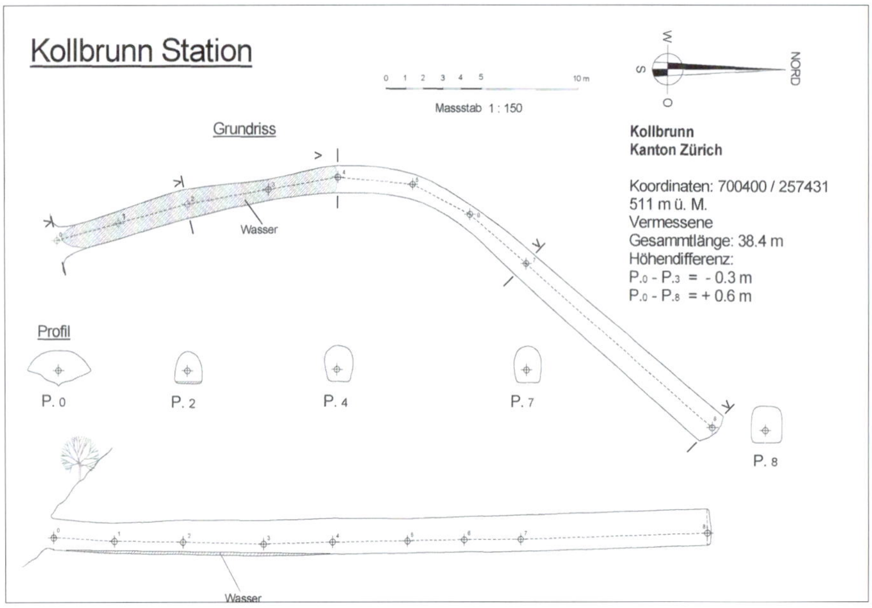

Abb. 12: Kollbrunn, Stollenplan Grundriss und Querschnitte, aufgenommen und gezeichnet von R. Widmer, 2008. Archiv R. Widmer.

dazu lakonisch: «Der Erfolg entsprach den früheren Versuchen.»[26]

Oberes Tösstal

Im späten 18. und in der ersten Hälfte des 19. Jahrhunderts wurden auch im Gebiet des oberen Tösstales an vielen Orten letztlich wenig ergiebige Kohlevorkommen gefunden. Obersteiger Friederich Albert Ginsberg vom Bergwerk Käpfnach hat im Auftrag von Landvogt Escher von Kyburg im Zeitraum vom 11. August bis 3. Dezember 1792 «die Grafschaft Kyburg und das Grüninger Amt» auf Kohlen untersucht und darüber einen Bericht verfasst. Laut Emil Letsch geht daraus hervor, dass Ginsberg schon damals einen grossen Teil der (später erwähnten und diskutierten) Kohlenvorkommnisse im oberen Tösstal gefunden habe. Im Überblick fasst Letsch die Situation folgendermassen zusammen: «Wenn wir die in den verschiedenen Zeiten an den zahlreichen Orten gemachten Beobachtungen miteinander vergleichen, so können wir ohne grosse Mühe herausfinden, dass sozusagen alle Kohlenpartien, die hier entweder in Nagelfluh, häufiger aber in blauen oder bituminösen Mergeln angetroffen werden, immer Holztextur zeigen, dazu äusserst unregelmässig sind in Mächtigkeit und Ausdehnung und als Kohle selten mehrere Meter Zusammenhang haben. Es sind also fast ausnahmslos Nester, somit keine eigentlichen Kohlenflöze, vergleichbar mit Käpfnach, Riedhof etc., sondern im günstigsten

Tab. 5: Sondierungs- respektive Fundstellen von Braunkohle im Gebiet des oberen Tösstals

Name	*Gemeinde*	*Koordinaten*	*Abbauzeit*	*Abbauart*
Kuhweide, Kuhweid, Chueweid	Wisental-Kollbrunn / Illnau-Effretikon	700 651/256 310	1832–1837?	Stollen
Rutzenfelsen	Zell	702 245/256 674	Fundstelle	Kein Abbau
Schwabtal, Beherberg, Berbers	Wila / Turbenthal	706 790/255 285	1837?	Schürfung
Ruine Breitlandenberg	Wila / Turbenthal	707 130/254 016	Fundstelle	Kein Abbau
Küppisbuck, Chnüppis	Schalchen / Wildberg	705 098/251 876	1837–1846, 1856, Ende der Sechziger Jahre	Stollen
Schläppli	Schmidrüti / Turbenthal	710 200/252 650	1782-1792/1832-67?	Stollen
Kämmerlibach, Chämmerlibach	Blitterswil / Bauma	708 956/248 993	Fundstelle	Kein Abbau
Juckern	Bauma	707 001/249 356, 707 419/249 226	Fundstelle	Kein Abbau
Hundskillenbach	Bauma	709 094/248 260	?	Schürfungen, Tagbau?
Burgruine	Altlandenberg / Bauma	708 254/247 936	Fundstelle	Kein Abbau
Feuerweiher	Altlandenberg / Bauma	707 437/247 567	Fundstelle	Kein Abbau
Webereikanal, Brandholz	Bauma	708 223/247 405	1881	Schürfungen / Tagbau?
Hörner	Bauma	709 408/247 509	Fundstelle	Kein Abbau
Loch	Bauma	708 900/246 217	Fundstelle	Kein Abbau
Kellertobel (Kollertobel) / Sternenberg	Seewadel / Bauma	709 966/246 640	Fundstelle	Kein Abbau
Wallenbach	Seewadel / Bauma	709 750/245 744	Fundstelle	Schürfung
Kollerbach / Kollerbach / Kohlbächli	Seewadel / Bauma	710 583/246 089	Fundstelle	Kein Abbau
David Bosshardts Gut / Eggisstrasse	Seewadel / Bauma	710168/246501	Fundstelle	Kein Abbau
Tüfenbach	Seewadel / Bauma	710 537/247 419 – 710 626/247 504	Fundstelle	Kein Abbau
Orflenbach, Schlösslibach	Lipperschwendi / Bauma	711 258/246 172	Ca. 1792	Stollen
Gubel	Lipperschwendi / Bauma	711 519/246 484	1792-1899	Tagbau
Lenzertobel	Lenz / Fischenthal	712185/245722	Fundstelle	Kein Abbau
Mehltobel, Mältobel, Mällentobel	Lenz / Fischenthal	712 918/246 603	Fundstelle	Kein Abbau
Kessibrücke, Kümmiwiesli, Chümmiwisli	Steg / Fischenthal	714 865/245 952 714 890/245 918	1715–1872?	Stollen

Quelle: Rohstoffinformationssystem Schweiz (RIS)

Abb. 13: Schieferkohle auf fossilem Holz aus dem Schieferkohlenbergwerk bei Mörschwil SG. Laut Baumberger 1923 stammt die Kohle vermutlich aus der Riss-Würmeiszeit (300'000 bis 10'000 Jahre vor heute). (R. Widmer 2025)

Fall ‹Flöze› dunklen Mergels mit lokal angehäuftem verkohltem Schwemmmaterial, und zwar meistens ausgesprochen holziger Natur. [...] Die gleichen Beobachtungen können auch an den Vorkommnissen des unteren Tösstals gemacht werden.»[27]

Beispielhaft sei hier die Fundstelle Gubel Lieperschwendi bei Bauma erwähnt, wo sich gemäss Ginsbergs Bericht von 1792 ein eigentliches Flöz befinde, dessen Kohlen holzartig erschienen sind. Bei diesem Schurf sei ein Stockzahn von einer solchen Grösse in dem Flöz gefunden worden, dass er nur von einem äusserst grossen, hierzulande nicht mehr existierenden Tier herrühren könne. Die Ausbeute sei an dieser senkrechten Wand gefährlich und die Stelle könne bei hochgehender Töss nicht erreicht werden. Eine andere Fundstelle ist das Schäppli bei der Schmidrüti oberhalb von Wila. Zu diesem schrieb der Winterthurer Johann Heinrich Ziegler im Brief von 1782 an den Landvogt von Kyburg, er habe schon vor 18 Jahren (also 1864) an einer unwegsamen, steilen Fluh viele Kohlen gefunden. Ihm folgend führt der Obersteiger Friedrich Albert Ginsberg im Bericht über seine Untersuchungen im Kyburger und Güninger Amt von 1792 zum gleichen Ort an, dass sich dort ein abbauwürdiges Flöz befinde, das bereits mit einem Stollen angegangen worden sei. Es waren jedoch immer nur kurze, wenig ergiebige Abbauversuche, die bis 1867 unternommen wurden.[28] Nicht besser verhält es sich mit der Fundstelle Juckern, wo der Besitzer Bosshardt gemäss Ginsberg nur ein schwaches Flöz gefunden habe. Ansonsten sei das Gestein «artig und enthält ziemlich viel Schwefel Markasiten, welches der Eigentümer für Gold und Silber hält».[29]

Schieferkohle

Die Schieferkohle in unserem Raum ist bedeutend jünger als die Braunkohle. Aus Torfmooren entstanden, sind die abgestorbenen Pflanzen und tierischen Überreste noch gut unterscheidbar. Entstanden durch Ablagerungen in der vorletzten oder letzten Zwischeneiszeit und in Moränenmaterial der jeweiligen Gletscher eingebettet, wurde es von den jüngeren Gletschern überfahren und zusammengepresst. Schieferkohle kommt feucht aus dem Boden und muss vor der Verwendung aufwendig getrocknet werden.[30]

Tab. 6: Fundstellen von Schieferkohle, die sich auf das Gebiet des Zürcher Oberlandes konzentrierten

Name	*Gemeinde*	*Koordinaten*	*Abbauzeit*	*Abbauart*
Oberberg	Dürnten	705 769/237 572	1820–1854 1854–1866	Tagbau bis 1854, dann Stollen
Binzberg	Dürnten	705 472/237 425	1862–1868 / 1879–1881	Schacht / Stollen
Hinterweid / Hinderweid	Dürnten	705 306/237 624	1868–1881	Schacht / Stollen
Kammern	Dürnten	706 283/237 700	1884–1892	Schacht / Stollen
Betzholz	Hinwil	704 429/238 476	?	Tagbau?
Schöneich	Wetzikon	702 682/241 037	1858 / 1862–1878	Schacht / Stollen
Krährüti	Gossau	699 450/241 300	Um 1880, 1890/91	Sondierung, 10 Schächte

Quelle: Rohstoffinformationssystem Schweiz (RIS)

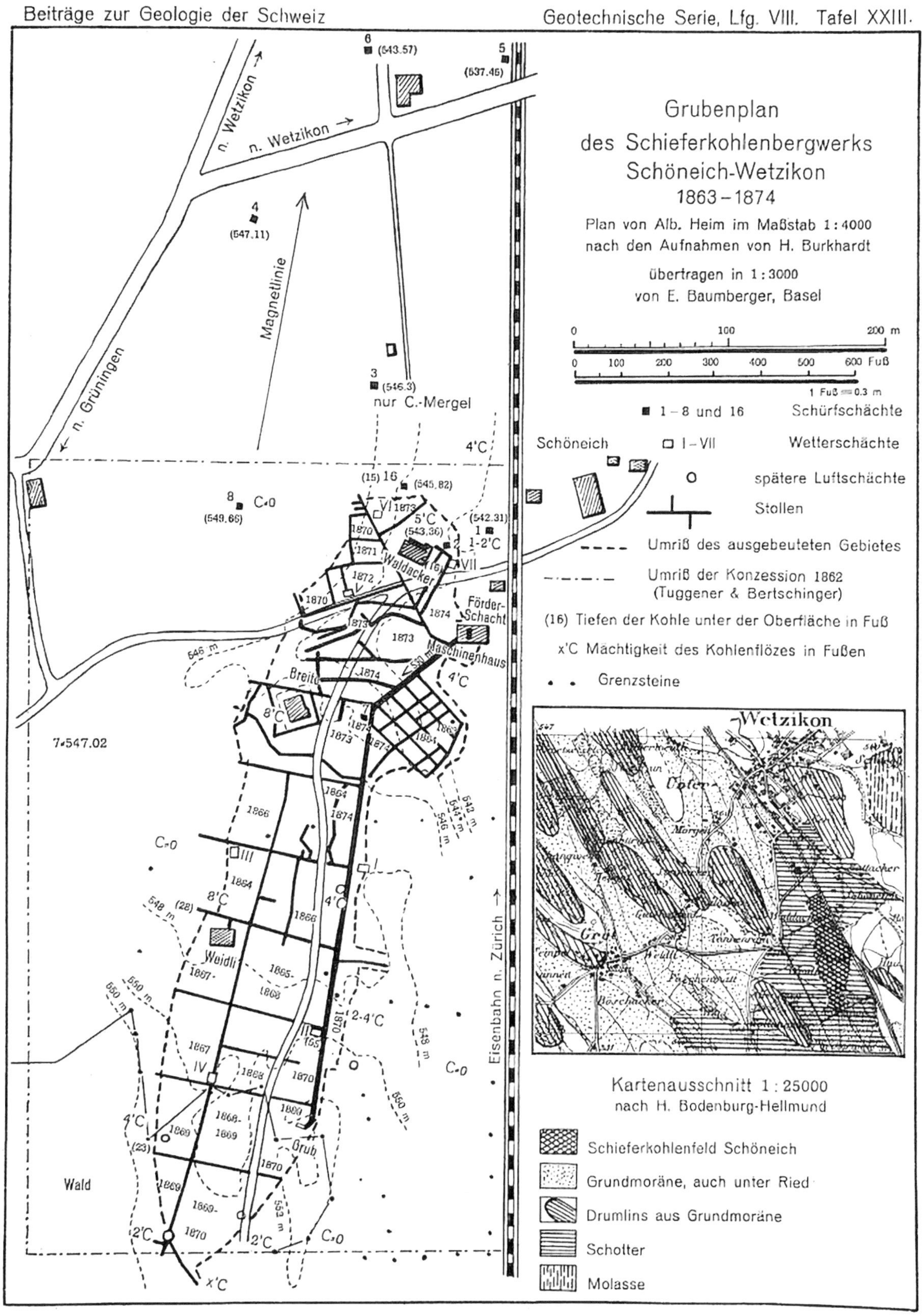

Abb. 14: Wetzikon, Schöneich, Schieferkohleabbau untertags in den Jahren 1862-1878. Das Abbaugebiet lag nahe dem Bahnhof Wetzikon und war mittels senkrechten Schächten erschlossen. Aus Baumberger (wie Anm. 30).

Tab. 7: Tiefbohrungen bei Weiach und Lindau

Ort /Gemeinde	*Koordinaten*	*Rohstoff*	*Abbauzeit*	*Abbauart*
Weiach	676 744/268 618	Steinkohle	1983	Tiefenbohrung
Lindau	692 815/255 098	Erdöl	1964	Tiefenbohrung

Wetzikon, Rüti

Gemäss Emil Letsch hat der Staat Zürich 1775 im sankt-gallischen Uznach Land gekauft und die dortigen Gruben, den Transport und den ganzen Handel von Staats wegen betrieben. «Da diese Kohlen grössere Ähnlichkeit mit Holz und einen etwas erträglicheren Geruch zeigen, brachten sie, wenigstens bei den Konsumenten, die Käpfnacher (Kohle) etwas in Vergessenheit, namentlich für Herd- und Ofenheizung. Während zum Beispiel 1775 nur 115 Ztr. Kohle (23 Röhrli) abgesetzt wurden, betrug der Verkauf an Schieferkohlen 7255 Ztr. Nichtsdestoweniger trachteten Behörden und einsichtige Männer, wie Bürgermeister Heidegger und Statthalter Nüscheler stets darnach, neue Kohlenfundorte im Kanton zu finden und Fabrikanten und Schmiede zu veranlassen, Versuche mit dem neuen Brennmaterial anzustellen.»[31]

Auch im Zürcher Gebiet wurde diese Schieferkohle gefunden. Das Fundgebiet liegt in einer breiten Zone im Anschluss an die St. Galler Fundgebiete von Benken, Uznach und Eschenbach im Raum von Dürnten, Gossau und Wetzikon. Für Dürnten liegen Erwähnungen aus den Jahren um 1820 und 1840 vor, gemäss denen die Schieferkohle zuerst im Tagbau gewonnen wurde.[32] Im grösseren Stil und nun wegen der grossen Sedimentüberdeckung auch im Stollenbetrieb fand hier der Abbau in den 1850er-/60er-Jahren statt und wurde bis 1892 aufrechterhalten. Der Abbau in Dürnten war der grösste von Schieferkohle in der Schweiz. Das Flöz konnte bis 1,5 m Mächtigkeit erreichen, sich aber auch auf 60 oder sogar 30 cm verringern. Der Paläontologe und Botaniker Oswald Heer erbrachte aus den geborgenen Resten den Nachweis von Schilf, Föhre, Weissbirke, Eiche, Rottanne, mehr oder weniger der heutigen Flora also, dann aber auch von Waldelefant, Waldnashorn, Urstier und Hirsch.[33] 1918 wurden hier vom Eidgenössischen Bergbaubüro Untersuchungen angestellt, die aber keine abbauwürdigen Vorkommen mehr zeigten.[34]

Das Schieferkohlenfeld von Wetzikon-Schöneich wurde von 1862 bis 1878 ausgebeutet. Entdeckt wurde es im Juli 1858 anlässlich des Baus der Eisenbahnlinie Uster–Rapperswil rund 500 m südwestlich des Bahnhofs Wetzikon. Seine Förderung dauerte nur gerade 16 Jahre, von 1862 bis 1878. Dieser Abbau untertags mit seiner Lage unmittelbar bei einer städtischen Siedlung ist sicher einer der spektakulärsten im Kanton. Innert weniger Jahre entstand hier in rund 9 m Tiefe auf einer Fläche von rund 500 Meter Länge und 110 m Breite ein verzweigtes Stollensystem. Ein Förderturm gehörte ebenso dazu wie eine Stollenbahn mit zwei Geleisen und Belüftungsschächten für die Bewetterung. Ein grosses Problem war das eindringende Wasser, welches mit einer Dampfpumpe gehoben werden musste, und problematisch war generell die Stabilität, was eine umfassende Auszimmerung notwendig machte. Das Flöz war 1,2–2,4 m mächtig. Ertrag ist nur für die Jahre 1866, 1868 und 1872 bekannt, in denen insgesamt 15 100 t «verkäuflicher Kohle» notiert wurden, eine ansehnliche Förderung immerhin.[35] Nach Aufgabe des Abbaus 1878 versank das ganze Grubensystem im Wasser. Da keine abbauwürdigen Vorkommen mehr erwartet wurden, kam es im Ersten Weltkrieg zu keinen weiteren Untersuchungen. 1942 wurde mittels einer Sondierung das Flöz nachgewiesen, aber wegen der «drohenden Landschadenvergütung» auf einen weiteren Abbau verzichtet.[36]

Steinkohle und Erdöl

Weiach, Bohrung Nagra

Die Nagra hat in den Jahren 1982–1999 (erste Phase) und 2019–2022 (zweite Phase) Tiefenbohrungen für die Sondierung des Untergrundes durchgeführt. Dabei wurde in der Bohrung bei Weiach von 1983 in einer Tiefe zwischen 1500 und 1700 m in den Sedimenten des Permokarbontrogs wiederholt Kohleschichten mit insgesamt 32 m Mächtigkeit von teilweise ausgezeichneter Qualität angetroffen. Diese Steinkohle ist rund 300 Millionen Jahre alt.[37]

Lindau, Bohrung Swisspetrol AG

In den Jahren 1962–1982 hat die staatlich finanzierte Swisspetrol AG im Schweizer Mittelland Bohrungen durchgeführt, mit denen man nach Öl und Gasvorkommen suchte. Dabei ist sie auch im zürcherischen Lindau in 2377 m Tiefe auf Schichten mit «Öl- und Gasanzeichen» gestossen, die sich aber als nicht wirtschaftlich nutzbar erwiesen haben.[38]

Quarzsand

Quarzsand aus der Molasse wurde anfänglich an Glashütten geliefert. Seit etwa 1880 kamen weitere Abnehmer dazu. Quarzsand kam nun als Formsand in Giessereien, als Beimischung zum Asphaltstrassenbelag, für Sandstrahlgebläse und in Sportanlagen, in der Dachpappenproduktion sowie als Streusand bei den Schweizerischen Bundesbahnen zur Anwendung. Ausserdem benötigte man ihn als Sägesand in Marmorwerken und später auch als Beimischung für Hartbeton.[39]

Zürcher Unterland/Weinland

Das Quarzsandvorkommen in Benken wurde 1836 entdeckt und bald darauf, 1840, auch im benachbarten Wildensbuch. In Benken fand der Abbau wegen der hohen Überdeckung im Stollenbau, später im Tagbau statt. In Wildensbuch dauerte der Abbau bis 1960, in Benken bis 1983. Die rund 40 m hohe Abbauwand in Benken gilt heute als geologischer Aufschluss von nationaler Bedeutung. Der Sand von Benken und Wildenbuch wurde für die Grünglasherstellung verwendet, für Halbweissglas

Abb. 15: Benken ZH, Blick auf das Quarzsandbergwerk, Foto um 1950/60. Gemeindearchiv Benken.

Tab. 8: Abbaustellen von Quarzsand im Zürcher Unterland und im Weinland

Name	*Gemeinde*	*Koordinaten*	*Abbauzeit*	*Abbauart*
	Benken	692 435/279 022	1836–1983	Stollen, später Tagbau
	Trüllikon / Wildensbuch	693 042/278 358	1840–1960	Tagbau
Krähstel	Buchs	676 789/256 850	1891–1920	Stollen
	Embrach	685 801/262 857	Wohl spätes 19. Jh. bis 1950	Stollen, Tagbau

Quelle: Rohstoffinformationssystem Schweiz (RIS)

waren sie wegen des hohen Eisengehalts nicht geeignet. Mit dem Sand wurden unter anderem die Glashütten von Elgg und Wülflingen beliefert. Benken ist bekannt für reiche Fossilienreste, insbesondere Haifischzähnen, die sich zur Freude der Schülerinnen und Schüler in den Sprunganlagen von Zürcher und Schaffhauser Schulhäusern wiederfanden.[40]

Die Quarzsandvorkommen von Buchs/Chrästel wurden nach 1884 entdeckt und ab 1898 im Stollenbau abgebaut. Auch dieser Sand diente der Grünglasherstellung, in diesem Fall in der Glashütte Bülach. Der Abbau in Buchs wurde 1920 eingestellt. Die in den Grubenwänden der Stollen von den Arbeitern herausgearbeiteten Skulpturen waren und sind eine öffentliche Attraktion. Ausführlich dazu der Beitrag von Roger Widmer in diesem Buch.

Abb. 16: Benken ZH, Haifischzähne aus der Quarzsandgrube. Obere Meeresmolasse, ca. 15 Mio. Jahre alt. Sammlung Heinrich Meister, Objekt 0011/00007. Gemeindearchiv Benken, Foto D. Wild, 2025.

Abb. 17: In der Glashütte Bülach hergestellte, mundgeblasene Flaschen aller Grössen im Quarzsand-Bergwerk Buchs. (R. Widmer 2018)

Abb. 1: Repräsentative Gebäude Zürichs waren oft aus Sandstein aus den Steinbrüchen am Ober- und Zürichsee: Das Zürcher Grossmünster, aus Sandstein aus Steinbrüchen aus Bolligen am Obersee. Mitteilungen AGZ 1841, Tafel I, nach S. 14.

Sebastian Brändli

Baumaterial und Energie
Ressourcenpolitik im alten Zürich

Wie es sich gehört, beginne ich mit dem Gründungspräsidenten der Antiquarischen Gesellschaft, Ferdinand Keller. In einem Aufsatz in den «Mitteilungen» (1841) beschrieb er den Bau des Grossmünsters, dessen Architektur, Kunst und Baumaterialien: «Das Material, aus welchem das Münster besteht, ist ein feinkörniger, der Verwitterung ziemlich unterworfener Molassesandstein, der bei Bollingen am obern Zürichsee gebrochen wird. Aus demselben Steine sind alle ältern Gebäude Zürichs aufgeführt. Einen Beweis, dass diese Steinbrüche schon unter römischer Herrschaft eröffnet waren, liefert der aus eben diesem Material verfertigte Denkstein mit der Aufschrift ‹Statio turicensis›, der im vorigen Jahrhundert auf dem Lindenhof zu Zürich entdeckt wurde. Bei einer im Jahr 1838 vorgenommenen Untersuchung der Grundmauern ergab sich, dass dieselben auf der Seite des Flusses bis auf die Höhe des Wasserspiegels hinabreichen und auf einem Fundamente von an einander gereihten Fündlingen ruhen.»[1] Keller interessierte sich also für die Materialien, die für den Bau des Grossmünsters benötigt wurden, und verfolgte deren Spur in der Geschichte Zürichs zurück bis zu den Römern. In der Tat waren Baumaterialien eine wichtige Säule städtischen Lebens, städtischer Wirtschaft und städtischer Bauweise. Und dass eine süddeutsche Stadt wie Zürich sich von der ländlich-vernakulären Holzarchitektur zwecks Brandverhütung und Repräsentanz zugunsten von Steinarchitektur verabschiedete, lag im Mittelalter und der frühen Neuzeit ganz im Trend.

Baumaterialien waren eine Ressource, die die städtische Lebensgemeinschaft benötigte, bei der die individuelle Beschaffung aber an Grenzen stiess. Wenn dies der Fall war, hatte sich die Regierung in der einen oder anderen Weise zu engagieren; sie musste zu gegebener Zeit Massnahmen einleiten. So bedeutete die «väterliche Regierung» des Zürcher Rats, die in staatsrechtlicher Sicht meist mit Herrschaft und Privilegien identifiziert wird, in Fragen der Versorgung der Bevölkerung mit Gütern aller Art oft eine Form der Dienstleistung – und damit Unterstützung und Friedenserhalt. Die vorliegende Studie untersucht die Rohstoff- und Ressourcenpolitik des Regiments im alten Zürich. Dabei steht die zentrale Basisressource, die landwirtschaftliche Produktion und Distribution, für einmal nicht im Zentrum – obwohl gerade der Kampf gegen Hunger und Armut ebenso unter dieser Fragestellung beurteilt werden kann – und auch das Thema Trinkwasser bleibt aussen vor.[2] Unter «Ressourcen» werden so Baurohstoffe und Energieträger verstanden. Die Untersuchung konzentriert sich auf Steine als wichtigstes erwünschtes Baumaterial, auf Ziegel sowie auf Holz als Bau- und Brennmaterial; die Kohleförderung wird nur kurz erörtert.[3] Die Förderung von Erz und anderen Metallen war auf Zürcher Gebiet nur marginal von Bedeutung und wird deshalb hier kaum angesprochen. Ein einsamer Eintrag in den Memorabilia lautet: «Auf dem Schnabelberg in dem Zürich-Gebiet, da vor Zeiten ein Schloss gestanden, ist Anno 1559 Silber-Erz gegraben worden.»[4]

Stadtstaat und Staatsverständnis der Respublica Turicensis

Die Geschichtswissenschaft tut sich schwer mit der Kategorisierung der städtischen Herrschaft im alten Zürich. Durchgesetzt hat sich der Begriff Paternalismus als Umschreibung des väterlichen Regimes. Die Positionierung dieser Herrschaftsform im Rahmen des frühneuzeitlichen Absolutismus betont je nach Sichtweise eher die hierarchischen oder die kooperativen Elemente. Im Alltag ist Herrschaft primär Verwaltung, sagte einst Max Weber, was im Falle Zürichs jener Zeit bedeutet, sich eher den praktischen Vollzugshandlungen zuzuwenden.[5] Eine zeitgenössische Theoretisierung ist indes kaum vorhanden; oft wird das «Handbuch» von David von Wyss beigezogen, das allerdings erst ganz am Ende des Ancien Régime verfasst wurde – ein Schwanengesang.[6]

Nicht einfacher ist es bei der Wirtschaftspolitik des alten Zürich. Sie trägt Züge von Merkantilismus und Physiokratie. Im Folgenden soll gefragt werden, wie in diesem Rahmen die Ressourcenbeschaffung als Aufgabe der väterlichen Regierung interpretiert werden kann.[7] Der Zürcher Rat sah sich jedenfalls häufig veranlasst, die Beschaffung und Verarbeitung von Rohstoffen und Energieträgern zu fördern oder selbst zu unternehmen.[8]

Für wichtige Einzelfragen politischen Handelns setzte die Regierung Kommissionen ein, teils ständige, teils zeitlich limitierte. Im Bereich der Ressourcenpolitik gab es die «Holzkommission», die «Kohlenkommission», die «Bergwerkskommission»; wichtige Aufgaben in diesem Bereich erfüllte auch die «Baukommission» mit dem «Bauherrn» als professionellem Amtsträger – die Baukommission und der Bauherr rapportierten direkt an die «mächtigste Kommission», die Rechenherren.

Zentral für die Leistungserbringung war das Bauamt mit dem Bauherrn als Direktor. In der städtischen Verwaltung war das Bauamt beispiellos – grosse und kleine Aufgaben, viele finanzielle Ressourcen, viel Personal aller Gattungen. François Guex wertete in seiner Dissertation das Archiv des Bauamtes aus; seine wichtigste Quelle war das «Baumeisterbuch».[9] Auch für unsere Fragestellung ist das Bauamt zentral. In seinem Beitrag im zweiten Band der Kantonsgeschichte fasste Conrad Ulrich die materiellen Aspekte des Städtebaus und der bauamtlichen Verwaltung knapp zusammen. Sein Fazit: Der Staat sei selten selbst als Bauherr von Gebäuden aufgetreten, aber für die Infrastruktur habe er Verantwortung übernommen – «Wasserleitungen, Entsorgung von Abwasser, Abfallbeseitigung».[10] Zu ergänzen ist seine Verantwortung im Bereich der natürlichen Ressourcen des Bauens und der Energie.

Eine letzte Vorbemerkung zur Problematik der Wissensgrundlagen und der technologischen Voraussetzungen: Über welches Wissen verfügte der Zürcher Rat für das Erkennen und Anpacken der

Abb. 2: Gute Bauherren wurden oft Bürgermeister, so etwa Georg Müller (1504–1567). Er war Bauherr ab 1555, schon ab 1557 Bürgermeister. Zentralbibliothek Zürich, Graphische Sammlung (e-manuscripta).

Aufgaben? Woher stammte es? Gerade wenn man auf die Fragen der Rohstoffe aus dem Boden fokussiert, wird deutlich, dass sich in Zürich in der frühen Neuzeit nur wenige Personen damit beschäftigten. Es gab keine Akademie (wie etwa in Sachsen), vor der Gründung des Polytechnikums in Zürich 1855 auch keine Architekturschule. Immerhin waren Zürcher Wissenschaftler schon früh naturwissenschaftlich interessiert: nach Konrad Gessner und Jos Murer im 16. vor allem Johann Jakob Scheuchzer im späten 17. Jahrhundert. Ein Blick auf Scheuchzers Forschungsgebiete lässt dahinter liegende angewandte Fragestellungen leicht erkennen, vor allem im Bereich der Bodenkunde und Mineralogie, man lese die Beschreibung von «Steinen, Metallen und anderen Mineralien».[11] Eine erste Institutionalisierung des theoretischen Interesses – sieht man von der Gründung der ersten öffentlichen Bibliothek der Schweiz in der Wasserkirche 1686 ab – erfolgte 1746 mit der Gründung der Naturforschenden Gesellschaft.[12]

Infrastrukturaufgaben im alten Zürich

Die Steine stehen am Beginn der paternalistischen Ressourcenpolitik Zürichs. Archäologische Befunde und schriftliche Quellen legen nahe, dass die Stadt vor der mittelalterlichen Jahrtausendwende aus Holz gebaut war – von den Palastbauten des Lindenhofs und den Kirchenbauten einmal abgesehen. Wann genau, wie und von wem gesteuert der Prozess des Ersetzens von Holz- durch Steinbauten einsetzte, scheint in den Quellen kaum auf. Eine Rolle

Abb. 3: Die Bauherren waren wichtige Bindeglieder zwischen strategischer Führung und operativer Ausführung: Bürgermeister und Bauherr Kaspar Thomann (1519–1594). Kupferstich von Christoph Murer, Zentralbibliothek Zürich, Graphische Sammlung, Inv. 27 (e-manuscripta).

spielten Feuersbrünste, etwa diejenige von 1280, die dem Bäckermeister Wackerbold zugeschrieben wird. Wackerbolds Geschichte ist allerdings erst aus späteren Schriften von Heinrich Bullinger bekannt. Die erste Baumassnahme im Sinne des Brandschutzes ist im sogenannten Richtebrief enthalten, wo es darum geht, Hofstätten korrekt zu mauern, also keine reinen Holzbauten mehr zuzulassen.[13] Auch ohne Belege ist es ja durchaus plausibel, dass sich der Rat mit dem Problem auseinandergesetzt und Massnahmen eingeleitet hat, worunter die Beschaffung der richtigen Steine zu zählen ist.

Der Schritt von der Norm zur Dienstleistung war nicht trivial. Es ist wahrscheinlich, dass der Rat oder ein städtischer Unternehmer früh erfolgreich die Ausbeutung vor allem stadtnaher Gruben betrieben hat. Aus der Rechnung des «Canonicus Fabricarius» ist etwa eine Steingrube «am Berg»[14] bekannt, wohl am Zürichberg, ebenso ist ein «Steinbruch zu Herrliberg» aktenkundig, beide wohl schon im 15. Jahrhundert, Letzterer aber vor allem im Zusammenhang mit dem Schanzenbau; so soll sich der Zürcher Bauherr Georg Müller 1557 dort aufgehalten haben.[15] Daneben gab es am Zürichsee weitere lokale Steingruben in Männedorf und Uerikon. Später, am Ende des Ancien Régime, urteilte ein Fachmann: «Die zwei Steinbrüche zu Herrliberg und Männedorf ergaben meist schlechte und lockere

Abb. 4: Der Zürcher Rat kaufte in Bäch im 16. Jahrhundert zwei Steinbrüche. Der Steinbruch Kuster war zwar nicht dabei, zeigt aber, das der gebrochene Sandstein in Platten abbrach. Foto: Leo Wehrli 1937, ETH-Bibliothek, Zürich, Bildarchiv, Dia_247_10644.

Steine», weshalb sie noch vor 1800 aufgegeben wurden. Aus Uerikon stammten immerhin die Steine für das repräsentative Zürcher Waisenhaus (1770).[16]

Die Qualität der stadtnahen Fundorte war aus geologischen Gründen für das Bauen städtischer Häuser nur knapp genügend, die nächstgelegenen qualitativ überzeugenden Steingruben fand man indes oben am Zürichsee, wo der See sozusagen die Voralpen streift. Der Vorteil dieser Standorte war, dass die gewonnenen Lasten relativ leicht über den See in die Stadt gelangen konnten. Am meisten Quellenbelege sind für Bäch vorhanden, daneben gab es aber weitere Gruben, insbesondere die von Keller genannte Grube in Bollingen (Schmerikon). Diese konnten die Zürcher im 16. Jahrhundert aber nicht kaufen; sie gehörte in der frühen Neuzeit dem Kloster Wurmsbach und kam erst 1781 an die Herren von Zürich – «lehensweise».[17]

In den zahlreichen «Trucken» des Bauamts wurden zahlreiche Belege gehortet, die das Interesse der Stadt an den Steinen aus den Höfen Schwyz zeigen. Im sogenannten Weissen Register ist ein Bericht verzeichnet («Wie der Stein-Bruch zu Wollrauw, wie auch der Rein daselbst, und Hanß Güggelis Hauß-Hoffstatt zu Bächli an gemeine Statt kommen. 1501 und 1509»).[18] Dieser erste Bericht liegt im Original nicht vor. Er dürfte mit der Abschrift in der Urkundensammlung des Staatsarchivs, die Auszüge aus den Kaufverträgen enthält (beginnend mit 1501), identisch sein. Dieser lautet: «Hans Oesterreicher, der Steinmetz, verkauft Herrn Burgermeister, Räthen und gemeinen Burgeren der Stat Zürich. Nämlich seinen Steinbruch, mitsamt dem Gütlj oder Wißen daran gelegen, zu Wollrau, so man nenn die Sturmhalden, stoßt einerseits an die Straß, so von Wÿla gen Bächj gath, zur andern an die Straß Fläschlj Brunnen so gen Bächj gath, zur dritten an Fridlis Suters Haßlen, und alles mit Hagmarchen, mit Grund Graß, aller Wÿte und Breite, ob unter Erd, mit Steg Weg, und aller der Rechtung, Freÿheit und Ehehaffti, so darinn und darzu diennet und gehört, und also das nüt darab gang noch gahn solle, dann zweÿ Viertel Korngelts dem Gotshauß Einsidlern Erbzinß. Und der Kauf war beschehen um nünzig Pfund Haller, Zürich Müntz und Währung – Diß beschach uf Zinstag vor St. Thomas Tag der Heiligen Zwölf Boten, Anno post Christum natum 1501.»[19]

Der Vertrag macht offensichtlich, dass das Landstück zum Zweck des Steinbrechens gekauft wurde. Die umständliche Umschreibung der Rechte zeigt, wie sich die Zürcher grösstmögliche Freiheit für die Nutzung der Liegenschaft sicherten. Der Rat machte mit diesen Formulierungen deutlich, dass er das Land eigentlich abbauen würde. Noch im gleichen Jahrhundert erwarben die Zürcher einen zweiten Steinbruch in Bäch. Auch dieser Vertrag findet sich im Weissen Register: «Kauffs-Handlung zwi-

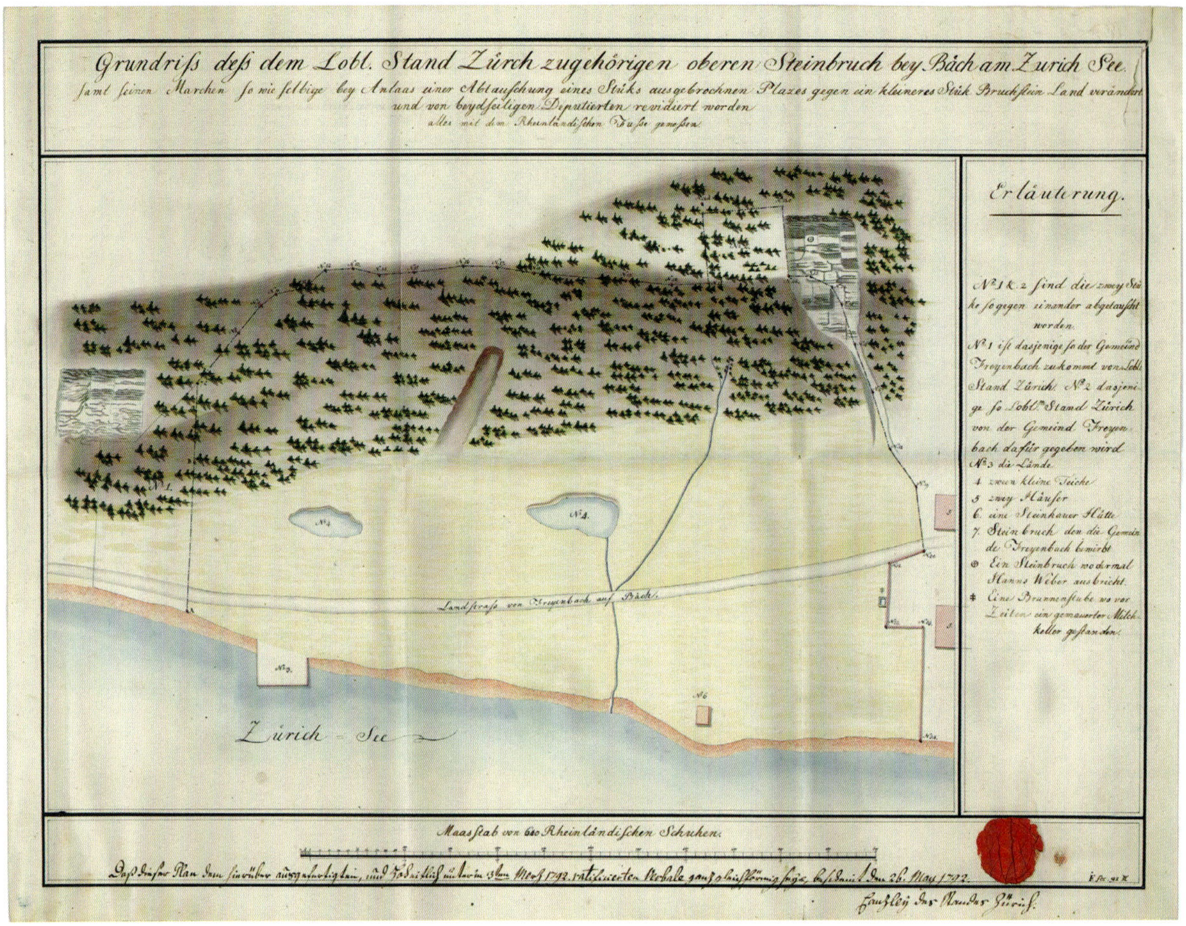

schen Appollonia Studerin, und M: G: Herren, umb den Steinbruch zu Bächi. 1577». Der Kauf erfolgte allerdings erst 1579.[20] Zahlreiche weitere Unterlagen zu auswärtigen Steinbrüchen wie Käufe und Verkäufe, Aufträge an Bürger und Fremde, Regeln zur Ausbeutung von Gruben bis zur Anstellung von Arbeitern, Geschäftslisten etc. bezeugen für das 16.–18. Jahrhundert einen regen Betrieb unter Zürcher Verantwortung.

Von grosser Bedeutung war der städtische Besitz von Werkzeugen. Mehrere Dokumente zeigen, wie die Erhaltung der kostbaren Geräte gesichert wurde.[21] Die operativen Arbeiten wurden selbständigen Unternehmern in Pacht übergeben. Diese hatten den städtischen Bedarf zu decken, wie ein Dokument von 1591 nahelegt; es ist dort die Rede von «Verding mit den Steinbruchmeisteren zu Bächi umb die Lieferung in der Ledi Steinen, wie auch umb das Schmid-Werk daselbst». Vorhanden sind auch einige Kostenverzeichnisse, die auf die Zuständigkeit des Rates für das ganze Geschäft hindeuten.[22] Vordergründig ging es um die Kontrolle der Leistung und der Finanzen – und um die Aufrechterhaltung der Funktionsfähigkeit des Unternehmens. Davon zeugt das Gesuch von «Bruchmeister Schmid» von 1628, der über den «schlechten Zustand und Beschaffenheit beider Steinhütten, Steinräder und des Steinbruchs» berichtet und um einen Augenschein der Zürcher Verantwortlichen bittet.[23] Oder ein Dokument von 1715: «Entwurf, wie gemeines Stadt-Bauamt für das künftig Stein brechen lassen, und mit demjenigen, dem der Steinbruch Bäch anvertraut werden wird, einen Vergleich [Vertrag] treffen will.»[24] 1734 entdeckte man nach dem Abgang des bisherigen Bruchmeisters erneut eine unhaltbare Situation: Über Jahre war der Abraum nicht wie vereinbart weggeschafft worden. Der neue Meister, Schmid von Richterswil, schrieb nach Zürich, «dass er nicht mehr bei dem mit den Gnädigen Herren gemachten Verding wegen Lieferung der Steine aus dem Steinbruch Bäch bestehen könne», worauf sich eine Zürcher Ratsdelegation nach Richterswil verfügte. Erstellt wurde ein Bericht «wegen vorgefundenem Leimbank oder Abraum

← Abb. 5: Wenn ein Zürcher in Schwyz investierte, rief das immer auch die beiden Regierungen auf den Plan. Grundriss des dem lobl. Stand Zürich zugehörigen oberen Steinbruch bey Bäch am Zürichsee, 1792, Staatsarchiv Schwyz, SG.CII.27.

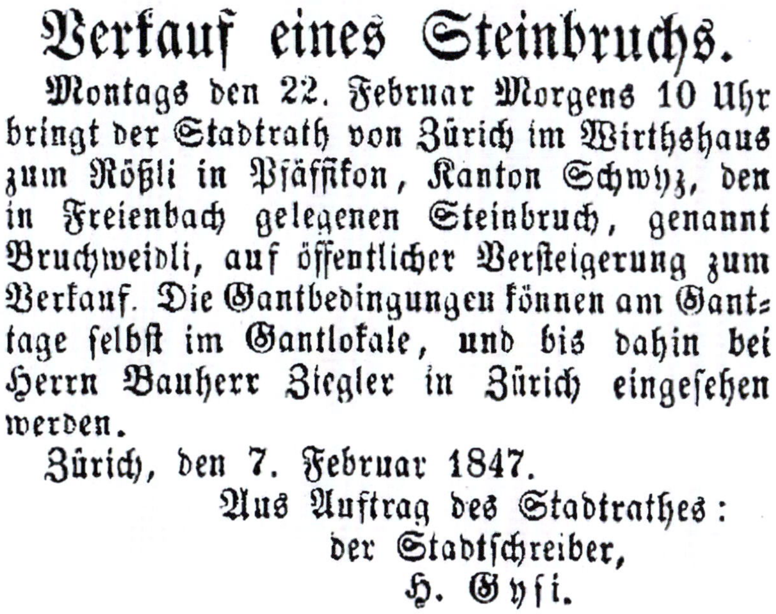

Verkauf eines Steinbruchs.

Montags den 22. Februar Morgens 10 Uhr bringt der Stadtrath von Zürich im Wirthshaus zum Rößli in Pfäffikon, Kanton Schwyz, den in Freienbach gelegenen Steinbruch, genannt Bruchweidli, auf öffentlicher Versteigerung zum Verkauf. Die Gantbedingungen können am Ganttage selbst im Gantlokale, und bis dahin bei Herrn Bauherr Ziegler in Zürich eingesehen werden.

Zürich, den 7. Februar 1847.

Aus Auftrag des Stadtrathes:
der Stadtschreiber,
H. Gysi.

Abb. 6: Im 19. Jahrhundert verlor die einheimische Steinproduktion ihre Dominanz: Die Zürcher Behörden verkauften den Zürcher Steinbruch 1847. Inserat Eidgenössische Zeitung, 11. 2. 1847.

im Steinbruch zu Bäch und wegen Wegschaffung und Abführung desselben».[25]

Unterrichtet sind wir über eine Schadensbereinigung im Jahr 1749, als der Zürcher Säckelmeister mit einer Delegation den Schwyzer «Säckelmeister Reding» in Bäch traf.[26] Auch dieser Exkursion war ein Konflikt mit dem – 1748 neu eingestellten – Bruchmeister vorangegangen; erhalten ist in diesem Zusammenhang ein «Gutachten wegen Observierung der Pflichten eines neuen Bruchmeisters».[27]

Die Dokumente belegen eine aktive Ressourcensicherungspolitik des Zürcher Rates: Es wurden eigene Steinbrüche erworben und deren Betrieb einem Bruchmeister als Lehen übergeben. Grosse Bedeutung hatte die Kontrolle der Qualität generell, sowohl des geförderten Materials als auch des Unterhalts des Bruchs. Bei schweren Versäumnissen setzte der Rat einen der beiden Säckelmeister ein, oft genügte aber eine Delegation von Rechenherren und dem Bauherrn. Die Motivation für diese Politik lag anfänglich in der Förderung des Steinbaus zwecks Brandverhütung, später in der funktionalen und ästhetischen Förderung der Architektur im öffentlichen und privaten Bereich.[28]

Ziegel spielten neben den gemauerten Hauswänden eine besondere Rolle. Mit Ziegeln gedeckte Dächer erscheinen schon im genannten Richtebrief des frühen 15. Jahrhunderts. Strohdächer waren für Flammen ein gefundenes Fressen; sie sollten in der Stadt fortan verboten sein: «Auch der Richtebrief [spreche sich] dahin aus, dass Letzteres [das Haus von Wackerbold] stets von Stein gebaut werde oder ein Dach (Ziegeldach) darauf.»[29]

Bei den Ziegeln lag das Rohmaterial näher bei der Stadt als bei den Steinen: In Wiedikon ist der Boden generell lehmig, dort gab es Lehmgruben, die schon im Mittelalter ausgebeutet wurden. Das Formen und Brennen der Ziegel erfolgte in Ziegelhütten. Unterlagen zu diesen gibt es seit dem 15. Jahrhundert. So beurkundeten Bürgermeister und Rat 1421 den Kauf eines Stücks Land «hinter der Ziegelhütte» zwecks Vergrösserung derselben.[30] Im Weissen Register figurieren weitere Dokumente; interessant vor allem «Lehen-Brieff und Ordnung, umb gemeiner Statt Ziegelhüten» (1519):[31] Die Stadt besass demnach eine Ziegelhütte, die sie einem Pächter zum Betrieb übergab. Ziegelhütten gab es im Übrigen an mehreren Orten im Kanton, auch nahe ausserkantonale Betriebe durften berücksichtigt werden. Die dezentrale Versorgung war der schwierigen Verkehrssituation in Gebieten geschuldet, in denen Transporte nur auf schlechten Strassen möglich war.[32]

Die städtische Ziegelhütte war als Lehen beziehungsweise Ehafte organisiert. Der Betrieb gehörte der Stadt und wurde einem Ziegler gegen einen jährlichen Zins auf Zeit verliehen. Die Hütte selber sowie die Werkzeuge wurden von der Stadt bereitgestellt, der Ziegler hatte auf gute Ordnung und Reparation bei Schäden zu achten – das Areal sollte «in Ehren gehalten» werden. Der Titel eines solchen Dokuments aus dem Jahre 1624 lautet: «Der Mr. Ziegleren Verantwortung, dass sie die Ihnen gemachte Ordnung, mit Verkauffung Kalch, Ziegel und Steinen übertreten».[33]

Vollständig erhalten ist der Lehensbrief für die städtische Ziegelhütte von 1775, als die Hütte Kaspar Bosshard von Hittnau übergeben wurde.[34] Der Vertrag ist umfangreich und regelt nicht nur Grundsätze, sondern auch konkrete Details. Das Lehen wurde auf sechs Jahre vergeben, der jährliche Zins betrug 120 Pfund. In sieben Abschnitten werden weiter festgehalten der Unterhalt der Hütte, das Verbot, die Liegenschaft an Dritte zu verpfänden, das Anlegen eines «obrigkeitlichen Vorrats» an Ziegeln und Kalk; zudem gab es eine Taxordnung. Auch betreffend Holzbedarf und Holzbezug wurden Rechte und Pflichten von Lehensgeber und -nehmer festgehalten. Dem Bauamtsmeister war jeder Brand anzuzeigen, damit der städtische Bedarf an Ziegeln festgelegt werden konnte. Auch hatte der Lehensnehmer «zwey habliche und annehmliche Bürgen» zu stellen. Von besonderer Bedeutung scheint das Zusatzgeschäft mit «Kalchsteinen» gewesen zu sein; es wurde dem Ziegler nämlich «wie von altem har» das Recht bestätigt, Kalksteine aus der Sihl zu nehmen, und zwar auf dem Abschnitt vom «heissen Stein» bis unter den «Limmat Spiz». Dieses Recht war offenbar fragil, es sollte «nicht weiters extendieren» (nicht weiter ausgedehnt werden).

Obwohl Ziegeldächer im Sinne der Brandverhütung ein politisches Geschäft erster Güte waren, setzte sich kein staatliches Monopol durch. Zwar hatte die städtische Ziegelhütte beim Rennweg, später im Selnau strategische Bedeutung und gab sicher Standards vor, doch die Geografie setzte einer Zentralisierung Grenzen. Auch anderswo entstanden Ziegeleien, Lehm gab es überall und Bedarf an Ziegeln ebenfalls. Es bildete sich ein ganzer Berufsstand von Zieglern, die mit dem städtischen Pächter im Selnau in Konkurrenz traten.

Holz ist Baumaterial und Energieträger, ein in unseren Breitengraden seit je genutzter und für Lebensgestaltung und Wirtschaft der frühen Neuzeit zentraler Rohstoff. Das Interesse der Behörden an seiner Verfügbarkeit und Nutzung ist bereits früh dokumentiert, vor allem im Richtebrief und den Stadtbüchern, ein Verbot der Ausfuhr von Holz datiert aus dem Jahr 1292.[35]

Der alltägliche Holzbedarf wurde durch individuelles Sammeln, insbesondere in der Allmend, sicher auch schon früh durch privaten Einkauf gedeckt. Wichtig waren kommunale Holzordnungen, zum Beispiel die 1530 vom Zürcher Rat genehmigte der Gemeinde Wollishofen. Deren erster Artikel besagt, «daß Gemeinwerck und Gerechtigkeit der Höltzeren, alßo so mann daß Holtz außtheilt, daß dann einem jeden zu Herbst nach altem Brauch nüt weyter geben noch werden solle, dann nach dem unter vil Gerechtigkeit hat.»[36] Alle mit Haus und Hof sowie einem Allmendanteil (Gerechtigkeit) ausgestatteten Bürger erhielten demnach aus dem jährlichen Holzschlag das gleiche Quantum, das sie nicht an Dritte weiterverkaufen durften.

Der wachsenden Bevölkerung mangelte es bald an Holz. Im Zürcher Rat gab es dazu grundsätzliche Diskussionen ebenso wie konkrete Geschäfte. Eine besondere Kontrolle galt dem Handel, der spätestens im 18. Jahrhundert mit Mandaten geregelt war. Wichtigste Bestimmung war, das meist übers Wasser transportierte Holz über die Schifflände («Holz-Ländi») einzuführen und zu registrieren.[37] In den Ratsmanualen erscheint der Begriff Holzmangel seit Mitte des 17. Jahrhunderts regelmässig, so 1679, als über den «über Hand nehmenden Holzmangel» geklagt wurde. 1684 wurde wegen «dem noch schwebenden Holzmangel» ein Holzkauf mit Glarus realisiert, 1688 erneut grundsätzlich diskutiert, mit «was Mittel disem Holzmangel müglichst gesteuret werden» könne.[38] 1705 wurde eine «Ehren-Commission» beauftragt, «einen ryffen Rathschlag ab[zu]fassen, wie dem hervorscheinenden großen Holzmangel für einmahl vorgebauwet werde könne».[39] Ein geeignetes Rezept scheint sie nicht gefunden zu haben, verfügt wurden aber eine Untersuchung gegen Schiffleute, die Holz transportierten (und möglicherweise horteten), sowie eine grössere Ladung von Holz aus dem Sihlwald (300 statt 200 Klafter).[40] Um ausufernden Diskussionen auszuweichen, protokollierte der Unterschreiber sogar, die Kommission könne in eigener Regie handeln und müsse den Rat nicht bemühen: Der «gemachten Commission [sei es] lediglich überlaßen, zur Vergaumung [Verhütung] könfftigen Holzmangels, auß Ihnen selbst mit völligen Gwalt neuwe

Abb. 7: Wie das alte Zürich seine Infrastrukturprobleme organisierte, beschrieb der spätere Bürgermeister David von Wyss (1769–1839) 1796 in seinem «Politischen Handbuch». Ölgemälde in Privatbesitz, Foto: Ivo Schilling.

Holz Tractaten, wie sie selbige am nuzlichsten für das gemeine wesen befinden werden, einzurichten, ohne daß MgHH: bÿsonst habenden wichtigen Geschäfften mehrers behelliget werden.»[41]

Holz als Baustoff war vor allem in einen lokalen Kontext eingebunden. Holz- und Allmendordnungen regelten deshalb die Deckung des lokalen Bedarfs, für die Stadt war das Bauamt zuständig. Besondere Aufmerksamkeit schenkte man den grossen, ertragreichen Bäumen, allen voran der Eiche. Zwar gibt es in den Mandaten nirgends einen verbindlichen Schutz dieser zentralen Bauressource. Doch legen zahlreiche Hinweise nahe, dass der Obrigkeit deren strategische Bedeutung, etwa für den Brückenbau, bewusst war. Schon in der Offnung der Gemeinde Wollishofen wurde die Eiche durch eine höhere Busse bei Verstössen besonders geschützt: «Wellicher auch jetz ald hernach, über kurtz oder lang, einicherley holtzes in unßeren, obgenannten von Wollißhofen, höltzeren abhauwt und hinführt ohne unßeren gunst, wüßen und willen und der geleidet wird, der soll zu bueß geben von einer eychen zwölff batzen, von einer tannen ein pfundt haller.»[42]

Auch in den Ratsmanualen sind mehrere Fälle belegt, in denen «illegaler» Umgang mit Eichen besonders sanktioniert wurde. Um 1680 etwa heisst es im Protokoll zu einem Vorfall in Stammheim: «Die Kelnhöfler sollind in das künfftige [inskünftig] keine Eychen mehr verkauffen; das ab den beiden Eychen erlößte gelt, 30. fl. solle er zu Oberkeitl. handen nemmen, ihnen das Oberkeitl. Mißfallen und daß sie eine Bußwand wol verdient hetten, troffen.

Sie sollend auch nichts, als was zu nothwendig verbeßerung ihrer Hüseren erfordert wirt, uß disem Holtz hauwen.»[43] Und in einem Fall 80 Jahre später wurden die Gemeinden Nänikon und Weriken verwarnt: «Inzwüschend ist denen beyden Gemeinden Nänikon und Weriken oberkeitlich aller Ernsts eingeschärfft worden, daß sie zu Ihrem besitzenden Holzboden guete Sorg tragen, keine Eichen oder anders ohne Noth fällen und entaüßeren, und hingegen junge nachpflanzen, und also denselben auf alle mögliche Weise äufnen, damit sie Ihre dießfählige Obliegenheit jederzeit erstatten mögen.»[44] Auch wenn der Rat die strategische Bedeutung grosser Holzstämme für den Stadtstaat und seine Vogteien also erkannte, rang er sich nicht zu einem zentral kontrollierten Vergabesystem durch. Dennoch konnte im Einzelfall der unbewilligte Verkauf an Dritte sanktioniert werden: «Dem Werchmeister Örj solle ein Erkantnuß zugestelt werden, sich fürderlich nacher Gryffensee zu verfügen, by H. Landtvogt Escher anzumelden, umb zu verschaffen, daß die zwo Eichen in dem Gmeind Holtz daselbsten, so zue dem Wendelbaum uffm Hoffbrunnen sehr bequem, fürderlich gefelt, und allhero in daß Bauw Ambt geführt werden thügind.»[45]

In früher Zeit wurde Holz als Brennstoff auch durch Torf ersetzt, später entdeckte man Kohlenflöze auf Zürcher Boden. Damit bestand Hoffnung, dem chronischen Holzmangel durch Förderung eigener Kohle zu entkommen. Kurz vor dem Ende des Ancien Régime schrieb David von Wyss: «Endlich läßt die Regierung, um dem Holzmangel für die Zukunft sicher abzuhelfen, mit grossen Unkosten Steinkohlen graben. [...] Solches [Kohleförderung] geschieht hauptsächlich zu Käpfnach am Zürichsee. Die ganze Einrichtung des dortigen Bergwerks, welches unter Aufsicht einer obrigkeitlichen Kommission steht, hat den Staat beynahe 20 000 fl. gekostet.»[46] Kohleabbau war kostenintensiv und risikoreich und Holz blieb der grosse Konkurrent; war das Angebot genügend und das Holz billig, wurde die Kohleförderung trotz obrigkeitlicher Unterstützung zum Verlustgeschäft.[47]

Ressourcenpolitik an der Zeitenwende

«Sind Bergwerke, Minen, Steinbrüche in Ihrem Kanton?»,[48] fragte im August 1798 der helvetische Finanzminister Hans Conrad Finsler den Kanton Zürich. Es antwortete der Sekretär der vormaligen Bergwerkskommission H. F. Hirzel: «Im Kanton Zürich befinden sich verschiedene innere Produkte, worunter sich besonders die Steinkohlenbergwerke auszeichnen, über welche die bisherige Steinkohlenbergwerks-Kommission den näheren Aufschluss geben wird. Überdies sind in unserem Kanton verschiedene kleine, doch nicht ganz gleichgültige Steinbrüche. Auch besass der Staat noch zwei Steinbrüche ausser dem Kanton.» Detailliert hielt er noch fest: «Im Kanton selbst: Ein Sandsteinbruch zu Herrliberg, Mänedorf, Uerikon und Embrach. Ein Tropfsteinbruch zu Rorbas, Rüti, Zell b. Elgg und Seen, die zwei letzteren unbedeutend. Ausser dem Kanton: Ein Sandsteinbruch zu Bollingen, ein Blattenbruch zu Bäch, beide im Kanton Linth.»

Die Frage des helvetischen Ministers zeigt das Interesse der neuen Republik an Bodenschätzen, die Antwort des Zürcher Sekretärs weist indessen darauf hin, dass die Blüte der Zürcher Steinbrüche bereits der Vergangenheit angehörte. Gleichwohl gab sich der Kanton Zürich, den Napoleons Mediation 1803 schuf, in der Bergwerkspolitik eine moderne Rechtsgrundlage: das «Gesetz, betreffend den Bergbau im Kanton Zürich» vom 18. Dezember 1805.[49] Es atmet durchaus noch den Geist des Ancien Régime, insofern es merkantile Aspekte aufnahm und weiterführte. Aber der Umstand, dass eine grundsätzliche politische Frage im Rahmen eines formalen Gesetzes gelöst wurde, ist der französischen und helvetischen Revolution geschuldet.

Besondere Aussagekraft hat die Präambel des Gesetzes, die die Aufgaben der Landesregierung in Bezug auf die Volkswirtschaft, insbesondere die Verwendung und Ausbeutung der natürlichen Grundlagen, zusammenfasst. Es werden drei Begründungen unterschieden: 1. Jeder «zweckmässige Industrie-Zweig» soll begünstigt werden. 2. Die natürlichen Grundlagen sollen verwendet werden, sind aber auch «künftigen Generationen unbeschädigt» zu erhalten. 3. Vor allem knappe Ressourcen («geringe Hilfsquellen») sollen möglichst gefördert werden. Das Selbstverständnis einer Regierung, die sich so ausdrückt, ist nicht weit entfernt vom Gedankengut

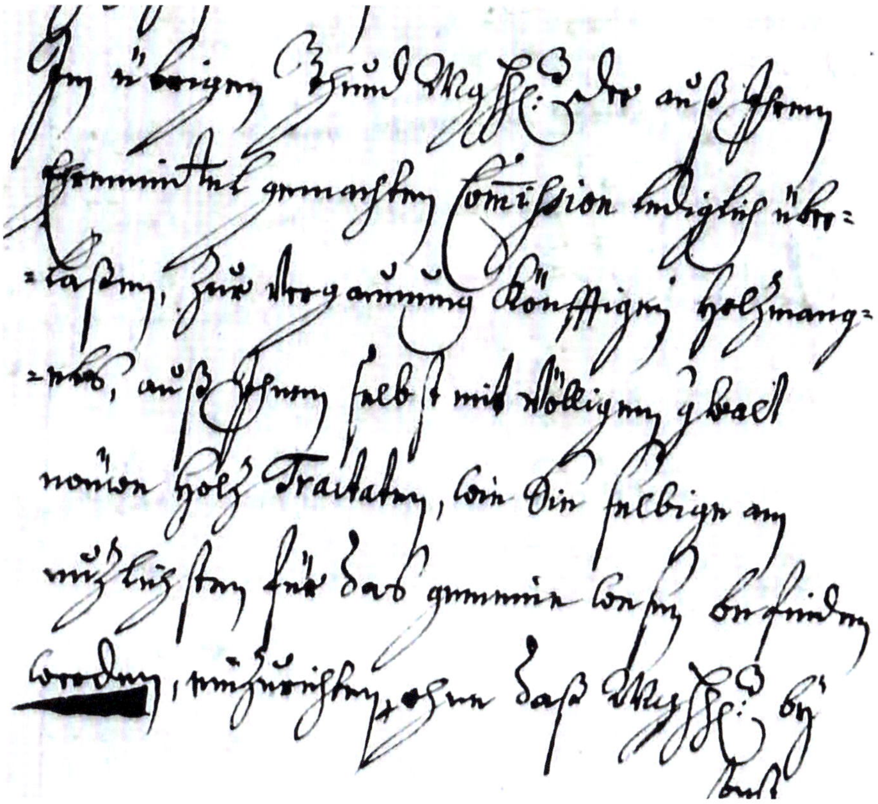

Abb. 8: Der Holzmangel beschäftigte den Zürcher Rat vor allem gegen Ende des 17. Jahrhunderts. 1705 delegierte er die Lösung der Probleme an die neu gegründete Holzkommission. Ausschnitt aus dem Ratsprotokoll.

der vormaligen paternalistischen Herrschaft beziehungsweise von den Vorstellungen einer aufgeklärten «Landespolicey».

Das Gesetz ist kurz. In § 1 wird der Grundsatz ausgesprochen, dass «alle im Schosse der Erde» sich befindenden Rohstoffe – Mineralien, Metalle, Salze – dem Staat gehören und ohne «bestimmte Belehnung von der Regierung» nicht ausgebeutet werden dürfen. Ausdrücklich ausgenommen sind weniger kostbare Rohstoffe wie Steine, Gips, Torf und Lehm. Die Paragrafen 2–6 dienen dem Vollzug und bezeichnen Akteure und Zuständigkeiten im Bewilligungs- und Aufsichtsverfahren des Abbaus der «geschützten» Rohstoffe.

«Landespolizey», väterliches Regiment und unternehmerische Führung

Vergleicht man Steine, Ziegel, Holz und Kohle hinsichtlich Markt, Rahmenbedingungen und behördlicher Interventionen miteinander, so ergibt sich für den Zürcher Stadtstaat in der frühen Neuzeit ein gemischtes Bild. Zwar war der Bedarf an allen vier Rohstoffen aus Sicht der Regierung ohne Zweifel gegeben; ein Ausbleiben der Verfügbarkeit musste verhindert werden. Im regulären unkritischen Fall war es aber so, dass die Räte im Bereich der Steine seit früher Zeit und im Bereich der Kohle seit dem Auftreten dieses Rohstoffs und der Technologie seiner Förderung eine aktive Rolle bis hin zur Monopolisierung beanspruchten. Im Bereich der Ziegel war die aktive Rolle ebenfalls angelegt, wurde aber von der Entwicklung überholt. Die städtische Ziegelhütte im Selnau war ein Musterbetrieb, der Standards setzte, doch es konnte nicht die Ambition der Zürcher Herren sein, die Ziegelproduktion generell als städtisches Vorrecht zu beanspruchen; zu unterschiedlich waren der lokale Bedarf, die Marktsituation, die Besitzverhältnisse insbesondere bei den Lehmgruben.

Am interessantesten und vom Bedarf her wahrscheinlich am relevantesten war die Entwicklung im Bereich Holz, nicht zuletzt wegen der doppelten Nutzung als Bau- und als Brennmaterial. Die Verwendung von Holz im Rahmen der Holzordnungen blieb eine lokale Angelegenheit, auch wenn diese Ordnungen obrigkeitlich genehmigt werden mussten. Es war auch im Interesse der städtischen Obrigkeit, dass der kleine lokale Nutzungszyklus den Bedarf deckte und keine Notwendigkeit entstand, Holz teuer zu importieren.

Während Holz auf der Landschaft weitgehend lokal produziert und genutzt wurde, hatte die Stadt einen beträchtlichen Vorteil durch den Sihlwald, der schon früh in ihren Besitz kam. Ein frühneuzeitliches Urbar bezeichnet den «Silwald» als «gemeiner Statt zugehörig», «so theils von den Hertzogen von Östreich verehrt, teils aber erkauft ist».[50] Schon 1335 wird erstmals ein «pfleger des Silwaldes» genannt.[51] Das grosse Reservoir des Sihlwaldes gab der Stadt Spielraum für ihre Holzpolitik, die dank Geben und Nehmen auch durchgesetzt werden konnte. Das zitierte Beispiel, wo der Rat der Holzkommission *plein pouvoir* für eine sorgfältige und wirkungsvolle Politik unter Nutzung des Sihlwaldpotenzials gab, bestätigt diesen Umstand. Trotz dieser guten Ausgangslage war das Holz in gewisser Weise die Achillesferse der städtischen Rohstoffpolitik, weil die wachsende Bevölkerung und die grössere Bautätigkeit nach immer mehr Holz verlangten – möglicherweise nach zu viel (Übernutzung), der Holzmangel war im 17. und 18. Jahrhundert chronisch. Alternativen waren lange Zeit nicht in Sicht. Umso erfreulicher war es, dass sich die Option Kohle langsam entwickelte. Käpfnach war die wichtigste Förderstätte im Kanton, entsprechend hoch waren die Erwartungen und der Einsatz. Von dieser Entwicklung erzählt der vorliegende Band.

Auch David von Wyss machte sich in seinem «Politischen Handbuch» Gedanken über die Aufgaben der Regierung im Bereich der Ressourcenförderung. Er beginnt mit den Steinbrüchen: «Auch in Rücksicht auf die Baumaterialien, ist die Regierung für die Bedürfnisse des Publikums möglichst besorgt. Mit vielen Kosten läßt sie am obern Zürichsee einen Steinbruch, unter sorgfältiger Aufsicht, bewerben.»[52] Was von Wyss nicht erwähnt, sind die zahlreichen Probleme bei der Führung und der Beaufsichtigung der in Regie geführten Steinbruchbetriebe. Er äussert sich auch zu den Ziegeln: «Zu allen Arten gebakner Steine und Dachziegel liegen in dem Bauamt bestimmte Formen.»[53] Er weist auf die normativen Leistungen Zürichs im Bereich der Backsteine und Ziegel hin, lässt aber die Lehenziegelhütte im Selnau unerwähnt, obwohl sie Ende des 18. Jahrhunderts noch in Betrieb war.

In den Abschnitten zur «obrigkeitlichen Sorge für die Waldungen»[54] weist von Wyss auf die Aktivitäten der Behörden im Holzhandel und auf Massnahmen zur «Unterhaltung der einländischen Waldungen»[55] hin. Unter dem Titel Baumaterialien setzt er wieder auf die Wirkung von Normierung und Standardisierung: «Auch ist das Maaß jeder Art von Laden, Latten, Schindeln, Scheyen und Rebsticheln obrigkeitlich festgesetzt. Nur am Freytag dürfen diese Bedürfnisse auf den Sonnenplatz in der Stadt zu Markte gebracht werden, woselbst man sie obrigkeitlich untersucht, und wo die bestimmten Maaße auf einer Tafel ausgehängt sind. Zu jeder Zeit aber kann man eine besondere Bewilligung erhalten, zu eigenem Gebrauch Schiffsladungen davon einzuführen.» Darauf führt er eine lange Liste normierter Holzbauteile auf.[56]

Die Analyse und Bewertung der Leistungen der väterlichen Regierung durch den Sohn des amtierenden Bürgermeisters David von Wyss (der Sohn wurde später selbst Bürgermeister) ist korrekt und die konkreten Absichten der Regierung sind sachlich aufgeführt. Natürlich wird seine Positionierung als Mitglied einer führenden Familie, als grundsätzlicher Befürworter der alten Ordnung deutlich; die Darstellung ist aber nicht nur politische Legitimation dieser Ordnung, sondern will auch deren Funktionsweise und Logik darstellen. Die Förderung einer rational-funktionalen Bauweise und einer feuersicheren Bautätigkeit begreift er als «Landespolicey», sein Gesamtkonzept für die das Gemeinwohl fördernden Tätigkeiten des Staats von der Standardisierung und Kontrolle über die Ordnung der Zuständigkeiten bis hin zur Krisenbewältigung im Einzelfall.

Aus heutiger Sicht fehlen zwei Aspekte der volkswirtschaftlichen Förderung des Bauens und der Infrastruktur in den zeitgenössischen Diskussionen: die beste Form der Führung von entsprechenden Organisationen sowie, damit zusammenhängend, die Qualifizierung der Akteure. Beim Sichten der Akten ist die Häufung betrieblicher Probleme augenfällig. Die Führung von Rohstofffirmen durch den Rat selbst oder Delegierte des Rates (wie zum Beispiel beim Baumeister) ist nicht belegt.[57] Schon früh erscheint aber das Modell der Verpachtung[58] der von der Stadt gekauften Steinbrüche oder Ziegeleien als Lehen an unternehmerische Dritte, was die Möglichkeit eröffnete, nach dem richtigen Meister Ausschau zu halten und im Lehensbrief die Ziele und Erwartungen des Eigentümers festzuhalten.

Die Aufgabe, einen gewieften Steinbruchmeister mittels Mandat («Brief») zu einer korrekten und für den Eigentümer vorteilhaften Strategie anzuhalten, war aber nicht trivial; noch schwieriger war es, einen weniger begabten Meister mittels Brief zum richtigen Arbeiten zu «erziehen».[59] Häufig beschwerten sich deshalb Kunden, Nachbarn oder Nachfolger über aufgedeckte Missstände, über Schäden, die aus Sicht der Klagenden der Meister zu verantworten hatte. Genauer als bei den Steinbrüchen sind wir über die Lehensbriefe der Ziegelhütte Selnau informiert; es scheint, dass die Räte mit jeder Lehensvergabe noch etwas klüger geworden seien. Der letzte grosse Brief von 1775 ist sehr umfangreich und detailliert gefasst. Deutlich wird jedoch bei den Steinen und den Ziegeln, dass dem Rat aus fachlichen Gründen Grenzen bei der Definition seiner wirtschaftlichen Ziele gesetzt waren und dass der Erfolg von den unternehmerischen Qualitäten der Lehensnehmer abhängig war.

Zur fehlenden Qualifizierung der Akteure nur noch dies: Wie bereits ausgeführt, gab es in Zürich damals kaum Ansätze, Rohstofffragen wirtschaftlich nutzbringend in Organisationen – Hochschulen oder Akademien – zu thematisieren und deren Beantwortung zu fördern. Technologische Herausforderungen wurden im zünftigen Zürich von der Obrigkeit kaum vorausschauend angegangen; meist kopierte man Problemlösungen, die ein einzelner Bürger auf einer Auslandsreise kennengelernt und nach Zürich gebracht hatte. So im Bereich des Militärs, wo Artilleriefragen nicht im Rahmen der regulären Armee, sondern in privaten Vereinen diskutiert und praktiziert wurden (mit obrigkeitlicher Duldung).[60] Die Stadt finanzierte Stipendien für studierwillige Jungbürger, für weitergehende wissenschaftliche Ambitionen waren sie und ihre Bürgerschaft zu klein und zu konservativ.[61]

Abb. 1: Unterschiedliche Erscheinungsformen von Silizitrohstoffen: 1–2: reguläre beziehungsweise irreguläre Knollen (Lägernsilizit); 3: fladenförmige Knolle (kreidezeitlicher Flint, Nordeuropa); 4: Plattensilizit (Riedenburg-Baiersdorf, Landkreis Kelheim, Deutschland); 5–8: variable Körnungen von Silizitbruchflächen, von rau bis porzellanartig glatt. Unmassstäblich; nach Altorfer (wie Anm. 6), Band 1, S. 35, Abb. 25.

Kurt Altorfer

Die Anfänge des Bergbaus im Kanton Zürich

Rohstoffe bewegen die Welt, gestern wie heute. Seit der frühen Menschheitsgeschichte sind sie unentbehrlich für die Herstellung von Gerätschaften aller Art. Schon unsere frühen Vorfahren, die Hominiden, nutzten Holz und Stein, um daraus Werkzeuge und Waffen zur Nahrungsbeschaffung oder zur Abwehr fremder Aggression zu fertigen. Während sie sich zu Beginn ganz simpler Steine und Äste bedienten, lernten sie diese Hilfsmittel nach und nach präziser ihren täglichen Bedürfnissen anzupassen. Zufällig zerbrochene Steine lieferten scharfe Arbeitskanten, mit denen andere Werkstoffe viel leichter bearbeitet und nach Belieben gestaltet werden konnten. Dies war die Geburtsstunde der Werkzeugherstellung und der Beginn einer beispiellosen, inzwischen 2,6 Millionen Jahre dauernden Geschichte der technischen Innovationen.[1]

Homo faber

Die Wahl des richtigen Rohstoffs ist ein erheblicher Faktor für das optimale Funktionieren eines Geräts. Dies lernten im Laufe der Entwicklungsgeschichte auch unsere Vorfahren, die Hominiden, indem sie, vermutlich durch Versuch und Irrtum, die Vor- und Nachteile der einzelnen Werkstoffe erkundeten. Unter den Gesteinen erwiesen sich diejenigen mit

Abb. 2: Scharfkantige Messerklingen und Pfeilspitzen aus Silizit. Links oben ein Kernstück, von dem scharfkantige Abschläge und Lamellen abgetrennt worden sind (Jungsteinzeit, ca. 4100–2500 v. Chr.). Seeufersiedlung Zürich-Mozartstrasse (Grabung 1981), unter dem seeseitigen Erweiterungsbau des Zürcher Opernhauses. Foto: Kantonsarchäologie Zürich, Martin Bachmann; nach Altorfer (wie Anm. 6), Band 1, S. 292, Abb. 375.

→ Abb. 3: Verbreitung der bäuerlichen Lebensweise, ausgehend vom fruchtbaren Halbmond, der Region, die sich zwischen dem Persischen Golf und der Levante und im Norden bis nach Anatolien erstreckt. Die Zahlen bezeichnen die unterschiedlichen Etappen der Verbreitung. Nach Detlef Gronenborn, Barbara Horejs: Expansion of farming in western Eurasia, 9600–4000 cal BC, 2023, https://doi.org/10.5281/zenodo.10047818.

glasartigen Materialeigenschaften als besonders geeignet für die Herstellung scharfkantiger Geräte: die sogenannten Silizite (Abb. 1). Richtig verarbeitet, liessen sich daraus Messer und Waffen fertigen, die besonders dauerhaft waren (Abb. 2). Als handwerklich anspruchsvoller Prozess, der neben viel manuellem Geschick auch sehr viel räumliches Vorstellungsvermögen und Vorausplanung erfordert, hat die Silizitverarbeitung, zusammen mit der immer proteinreicheren Ernährung, massgeblich zur biologischen Weiterentwicklung unseres Gehirns beigetragen und die kognitiven Fähigkeiten in erheblichem Mass gefördert. Sie ist deshalb ein wichtiger Pfeiler des evolutiven Erfolgs der Gattung Homo. Die im Verlauf der Evolution immer ausgefeilter werdenden Designs der Steinwerkzeuge trugen ihrerseits zur Verbesserung des Lebensstandards der Menschen bei, bis die Entdeckung der Metalle dieser langen Erfolgsgeschichte ein allmähliches Ende bereitete.

Die Anfänge des Bergbaus

Über lange Zeiträume der Urgeschichte stellte die Beschaffung qualitativ hochwertiger Rohstoffe kein grösseres Problem dar, denn die geringe Populationsdichte der Menschen verursachte praktisch keine Engpässe. Durch die hohe Mobilität der Jäger- und Sammlerpopulationen der Altsteinzeit ergaben sich immer genügend Gelegenheiten, um in der Landschaft geeignetes Rohmaterial zu sammeln. Als die oberflächennahen Silizitlagerstätten allmählich zur Neige gingen, begannen die Menschen, hüft- bis mannstiefe Gruben zu graben, um geeignete Rohstücke zur Herstellung von Steingeräten zu suchen.[2] Dies war die Geburtsstunde des Bergbaus. Wie archäologische Entdeckungen aus Ägypten belegen, reicht die Methode des Kuhlen- oder Pingenbaus mindestens 40 000 Jahre zurück.[3]

Mit Beginn der produzierenden Lebensweise, zuerst dem Anbau von Getreide (ab ca. 9500 v. Chr.) und der etwas später nachfolgenden Domestikation der Haustiere (ab ca. 9000 v. Chr.), waren auch die Voraussetzungen für eine dauerhaft sesshafte Lebensweise gegeben.[4] Die neue Möglichkeit, die Nahrungsmittelproduktion selbständig steuern und nach Belieben erhöhen oder drosseln zu können, führte zu einer rasch anwachsenden Populationsdichte und zu völlig neuartigen Konzepten der Landschaftsnutzung. Gleichzeitig wurde auch die Abhängigkeit der Menschen von ihrer unmittelbaren Umgebung grösser. Da mit der Neolithisierung fruchtbare Wirtschaftsflächen zur Existenzgrund-

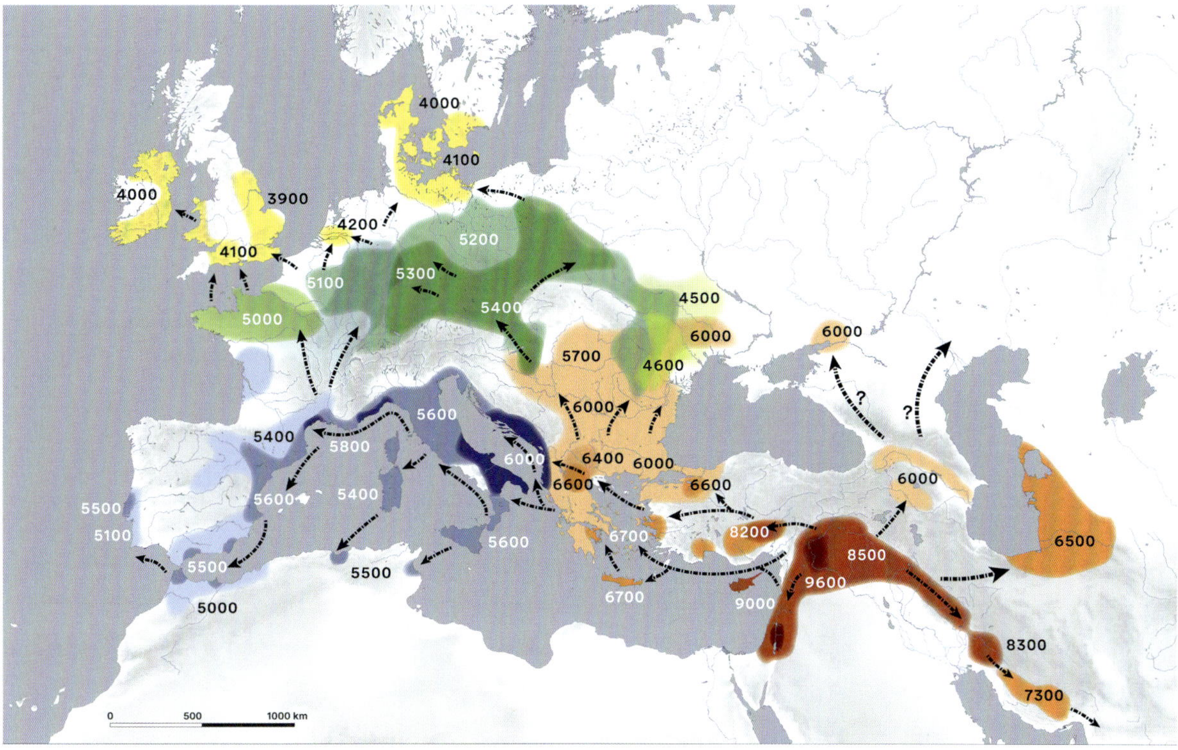

lage wurden, mussten auch die Nutzungsrechte an den Böden und Ressourcen sowie deren Weitergabe an die nachfolgenden Generationen festgelegt werden, wodurch neue Regeln des Zusammenlebens entstanden. Auch der Lebensalltag der Menschen änderte sich grundlegend, indem die immer stärker werdende Populationsdichte die Häufigkeit von Konflikten erhöhte, für deren Bewältigung ebenfalls massgeschneiderte Lösungen erarbeitet werden mussten.

Das im fruchtbaren Halbmond (Abb. 3) entstandene Erfolgsmodell des Pflanzenbaus und der Haustierhaltung breitete sich rasch in alle Himmelsrichtungen aus.[5] Bis die sesshafte Lebensweise Zentraleuropa endgültig erreichte, sollten aber noch einige Jahrtausende vergehen.

Die im Verlauf der Jungsteinzeit kontinuierlich anwachsende Populationsdichte befeuerte die Nachfrage nach Rohstoffen, was zu einer Weiterentwicklung der bergmännischen Fördermethoden und indirekt auch zur Bildung besserer und effizienterer Versorgungsnetzwerke beitrug. Der immer grösser werdende Nutzungsdruck führte zu einer Optimierung der handwerklichen Prozesse; um eine optimale Verwertung der geförderten Rohstoffe sicherstellen zu können, wurden die handwerklichen Abläufe zunehmend effizienter und materialsparender ausgestaltet, was zu normierteren Produkten führte.

Parallel zu diesen Prozessoptimierungen veränderte sich die Struktur der Gesellschaft, indem sie immer arbeitsteiliger agierte.[6] Das durch die Optimierung der Arbeitsabläufe geschaffene Spezialwissen förderte seinerseits die Entstehung eines neuartigen Expertentums, zu welchem auch die in den Bergbau involvierten Personen (Bergleute, Experten für die Weiterverarbeitung des Förderguts und andere) zu zählen sind.[7] In den Metallzeiten verstärkten sich diese Tendenzen weiter und mündeten in die Herausbildung der ersten Vollzeitspezialisten und sogar von gesellschaftlichen Eliten. In diese evolutionär bedeutsame Entwicklung ist die stetige Verbesserung der Fördermethoden im Bergbau einzubetten, ist doch diese Disziplin besonders eng mit einem ganzen Paket relevanten Spezialwissens (geologische Kenntnisse, Sicherheitskonzepte, Bewetterungsmanagement etc.) verflochten. Ihre langfristige Verstetigung liess sich nur durch hereditäre Strukturen (das heisst eine Weitergabe von Generation zu Generation) sicherstellen.

Silizitlagerstätten im Gebiet der Schweiz

Während manche Regionen Europas (zum Beispiel Nordeuropa oder das Pariser Becken) von Natur aus sehr reich an Silizitlagerstätten sind, trifft dies auf das Gebiet der Schweiz nicht zu. Hier sind die Lagerstätten meist sehr klein und wenig ergiebig. Zu den besten Silizitlieferanten zählen die malmzeitlichen Vorkommen des mittleren Jurabogens, beispielsweise diejenigen in den Kantonen Jura und Baselland, im Schaffhauser Randen, der Region Olten-Aarau und dem Lägerngebiet.[8]

Zu den ältesten vom Menschen genutzten Silizitlagerstätten gehören die Vorkommen südöstlich von Basel. Als prominenteste Nachweise lassen sich die Faustkeile von Pratteln (BL)[9] (Abb. 4) und Schlieren (ZH)[10] nennen. Mit einem geschätzten Alter von 300 000 beziehungsweise 130 000 Jahren belegen sie eine vergleichsweise späte Nutzung der schweizerischen Rohstoffvorkommen, wenn man sie in Relation zur 2,6 Millionen Jahre alten Werkzeugnutzung des Menschen und seiner Vorfahren setzt. Die Silizitvorkommen des Kantons Jura sind vor ungefähr 110 000 Jahren erstmals von Neandertalern genutzt worden,[11] und noch viel später, ab ca. 17 000 Jahren vor heute, folgte die erstmalige Nutzung der bedeutendsten Silizitlagerstätten der Schweiz, derjenigen des Grossraums Olten-Aarau,[12] des Kantons Schaffhausen[13] und des Lägerngebiets.[14]

Heute wissen wir dank mikropaläontologischer Analysemethoden an Steinartefakten, dass bereits die hochmobilen Jäger und Sammler der ausgehenden Altsteinzeit die wichtigen Rohstoffvorkommen gekannt haben. Möglicherweise wurden sie bei ihren ausgedehnten Streifzügen durch die Landschaft auf die zahlreichen, meist sehr kleinräumigen Silizitaufschlüsse aufmerksam. Hinweise auf frühen Bergbau, wie wir ihn beispielsweise aus Ägypten kennen, liegen bisher vom Gebiet der Schweiz nicht vor. Sollte es sie jemals gegeben haben, so wurden sie wahrscheinlich durch jüngere Bergbautätigkeiten komplett zerstört.

Auch aus der Mittelsteinzeit (ca. 9500–5500 v. Chr.) liegen derzeit keine Hinweise für eine bergmännisch-systematische Förderung der schweizerischen Silizite vor, wenngleich auch hier reichlich Belege für die Nutzung der zahlreichen schweizerischen Rohstoffvorkommen vorliegen.[15]

Die Anfänge des jungsteinzeitlichen Bergbaus in der Schweiz

Erst ab der Jungsteinzeit mehren sich auf schweizerischem Boden die Hinweise für eine bergmännische Förderung von Siliziten. Die bisher ältesten Indizien liegen aus der Schaffhauser Gemeinde Gächlingen (Abb. 5) vor;[16] hier wurden in den Jah-

← Abb. 5: Blick auf den Westteil des Dorfes Gächlingen im Kanton Schaffhausen. Die Siedlungsreste befinden sich ungefähr in der Bildmitte, unmittelbar an der Peripherie einer fruchtbaren Talebene. Im rechten Hintergrund liegt der Südranden. Foto: Kantonsarchäologie Schaffhausen, Kurt Altorfer; nach Altorfer/Hartmann (wie Anm. 13), S. 14, Abb. 5.

→ Abb. 4: Der Faustkeil von Pratteln, ein mandelförmiges Allzweckgerät aus Silizit, gilt als Fabrikat des Homo erectus und wird gegenwärtig auf ein Alter von ungefähr 300 000 Jahren geschätzt. Foto: Archäologie Baselland, Tom Schneider.

→ Abb. 6: Auswahl von Produktionsabfällen aus dem alt- und mittelneolithischen Dorf von Gächlingen-Goldäcker. Foto: Kantonsarchäologie Schaffhausen, Kurt Altorfer; nach Altorfer/Hartmann (wie Anm. 13), S. 156, Abb. 122.

↘ Abb. 7: Kreisförmig angeordnetes Rohstoffdepot von Silizitknollen aus dem Südrandengebiet, gefunden auf dem Areal der früh- und mittelneolithischen Siedlung von Gächlingen-Goldäcker, Kanton Schaffhausen. Foto: Kantonsarchäologie Schaffhausen, Kurt Altorfer; nach Altorfer/Hartmann (wie Anm. 13), S. 170, Abb. 134.

ren 2001–2006 die Spuren einer frühen Bauernsiedlung der sogenannten Linearbandkeramik (ca. 5400–4900 v. Chr.) untersucht. Die anlässlich dieser Grabungen gefundenen Abfälle der Silizitverarbeitung fanden sich so zahlreich (Abb. 6), dass sie den Schluss zuliessen, dass die dortigen Handwerker weit über den Eigenbedarf hinaus produziert haben müssen. Ausserdem fiel auf, dass die dafür verwendeten Rohstücke einer strikten Selektion und Qualitätskontrolle unterzogen worden sein müssen, was man als Hinweis auf eine gut geplante Rohstoffbeschaffung und damit auch auf eigentlichen Bergbau werten muss. Tatsächlich liegen aus der Zeit der Linearbandkeramik Belege für systematischen Bergbau aus ganz Europa vor.[17] Mikroskopische Rohstoffanalysen durch die Neuenburger

Abb. 8: Spiennes (Belgien). Blick auf einen seigeren (vertikalen) Schacht des Neolithikums. Zur touristischen Erschliessung wurde die Tagesöffnung verstärkt und der Schacht mit einer metallenen Stiege versehen. Das über 100 Hektar grosse neolithische Minengelände von Spiennes zählt seit 2013 zum UNESCO-Welterbe. Foto: Kurt Altorfer.

Mikropaläontologin Jehanne Affolter führten für Gächlingen zur Erkenntnis, dass die gefundenen Silizite von verschiedenen Geländepunkten im Gebiet des Südrandens stammen müssen und dass während der knapp 500 Jahre andauernden Besiedlungsspanne wohl unterschiedliche Aufschlüsse genutzt worden sein müssen. Funde von Rohstoffdepots (Abb. 7) in der Siedlung belegen sogar, dass möglicherweise mehrere Abbauplätze gleichzeitig genutzt worden sind. Leider ist es bisher nicht gelungen, die vermuteten jungsteinzeitlichen Abbaustellen präzise zu lokalisieren; wesentlichen Anteil an diesem Umstand hat die Bohnerzgräberei der frühen Neuzeit,[18] die das Gebiet des Südrandens derart massiv überprägt hat, dass die Spuren der prähistorischen Abbauplätze nahezu vollständig zerstört sind. Aufgrund der geologischen Situation kommt aber am ehesten die Pingenbauweise als Abbaumethode infrage.

Die Auswertung der Grabungsfunde von Gächlingen warf zahlreiche grundsätzliche Fragen zur Organisationsstruktur der frühen Bauern auf; so wissen wir nach wie vor nicht, wie die verschiedenen, teils koexistierenden bandkeramischen Siedlungen der Region die natürlichen Ressourcen ihrer unmittelbaren Umgebung genutzt haben. Wurden die Vorkommen gemeinschaftlich genutzt, oder waren die Siedlungen untereinander so organisiert, dass die einzelnen Rohstoffquellen arbeitsteilig bewirtschaftet und die geförderten Bodenschätze im Anschluss nach vorgegebenen Verteilschlüsseln auf die übrigen Gemeinschaften verteilt wurden? Leider ist die archäologische Quellenlage zu lückenhaft, weshalb wir gegenwärtig nicht in der Lage sind, diese zentrale Frage zu beantworten. Wir können aber aus guten Gründen annehmen, dass die benachbarten Siedlungen der Region in einem sehr engen Kontakt gestanden haben müssen. Sicher bestanden auch verwandtschaftliche Verbindungen zwischen den Siedlungen, was für die innere Stabilität einer prosperienden Siedlungslandschaft von hoher Wichtigkeit war. Es ist deshalb nicht allzu abwegig, von allgemein anerkannten Regeln auszugehen, die festlegten, wer welche Räume und Ressourcen in welcher Form nutzen durfte. Auch die Intensität der Nutzung wird in irgendeiner Weise geregelt gewesen sein. Besonders für die Silizite oder die für die Herstellung von Getreidemühlen verwendeten Stubensandsteine aus dem Grossraum Schleitheim werden solche Regelungen existiert haben müssen. Unklar ist, ob eventuell sogar festgelegte Förderquoten existierten, welche eine Übernutzung der Ressourcen verhinderten. Die archäologische Quellenlage erweckt jedenfalls den Anschein, dass die Produktion von Silizitartefakten in Gächlingen darauf ausgelegt war, kleinere Überschüsse zu erzielen, ohne dass aber allzu verschwenderisch mit dem wertvollen Gut umgegangen wurde.

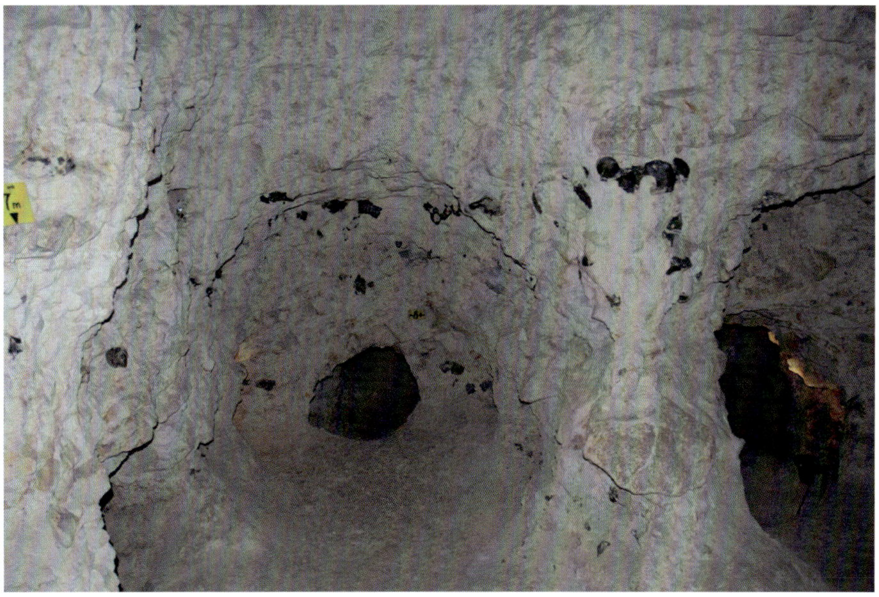

Abb. 9: Spiennes (Belgien). Blick auf eine unterirdische Weitung. Gut sichtbar sind die dunklen Feuersteinknollen in den hellen Kreideschichten. Die meisten Weitungen waren gerade einmal so hoch, dass man sich kriechend darin fortbewegen konnte. Foto: Kurt Altorfer.

Möglicherweise wurden diese Überschüsse dazu verwendet, um befreundete Gemeinschaften mit Silizitprodukten zu versorgen, was sowohl für die Kontaktpflege als auch den Informationsaustausch ein wichtiges Instrument war. Was aber erhielten bandkeramische Bauern des Klettgaus im Austausch für ihre Steingeräte? Vorläufig lässt sich darüber nur mutmassen.

Die Kupferzeit – eine neue Ära des Bergbaus

Mit der beginnenden Kupferzeit, das heisst ab der zweiten Hälfte des 5. Jahrtausends v. Chr. kam in weiten Teilen Europas eine neue Form des Untertagebaus auf, der sogenannte Weitungsbau. Dieser ermöglichte es, auch tief in der Erde verborgene Lagerstätten grossflächig zu bewirtschaften. Erschlossen werden die unterirdisch liegenden Rohstoffbänder über senkrecht-zylinderförmige (seigere) Schächte von meist nur 1,5–2 m Durchmesser, die bis auf die wirtschaftlich interessanten Silizitbänder abgetieft werden (Abb. 8). Auf dem gewünschten Niveau wurden sternförmig vom Schacht ausgehende, längliche Höhlungen (Strecken) angelegt, um die begehrten Silizitknollen oder -platten abzubauen (Abb. 9). Diese Vorgehensweise erzeugte eine recht stabile unterirdische Stützkonstruktion bei einer gleichzeitig guten Ausbeute der Rohstofflager. Durch die unterirdische Verbindung mehrerer Schacht-/Weitungssysteme konnten sowohl eine ausreichende Luftzirkulation (Bewetterung) als auch eine gute Belichtung der unterirdischen Strecken erzeugt werden. Ausserdem entstanden auf diese Weise auch lebensrettende Fluchtwege bei statischen Problemen. Natürlich waren die Weitungsbaue stets genauestens an die lokale Geologie adaptiert, weswegen sie physisch in unterschiedlicher Ausprägung in Erscheinung treten. In der bekannten Silizitmine von Spiennes (Provinz Hennegau, Belgien),[19] die zwischen 4350 und 2300 v. Chr. betrieben wurde, wurden schätzungsweise 20 000 seigere Schächte angelegt. Stellenweise mussten sie bis zu 16 m tief in die Kreideschichten abgeteuft werden, bis die ertragreichen Feuersteinbänder erreicht wurden. Diese Tiefe entspricht ungefähr einem sechsstöckigen Wohnhaus, was in Anbetracht der damaligen technischen Mittel eine enorme Leistung war. Die so geförderten Silizitbrocken wurden vermutlich mittels Körben und Zugseilen ans Tageslicht befördert und dort auf ihre Eignung und Qualität hin getestet. Diejenigen Stücke, die den handwerklichen Ansprüchen der Bergleute genügten, wurden im Umfeld der Minen zu Messerklingen, Beilrohlingen und dergleichen verarbeitet. Alle anderen Stücke wurden nach Beendigung des Abbauprozesses wieder in die Schächte versetzt.

Die ausgedehnten Minen der frühen Kupferzeit zeichnen sich, wie jahrzehntelange Forschungen in ganz Europa gezeigt haben, dadurch aus, dass sie ganz offensichtlich mit grosser Systematik bewirtschaftet worden sein müssen, das heisst, es gibt sozusagen keine Überlagerungen mit bereits abgebauten Arealen. Dies spricht dafür, dass die neolithischen Bergleute sehr genau gewusst haben müssen, welche Geländeabschnitte bereits ausgebeutet und welche unberührt sein müssen, was extrem gute Kenntnisse der lokalen Geologie voraussetzt. Dies lässt sich nur so erklären, dass ein ununterbrochener Wissenstransfer über viele Generationen von Bergleuten hinweg stattgefunden haben muss. Dieser umfasste nicht nur die Kenntnisse über die Lage der ehemaligen Abbaustellen, sondern auch das spezifische Sachwissen, das für die fachgerechte Anlage stabiler Weitungsbauten in einem bestimmten geologischen Umfeld unerlässlich war. Diese Beobachtung ist vor allem deshalb von grosser Bedeutung, weil sie klar auf eine bestimmte Organisationsform hinweist, nämlich auf die Bewirtschaftung der Ressourcen durch Teile der Gesellschaft, die über spezifisches bergmännisches Know-how verfügten und dieses jeweils an die nächstfolgende Generation weitergaben. Dies verlangt letzten Endes auch eine gewisse Ortskonstanz der beteiligten Personen.

Eine Bewirtschaftung subsistenzrelevanter Ressourcen durch sachverständige Gruppen ist aus mehreren Gründen vorteilhaft: Erstens werden die Ressourcen gezielter und systematischer bewirtschaftet, zweitens garantiert das über Generationen hinweg tradierte Fachwissen einen hohen Qualitätsstandard der geleisteten Arbeit, drittens erlaubt die grosse Erfahrung der Bergleute ein hocheffizientes Arbeiten in der Mine und viertens sind die in solchen Prozessabläufen erzeugten Produkte in aller Regel von einer überdurchschnittlich hohen Qualität, die sich im Tauschwert der produzierten Waren niederschlägt. Letztlich sind dies alles Punkte, die einer Gesellschaft in hohem Masse zugutekommen.

Auf den ersten Blick ist man versucht, die neolithischen Bergleute mit (Vollzeit-)Spezialisten gleichzusetzen. Ein zweiter Blick zeigt aber, dass die Areale der grossen Silizitminen über viele Jahrhunderte in Betrieb gewesen sein müssen und dass sich die enorme Zahl der Schächte in Anbetracht der Abbaudauer doch stark relativiert. Rechnerisch ergibt sich dann bloss eine geringe Anzahl Schächte pro Jahr, in Spiennes etwa zehn. Tatsächlich haben experimentalarchäologische Studien ergeben, dass ein solcher Weitungsbau in wenigen Tagen oder Wochen angelegt werden kann und dass für die durchschnittlich errechnete Jahresquote an Schächten nur ein Arbeitsaufwand von wenigen Wochen erforderlich ist, je nachdem, wie viele Personen an den Erdarbeiten beteiligt sind.[20] Insofern war die Bewirtschaftung eines grossflächigen Minengeländes schon durch eine kleine Gruppe erfahrener Bergleute möglich. Die so gewonnene Menge an Silizitmaterial reichte problemlos aus, um grössere Landstriche mit dem Notwendigsten zu versorgen.

→ Abb. 10: Blick auf die Lägern von Südwesten. Foto: Kantonsarchäologie Zürich, Simon Vogt, nach Altorfer (wie Anm. 6), Band 1, S. 58, Abb. 47.

↘ Abb. 11: Otelfingen-Hirzenrainweg. Gezeichnetes Profil entlang der Falllinie des Lägernsüdhanges. Die silizitführende Bohnerzlehmschicht ist rötlich eingefärbt (gestrichelte Linie: mutmassliche natürliche Neigung der ursprünglichen Schichtoberkante). Die darüber liegenden neolithischen Abbaugruben sind graubraun eingefärbt. Nach Altorfer (wie Anm. 6), Band 1, S. 88, Abb. 91.

Neolithischer Silizitabbau im Lägerngebiet

Das Gebiet des Kantons Zürich war in der Jungsteinzeit ein beliebter Siedlungsraum. Davon zeugen nicht nur die zahlreichen neolithischen Siedlungsreste an den Zürcher Seen («Pfahlbauten», ca. 4300–2400 v. Chr.), sondern auch die unscheinbaren Spuren neolithischer Besiedlung im Hinterland der Seen. Zur Attraktivität des Siedlungsraumes muss auch die Lägern (Abb. 10) mit ihren Silizitvorkommen beigetragen haben. Bereits in der ausgehenden Altsteinzeit wurden hier Silizite gesammelt. Wann die erste Bergbautätigkeit einsetzte, ist archäologisch zur Zeit noch nicht belegt.

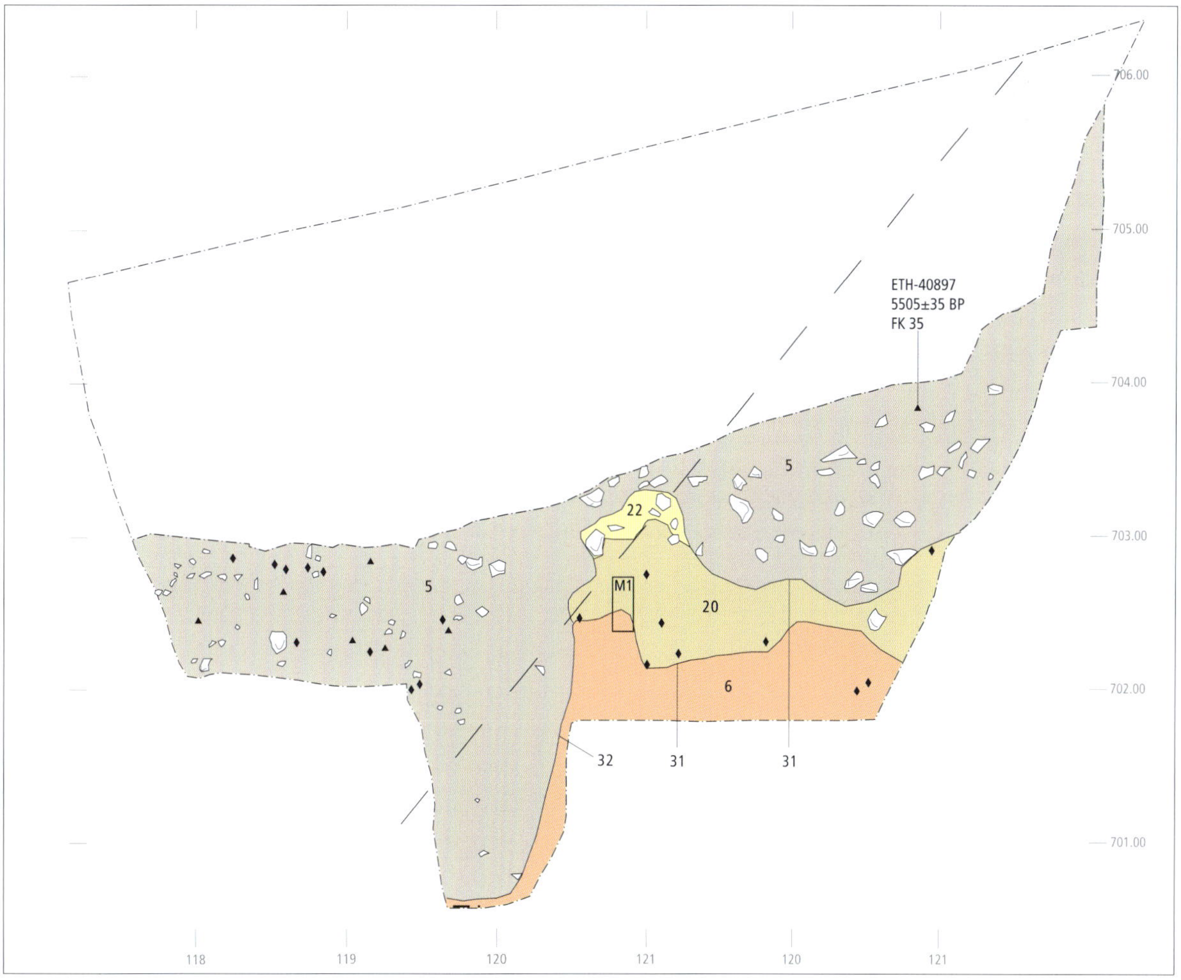
706.00
705.00
704.00
703.00
702.00
701.00
ETH-40897
5505±35 BP
FK 35
5
22
5
M1
20
6
32
31
31
118
119
120
121
120
121

Lange Zeit war wenig über die Art und Weise bekannt, wie die jungsteinzeitlichen Menschen die Silizite im Lägerngebiet förderten, verarbeiteten und in ihrem Alltag nutzten.[21] Dank eines grösseren Auswertungsprojekts der Kantonsarchäologie Zürich konnten nicht nur zwei jungsteinzeitliche Abbaustellen (Abb. 11) im Lägerngebiet lokalisiert, sondern auch die zahlreichen, gut datierten Silizitartefakte aus den Feuchtbodensiedlungen präziser untersucht werden.[22] Dank der hervorragenden Datierungsgrundlagen in den Feuchtbodensiedlungen (mittels Dendrochronologie, das heisst der Jahrringdatierung an Hölzern) war es möglich, die Höhen und Tiefen der Bergbautätigkeit im Lägerngebiet sehr präzise nachzuvollziehen und zu datieren. Auf dieser Grundlage konnten die Prozesse der Rohstoffverarbeitung und -nutzung in einer bisher nie dagewesenen Detailtreue nachgezeichnet werden, was viel zum Verständnis der Organisationsstrukturen in der Jungsteinzeit beigetragen hat.

Silizite treten im Lägerngebiet in zwei unterschiedlichen geologischen Kontexten auf, im 152–153 Millionen Jahre alten primären Muttergestein des oberen Malm (Kimmeridgien) und dann sekundär (umgelagert) in den Lehmen der eozänzeitlichen Karsttaschen (ca. 56–34 Millionen Jahre vor heute), die mit Verwitterungsrückständen massiver erosiver Prozesse verfüllt sind. Beide Silizitvarietäten wurden in prähistorischer Zeit zur Herstellung von Werkzeugen und Waffen genutzt. Dabei war die Gewinnung der Silizitknollen (siehe Abb. 1, 1–2) aus den Kalkbänken des oberen Malm um ein Vielfaches aufwendiger als das Abgraben der eozänzeitlichen Lehme.

Die archäologische Quellenlage legt nahe, dass die Bergleute, welche die Silizitaufschlüsse an der Lägern bewirtschafteten, aus dem direkten Umland der Lägern stammten. Dabei lässt sich vorderhand nicht sagen, ob nur einer oder mehrere Bergmanntrupps gleichzeitig im Revier tätig waren. In Analogie zu zeitgleichen Bergwerken in anderen Teilen Europas (zum Beispiel Spiennes) wird angenommen, dass die neolithischen Bergleute nur saisonal im Abbaugebiet tätig waren und dass sie den überwiegenden Teil des Jahres landwirtschaftlich tätig waren. Die Förderung von Siliziten war also nur eine Nebenbeschäftigung; sie war aber für ein recht grosses Einzugsgebiet von existenzieller Bedeutung.

Abb. 12: Idealisiertes Bild einer neolithischen Abbaustelle im Lägerngebiet. Die Silizitknollen werden aus tiefen Lehmgruben gefördert, vor Ort getestet und die besseren Rohstücke werden ins Furt- und Wehntal transportiert, wo sie fachmännisch weiterverarbeitet werden. Zeichnung: Kantonsarchäologie Zürich, Daniel Pelagatti; nach Altorfer (wie Anm. 6), Bund 1, S. 104, Abb. 110.

An den Abbaustellen wurden teils mehrere Meter tiefe Gruben abgeteuft, um die begehrten kartoffelförmigen Silizitknollen zu gewinnen. Direkt an Ort wurden die Knollen aufgeschlagen und die Qualität des Silizits getestet (Abb. 12). Qualitativ minderwertige Stücke zerlegten die Bergleute noch an Ort und legten die brauchbaren Teile sorgsam für den Abtransport ins Tal zur Seite. Auch die kleineren Knollen wurden noch an der Abbaustelle verarbeitet, weil sich lange Transportwege für diese Rohstücke nicht lohnten. Auf diese Weise wurde praktisch das gesamte Fördergut verwertet, das heisst, es blieb kaum etwas am Abbauplatz zurück, was man noch zur Herstellung von Werkzeugen und Waffen hätte nutzen können.

Die grösseren, qualitativ hochwertigen Stücke wurden in Werkstätten der nahen Tallagen transportiert, wo man sie zu Halbfabrikaten oder gebrauchsfertigen Geräten (siehe Abb. 2) verarbeitete. Beobachtungen an den archäologischen Funden deuten darauf hin, dass die besten Rohstücke von besonders erfahrenen Handwerkern verarbeitet worden sein müssen, damit möglichst viele hochwertige Geräte aus den geförderten Knollen hergestellt werden konnten.

Nicht alle Siedlungen aus dem benachbarten Furt- und Wehntal partizipierten am Silizitabbau und an der Weiterverarbeitung der geförderten Rohstoffe. Dies lässt vermuten, dass die Aufschlüsse unter der Verwaltung bestimmter Clans standen, die allgemein anerkannte Nutzungsrechte an den Vorkommen besassen und die eigenständig über die Häufigkeit und Intensität der Abbautätigkeit entscheiden konnten. Vermutlich gingen diese Abbaurechte jeweils von der einen zur nächsten Generation einer Siedlungsgemeinschaft über. Auch das spezifische Wissen über die lokale Geologie, die bereits untersuchten Bereiche und die vorteilhafteste Fördermethode wurde wohl auf diesem Weg geteilt.

Tauschnetzwerke und soziale Verbindungen

Die grössten Nutzniesser der Silizitvorkommen im Lägerngebiet waren an den Ufern der Zürcher Seen («Pfahlbauten») beheimatet. Zeitweise stammten über 80 % aller hier gefundenen Silizitartefakte aus dem Lägerngebiet. Hin und wieder gelangten Produkte aus dem Lägerngebiet bis in die Gegend von Ulm oder in die Westschweizer Dreiseenregion. Die archäologischen Quellen deuten darauf hin, dass die Silizite meistens als Halbfabrikate (Abschläge und Klingen) oder als fertige Geräte in die Zürcher Feuchtbodensiedlungen gelangten. Nur ganz selten wurden unverarbeitete, kleinformatige Knollen an die Verbraucher weitergegeben. Vieles deutet darauf hin, dass bei Tauschhandlungen nur immer kleine Mengen den Besitzer wechselten. Der Zufluss an Silizitmaterial in den Siedlungen war gerade ausreichend, um die notwendigsten Bedürfnisse abzudecken.

Nicht in allen Zeiten war die Qualität der Silizite aus dem Lägerngebiet von guter Qualität (Abb. 13), gelegentlich gelangten auch qualitativ minderwertige Stücke zu den Verbrauchern. Dies kann einerseits mit den jeweils bewirtschafteten Aufschlüssen oder auch mit klimatischen Rahmenbedingungen zusammenhängen, die nur eine eingeschränkte Präsenz im Abbaurevier erlaubten. Jedenfalls zeigt sich sowohl in der intensiven Verwertung der Silizitknollen an den Abbaustellen als auch an der hohen Recyclingquote der Stücke in den Siedlungen, dass die geförderten Rohstoffmengen keinen verschwenderischen Umgang erlaubten. Freilich hätten es die neolithischen Bergleute selber in der Hand gehabt, die Förderquoten so zu erhöhen, dass mehr Material zur Verfügung gestanden hätte. Die Bergleute verzichteten aber darauf, sei es, dass sie gezielt eine knappe Versorgungslage herbeiführen wollten, um den Tauschwert der Stücke auf einem bestimmten Niveau zu halten, oder dass sie bewusst eine Übernutzung der Lagerstätte vermieden, um möglichst lange von den dortigen Ressourcen profitieren zu können.

In vielen naturnah lebenden Gesellschaften der Erde ist der Austausch von Waren und Informati-

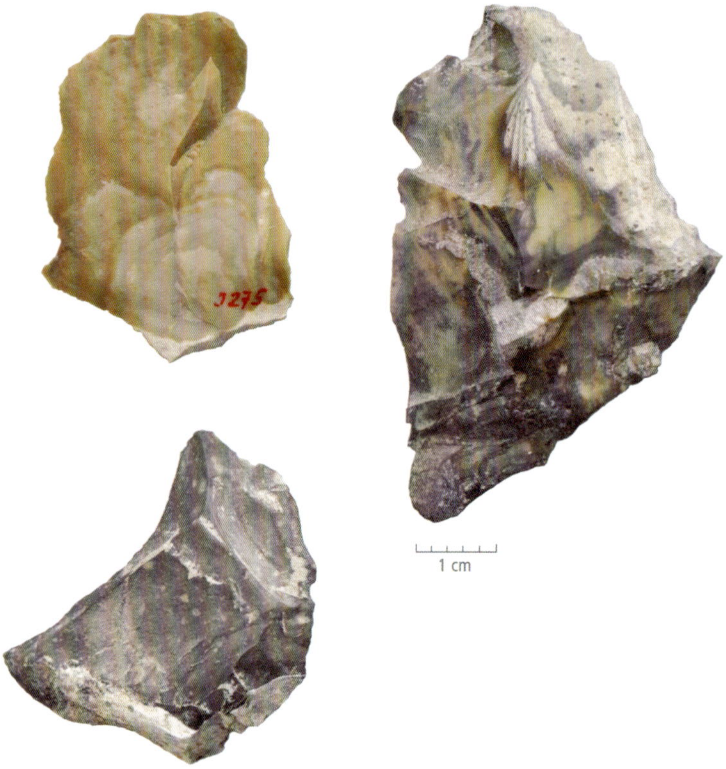

Abb. 13: Beispiele qualitativ minderwertiger Silizitstücke aus der Seeufersiedlung Zürich-Akad/Pressehaus (um 3700 v. Chr.). Nach Altorfer (wie Anm. 6), Band 1, S. 173, Abb. 217.

onen nicht unmittelbar mit einer Gewinnabsicht verbunden. Häufig dient der (zeremonielle) Warentausch in erster Linie der Kontaktpflege und der Festigung persönlicher Verbindungen. Dabei hat der Tauschakt meistens die grössere Bedeutung als die getauschten Waren selber. Grosses gesellschaftliches Ansehen geniesst, wer besonders grosszügige Gaben ausrichtet. Ähnlich dürfen wir uns wohl die jungsteinzeitlichen Tauschsysteme (Abb. 14) vorstellen: Sie waren ein wichtiges Mittel der Kommunikation und Kontaktpflege zwischen den Gemeinschaften, was sich letzten Endes positiv auf die genetische Durchmischung auswirkte und zugleich für eine hohe gesellschaftliche Stabilität in der Region sorgte. Tatsächlich gibt es aus neolithischer Zeit noch kaum Hinweise für eine erstarkende Elite; viele Gemeinschaften kannten nur flache Hierarchien.

Schliesslich bleibt noch die Frage zu klären, was die neolithischen Bergleute von der Lägern im Austausch für ihre Silizite von den Seeuferbewohnern erhielten. Die Forschungen der letzten Jahrzehnte deuten an, dass in den vielen Seeuferdörfern kleinere Überschüsse ganz bestimmter Produkte erzeugt wurden, die für den Warentausch verwendet werden konnten. Geschätzte Tauschmaterialien konnten etwa landwirtschaftliche Erzeugnisse (Lebensmittel, Haustiere) und Objekte des täglichen Gebrauchs (Beile, Textilien etc.) sein. Bei der Produktion ihrer Überschüsse nutzten die «Pfahlbauer» vielfach die jeweiligen Vorzüge ihres unmittelbaren Lebensraumes. Am Pfäffikersee herrschten beispielsweise besonders günstige Rahmenbedingungen für den Anbau von Flachs/Lein. Die daraus gefertigten textilen Produkte waren begehrte Tauschmaterialien, auch als Gegengabe für Silizite aus den Lägern.

Die neolithischen Tauschnetzwerke reichten weit über den Grossraum Zürich hinaus. So wie manche Lägernsilizite grössere Distanzen überwanden, fanden auch fremde Güter wie Mittelmeermuscheln, Rohkupfer, Salz, Markasite (für die Feuererzeugung), besonders hochwertige Steinbeilklingen und «exotische» Silizitgeräte (Dolche [Abb. 15], Pfeilspitzen etc.) die Zürcher Seenregion. Sie zeugen von weit gespannten Kommunikationsnetzen und einer funktionierenden Ökonomie, lange bevor die Kelten, Römer und nachfolgende Gesellschaften den transkontinentalen Warenhandel endgültig etablierten.

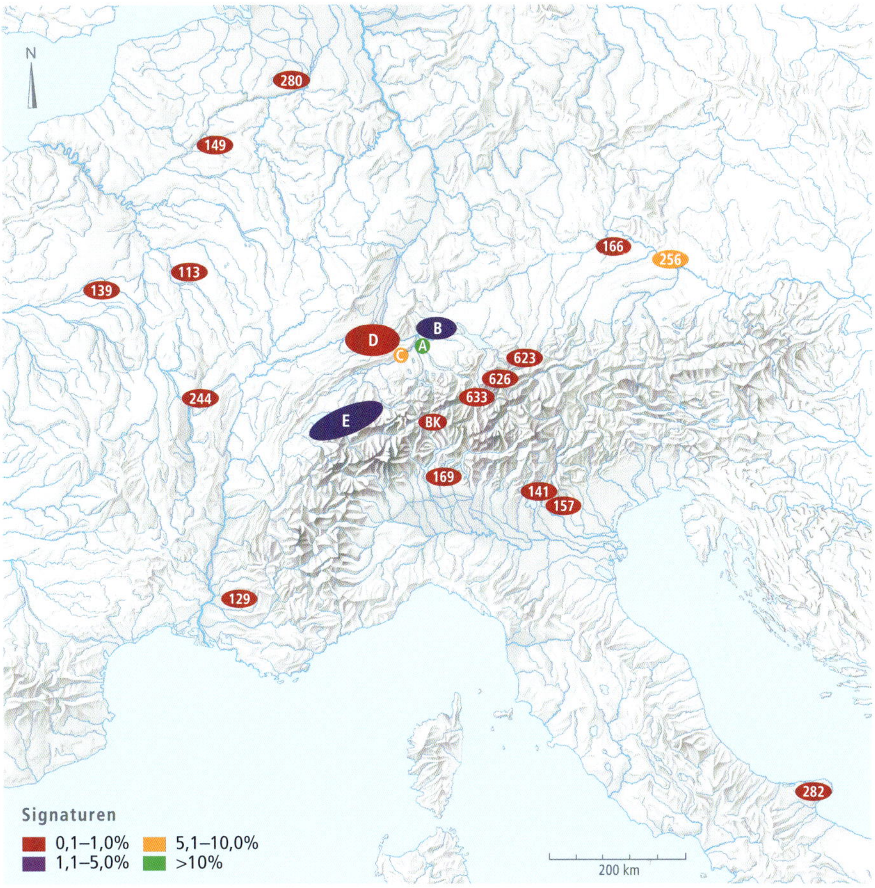

Abb. 14: In den Seeufersiedlungen des Kantons Zürich fanden sich auch Silizite aus anderen Regionen Europas. Auf der vorliegenden Karte sind die Herkunftsorte der Silizite aus der Zeit zwischen 3400 und 2800 v. Chr. eingetragen. A: Lägerngebiet; B: Grossraum Schaffhausen/Singen; C: Region Olten; D: Region Nord-Jura/Oberrhein; E: westliche Voralpen und West-Jura; BK: Bergkristall (Zentralalpen?). Nach Altorfer (wie Anm. 6), Band 1, S. 228, Abb. 300.

Abb. 15: Beispiele von importierten Dolchklingen aus südalpinen Lagerstätten, gefunden in Seeufersiedlungen des Kantons Zürich. Nach Altorfer (wie Anm. 6), Band 1, S. 299, Abb. 383.

Abb. 1: Aufnahme der Pingen vor Ort zwischen der Lägerenweid und dem Alphof.

Foto: Johann Savary, Kantonsarchäologie Zürich.

Johann Savary

Eisen vom Nordhang der Lägern?
Ein archäologischer Zwischenbericht[1]

Während im Juragebirge in den Kantonen Jura, Aargau und Schaffhausen bedeutende, vor dem 19. Jahrhundert ausgebeutete Eisenerzvorkommen dokumentiert sind, spielt der Kanton Zürich in dieser Hinsicht eine untergeordnete Rolle. Zwar belegen historische Quellen das Vorkommen von Bohnerz im Gebiet der Lägern ab dem 18. Jahrhundert,[2] doch die Versuche, es auszubeuten, blieben weitgehend erfolglos.[3] Im Jahr 1760 sollen insgesamt 3 t abgebaut worden sein.[4] Zum Vergleich: Die Schweizer Rekorde für gefördertes Bohnerz halten Delsberg (JU) mit 1 530 000 t und Schaffhausen (SH) mit 172 000 t, für Eisenoolithen das Fricktal (BL) mit 1 350 000 t und für Hämatit und Siderit Gonzen (SG) mit 1 650 000 t.[5] Im Vergleich zu diesen grossen Bergwerken wirken die 3 t von Boppelsen sehr bescheiden.

Das Lägern-Massiv führt allerdings nicht nur Bohnerz des Siderolithikums an seinem Südhang, am Nordhang kommen auch Eisenoolithen der sogenannten Passwang-Formation an die Oberfläche (Abb. 2).[6] In den historischen Quellen finden sich jedoch keine Hinweise auf einen Abbau dieser Schicht. Im östlichen Jura wird in erster Linie der Abbau von Eisenoolithen in Merishausen (SH) erwähnt.[7]

Allerdings sind die Schriftquellen kritisch zu betrachten, da sie nur bruchstückhafte Infor-

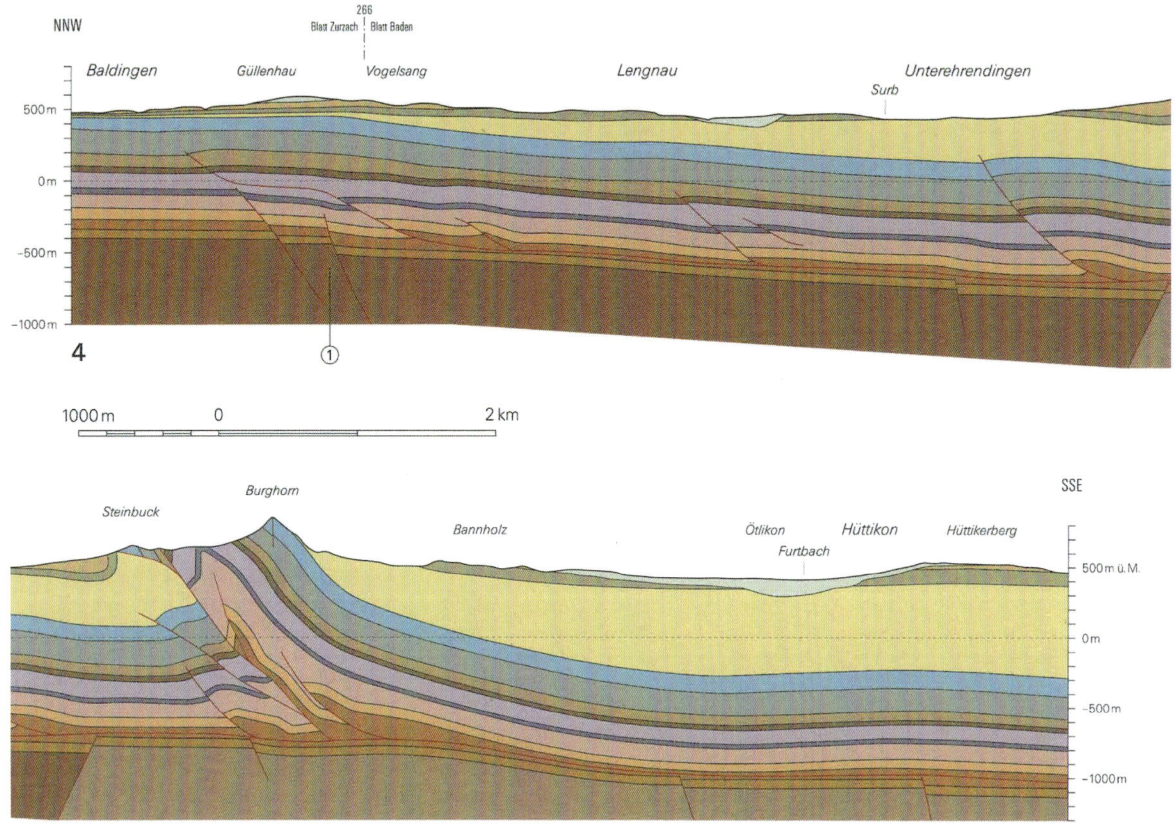

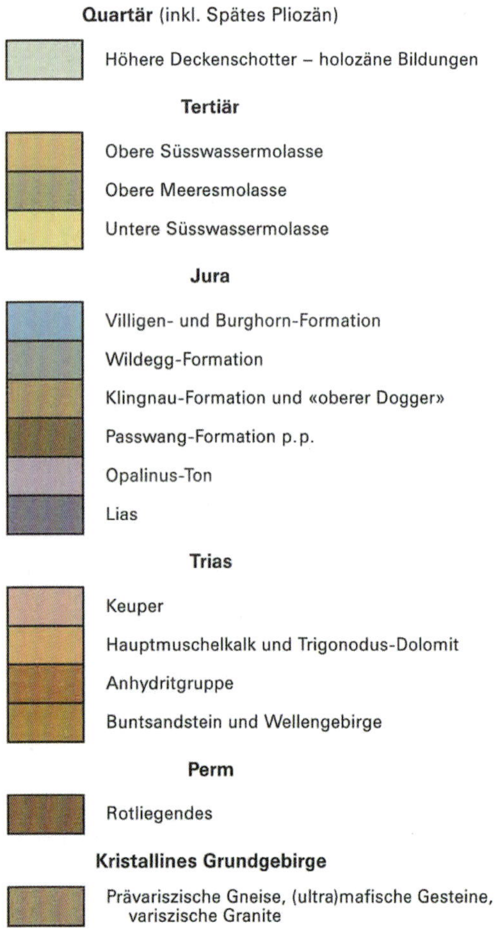

Abb. 2: Schnitt des Lägern-Massivs. Bundesamt für Landestopografie swisstopo.

mationen zum historischen Bergbau liefern und ein Grossteil der Bergbautätigkeit wohl gar nicht schriftlich überliefert ist. Die Ausbeutung der Eisenerzvorkommen von der Eisenzeit bis zum Mittelalter liegt jedenfalls im Dunkeln. Folglich können Schriftquellen Feldbegehungen und archäologische Dokumentationsarbeiten vor Ort nicht ersetzen.

Geologie und auffällige Eintiefungen

Obwohl die Eisenerzgewinnung in der Passwang-Formation am Nordhang der Lägern nicht schriftlich überliefert ist, fallen über dieser geologischen Schicht zahlreiche Geländeeintiefungen auf (Abb. 1). Es folgt eine vorläufige, unvollständige Liste dieser Eintiefungen auf Aargauer und Zürcher Boden von West nach Ost (zur Begrifflichkeit: Pingen sind bei Bergbautätigkeiten entstandene, künstli-

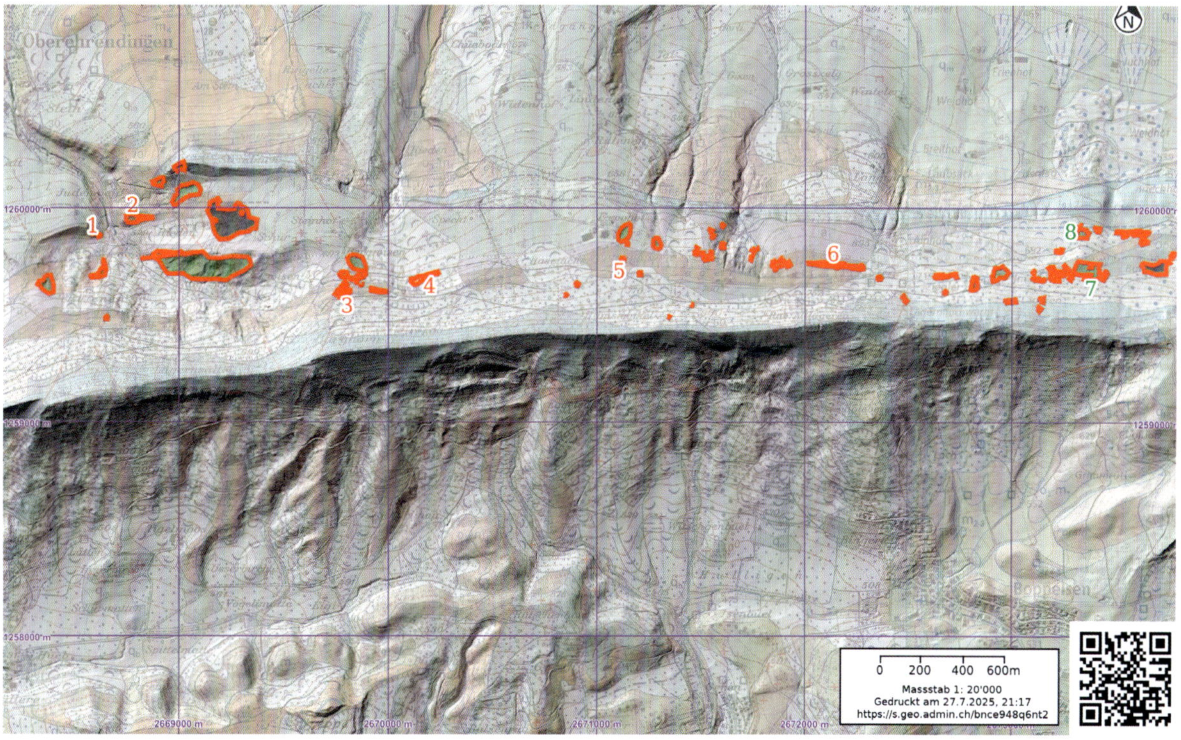

Abb. 3: Karte des Lägerngebiets mit den Filtern swissALTI3D monodirektionales Relief und Geologischer Atlas GA25 (Bundesamt für Landestopografie swisstopo) sowie eingezeichneten auffälligen Eintiefungen. Die Kartierung erhebt keinen Anspruch auf Vollständigkeit und die Farben bieten nur eine erste Interpretation der Abbausorte. Rot: Eisenerz, grün: Ton, Mergel oder Kalk, grau: Rutschung oder unsichere Deutung. https://s.geo.admin.ch/1anq6x8srz5l, November 2025.

che Trichtergruben, während es sich bei Dolinen um natürliche Einbruchsenken handelt):[8]

1. zwei Einschnitte in einem Hügel (AG), Koord. 2668 615/1259 872,
2. flächige Spuren von abgebautem Material (AG), Koord. 2668 765/1259 948,
3. zwei Einschnitte von 50 m Länge (NS- und WO-verlaufend; Steinabbau?) (ZH), Koord. 2669 781/1259 608,
4. sechs Pingen sowie zwei breite Abbaufelder in einer Reihe (durch Hangrutschung überprägt; Tonabbau?) (ZH), Koord. 2670 200/1259 686,
5. eine grosse quadratische Pinge (ZH), Koord. 2671 118/1259 760,
6. eine Serie von 15 kreisförmigen Eintiefungen in einer Reihe auf einer Distanz von 350 m zwischen der Lägerenweid und dem Alphof (ZH), Koord. 2672 183/1259 732.

Eine eintägige Prospektion der Kantonsarchäologie Zürich mit ehrenamtlichen Mitarbeitenden am 22. März 2025 ermöglichte die Untersuchung der Reihe von Eintiefungen zwischen der Lägerenweid und dem Alphof (Nr. 6 in der Liste; Abb. 3, 4). Am Rand einer Pinge mit den Koordinaten 2672 196/1259 729 wurde per Handabtrag ein Schnitt von 2 m Länge, 0,5 m Breite und 1,50 m Tiefe angelegt. In der Mitte der Pinge kamen zunächst Holzkohleschichten zum Vorschein, die vermutlich von der Wurzel eines Baums stammen, dessen Fällung sich anhand von Orthofotos in die Zeit um 1951 datieren lässt. Tiefer kamen zusammen mit tonigem Material zahlreiche Steinblöcke zum Vorschein, welche am Rand der Pinge der Orientierung des Gefälles nach innen folgten. Ein Block neben der Pinge zeigt Schichten von Eisenoxid, wobei es sich vermutlich um eisenoolithisches Erz handelt (Abb. 5). Ab einer Tiefe von ca. 1,30 m kam schliesslich nur noch reines Tonmaterial zum Vorschein. Am tiefsten Punkt der Sondage wurde zum Abschluss eine Bohrung von 0,50 m ausgeführt, die weiterhin nur die tonige Schicht zum Vorschein brachte.

Bei der Pinge mit den Koordinaten 2672 221/1259 724 wurde eine Bohrsondierung durchgeführt, welche die gleiche Abfolge von tonigem Material

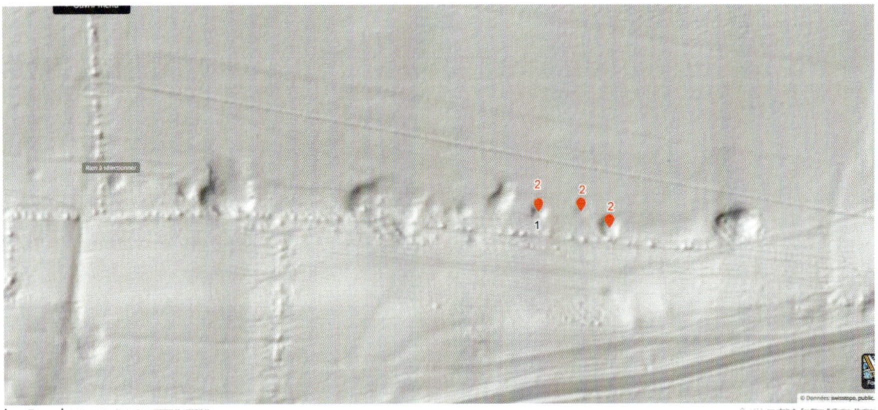

Abb. 4: Karte der auffälligen Eintiefungen zwischen der Lägerenweid und dem Alphof (Bundesamt für Landestopografie swisstopo) mit Einzeichnung der Untersuchungen. 1: Schnitt, 2: Bohrung.

mit vielen Steinfragmenten und anschliessend reinem Tonmaterial nachwies. Zuletzt wurde bei der leichten Eintiefung mit den Koordinaten 2672 211/1259 729 eine Handbohrung durchgeführt, die ebenfalls nur reines Tonmaterial nachwies.

Eine abschliessende Interpretation dieser Ergebnisse ist derzeit noch nicht möglich. Zwar konnte der Abbau von Eisenerzen nicht nachgewiesen werden, das Vorkommen zahlreicher Steinfragmente, vor allem eines Fragments mit Eisenoxid, ist jedoch auffällig. Zudem wurden weite Teile des Areals mit Metalldetektoren untersucht. Dabei kamen bisher allerdings keine Funde in Verbindung mit der Eisenverhüttung zum Vorschein.

Bei den Pingen könnte es sich um Reste von Schürfungen handeln. Auch ein unterirdischer Abbau von Eisenerz ist denkbar. Ein Beispiel für Spuren solcher Stollen sind die Minen im Mionnatal an der Grenze zwischen den Kantonen Waadt und Freiburg. In der ländlich geprägten und weitgehend unüberbauten Landschaft zwischen La Verrerie (FR) und Saint-Martin (FR) haben sich die Spuren des Braunkohleabbaus sehr gut erhalten. Da diese Minen vom Ende des 18. Jahrhunderts bis zum Zweiten Weltkrieg in Betrieb waren, liegen zudem auch Schriftquellen sowie Bild- und Kartenmaterial vor, was eine sichere Deutung der Geotypen erlaubt. Halden, Stolleneingänge und Lüftungsschächte konnten eindeutig voneinander unterschieden werden.[9] Ob am Nordhang der Lägern ähnliche Strukturen vorhanden sind, bedarf einer weiterführenden Analyse, die jedoch erst nach dem Nachweis solcher Stollen sinnvoll ist.

Alternative Interpretation der Geotypen

Für die Entstehung der Eintiefungen kommen neben der Interpretation als Reste von Schürfungen oder Spuren von Stollen zum unterirdischen Abbau von Eisenerz allerdings noch weitere Erklärungen infrage. Da das gesamte Gebiet des Lägernmassivs verkarstet ist,[10] stellt sich etwa die Frage, ob Dolinen in so unterschiedlichen Formen vorkommen könnten – teils dicht aneinandergereiht, teils völlig isoliert voneinander und vor allem so auffällig im Bereich der Passwang-Formation.

Die Interpretation der Eintiefungen als militärische Stellungen scheint eher unwahrscheinlich. Die Sicht über das Wehntal ist zwar optimal und bei der eintägigen Prospektion wurden tatsächlich einige Musketenkugeln und moderne Patronenhülsen gefunden, allerdings bewegt sich die Fundmenge im gewöhnlichen Rahmen. Zudem weist die Dufour-Karte von 1844–1864, die gewöhnlich militärische Festungen verzeichnet,[11] am Nordhang der Lägern keine Befestigungsanlagen aus.

Die Flur Ziegler direkt nördlich des Alphofs bei 2672 682/1259 601 verweist mit ihrem Namen auf den Abbau von Ton. In dieser Gegend gibt es allerdings nur wenige Einsenkungen von geringer Tiefe. Besser überliefert ist der Abbau von Mergel zur Verbesserung der Böden. Diverse Quellen aus dem 18. und 19. Jahrhundert berichten vom zeitgenössischen Abbau am Nordhang des Massivs, unter anderem gegenüber von Schöfflisdorf.[12] Diese Stellen korrespondieren vermutlich mit den breiten Ausbeutungsfeldern, die sich beispielsweise bei 2673 332/1259 719 (Abb. 3, Nr. 7) oder bei 2673 332/1259 885 (Abb. 3, Nr. 8) befinden.

Abb. 5: Fragment eines Steins (2025.169.1.1) aus direkter Nähe der Eintiefung 2672 196/1259 729. Vermutlich Sandkalk, mit Lagen von Eisenoxiden (Eisenoolith der Passwang-Formation). Foto: Martin Bachmann, Kantonsarchäologie Zürich.

Geopolitische Lage

Da für den Abbau von Eisenerz am Nordhang der Lägern keine Schriftquellen vorliegen, ist am ehesten mit einem Abbau vor der Frühen Neuzeit zu rechnen. Bereits ab der Römerzeit sind in der unmittelbaren Nähe Schmiedetätigkeiten nachgewiesen.[13] Die Datierung bekannter Verhüttungsplätze auf dem Gebiet der heutigen Schweiz und in benachbarten Regionen lässt vermuten, dass vor allem im Mittelalter Eisen intensiv abgebaut wurde.[14]

Auf dem Gipfel der Lägern lag die Burg Alt-Lägern, die im 12. Jahrhundert Sitz eines unbekannten Adelsgeschlechts war. Angesichts des Fundmaterials ist davon auszugehen, dass die Burg bald nach 1200 verlassen wurde. Weiter östlich befand sich wahrscheinlich eine weitere Burg, die Burg Schrennen, die erstmals im Habsburger Urbar von 1303–1307 erwähnt wird, über die jedoch nur wenig bekannt ist. Zwischen 1244 und 1246 verlagerten die Regensberger ihren Hauptsitz ans östliche Ende der Lägern und übernahmen somit möglicherweise die Stellung der ehemaligen Besitzer der beiden erwähnten Burgen.

Ein lohnender Forschungsansatz wäre die Rekonstruktion einer *chaîne opératoire* von der Erzförderung über die Verhüttung bis zur Verarbeitung in Schmieden unter Berücksichtigung der politischen und wirtschaftlichen Aspekte der Epoche. Der Nachweis dieser Abfolge kann jedoch nur durch systematische Prospektionen und gezielte archäologische Grabungen erbracht werden.

Ausblick

Die vielfältige Nutzung der Landschaft sollte nicht darüber hinwegtäuschen, dass eine Ausbeutung der Eisenoolithen am Nordhang des Lägern-Massivs durchaus plausibel ist. Zwar fehlen bislang eindeutige Nachweise für einen Abbau, doch das gehäufte Auftreten von Vertiefungen über der eisenoolithführenden Passwang-Formation ist auffällig.

Da keine schriftlichen Belege für eine Erzgewinnung vorliegen, ist eine Nutzung in älteren Epochen – von der Römerzeit bis ins Mittelalter – am wahrscheinlichsten. Ein konkreter Anhaltspunkt zur Untermauerung dieser These wäre der Fund von Verhüttungsschlacken in der direkten Umgebung (vermutlich an Bächen). Ein weiterer Weg zur Verifizierung wäre der Nachweis von systematisch gegrabenen Pingen oder von Stollen. Diese könnten mit nichtinvasiven Verfahren wie Geoelektrik- oder Seismikmessungen[15] oder durch invasive Massnahmen wie einen gezielten Baggerschlitz[16] nachgewiesen werden.

Abb. 1: Dramatisch überhöhte Ansicht von Sargans mit dem Gonzen, um 1800. Druckgrafik von Hans Heinrich Keller, um 1815, Schweizerische Nationalbibliothek, Graphische Sammlung.

Peter Niederhäuser

Zürcher Eisenherren im Sarganserland

Der Alte Zürichkrieg gehört zu den einschneidenden Ereignissen der Zürcher Geschichte. Im Kampf um das Erbe des letzten, 1436 verstorbenen Grafen von Toggenburg suchte die Limmatstadt ihren Einfluss Richtung Walensee und Sargans auszubauen und stellte sich dabei gegen die Miteidgenossen, vor allem gegen Schwyz und Glarus. Bereits vorher hatte Zürich seine Politik wieder stärker auf das Reich ausgerichtet und verstand sich in den 1430er-Jahren als «kaiserliche Stadt».[1] Hinter dieser Haltung standen macht- wie verkehrspolitische Interessen – der Zugang zu den Bündner Pässen war für die Limmatstadt schon immer ein wichtiges Anliegen. Weniger bekannt ist ein anderer, wirtschaftlicher Aspekt, der sich ab dem späteren 14. Jahrhundert immer besser fassen lässt und in indirekter Form bis in die jüngere Vergangenheit eine Rolle spielen sollte: der Eisenbergbau am Gonzen.

Auch wenn der unglückliche Ausgang des Alten Zürichkriegs die Ambitionen der Limmatstadt zurückband, blieben Zürcher Bürger als Eisenherren, wie die Inhaber der Eisenbergwerksrechte bezeichnet wurden, weiterhin präsent. Die Stollen am Gonzen und die Verhüttungsanlagen bei Flums waren auffallend lange in Zürcher Hand und zählten zum wirtschaftlichen Einflussbereich der Limmatstadt. An diese heute wenig bekannte Geschichte erinnert das gut erhaltene Eisenherrenhaus im

Abb. 2: Spuren der Eisenkultur in Flums: reich verzierte Grabkreuze auf dem Friedhof. Foto: Peter Niederhäuser, 2022.

Dorfzentrum von Flums. Um 1567 von Beat Rudolf Göldli errichtet, diente das markante Gebäude als Lagerraum und war neben einem zweiten Eisenherrenhaus Verwaltungssitz der Zürcher Unternehmer. Das Bergwerk selbst erlebte ab 1919 eine letzte Blütezeit, als es von den Firmen Georg Fischer AG und Sulzer AG übernommen und gemeinsam geführt wurde, ehe der Erzabbau 1966 aus wirtschaftlichen Gründen eingestellt werden musste.

Der politische und wirtschaftliche Rahmen

Der Bergbau im Sarganserland geht wohl in römische Zeit zurück und erlebte im Spätmittelalter einen Neubeginn. 1384 werden erstmals eine Eisenschmiede in Flums, 1396 ein Eisenbergwerk in Sargans erwähnt, als die Grafen von Werdenberg-Sargans ihre Herrschaft den Herzögen von Habsburg-Österreich für die stolze Summe von 13 000 Pfund verpfändeten. Das in diesem Zusammenhang erstellte Urbar verzeichnete jährliche Einnahmen aus dem Bergwerk und aus der Eisenverarbeitung («Smittan und Ysenwerg») von immerhin 261 Pfund – die mit Abstand grösste Einnahmequelle der Herrschaft.[2]

Nachdem die eidgenössischen Orte 1483 die Grafschaft Sargans erworben hatten, wurden die jährlichen Einnahmen aus den Lehenzinsen von Eisenhammer, Schmelzöfen und Schmieden auf 240 Pfund veranschlagt bei einem Jahresertrag von 304 Pfund; die Eisenproduktion belief sich dabei umgerechnet auf vielleicht 60 t jährlich.[3] Die eidgenössischen Landesherren kümmerten sich nicht selbst um Abbau und Verarbeitung von Eisenerz, sondern gaben wie vor ihnen die hochadligen Landesherren das Bergwerkregal als Lehen an Personen weiter. Obwohl kein allzu grosses Bergbaugebiet, war der Gonzen ab dem ausgehenden Mittelalter einer der wichtigeren Eisenstandorte der Schweiz.[4] Der Handel mit dem vergleichsweise harten, für Waffen und Rüstungen geeigneten Eisen war zweifellos lukrativ, deckte aber nur teilweise die Nachfrage in der Schweiz.

Trotz der hohen Kosten und des Risikos scheint der Bergbau über die Jahrhunderte eine attraktive Investition geboten zu haben, was die Präsenz von Zürcher Bürgern erklärt. Die zürcherische Einflussnahme zeichnete sich seit dem frühen 15. Jahrhundert ab.[5] 1410 erwarb der aus Glarus gebürtige Zürcher Bürger und Ratsherr Rudolf Kilchmatter für die Summe von 850 Pfund Schmiede und Schmelzofen in Flums samt Bergrechten für Erze und für die Köhlerei – Kilchmatter galt als reichster Zürcher überhaupt. Bereits 1415 verkaufte jedoch sein Bruder Peter diese Anteile wieder. Als die Limmatstadt 1419 Bischof und Stadt Chur ins Burgrecht von Zürich aufnahm, erhielt sie die Burg Gräpplang als Pfand im Wert von 2000 Pfund zur Absicherung. Im Rahmen der expansiven Stadtpolitik kam Zürich so zu einem wichtigen Stützpunkt auf dem Weg nach Graubünden, richtete jedoch keine Vogtei ein, sondern gab die Burg als Pfand ausgerechnet an Peter

Abb. 3: Spuren der Eisenkultur in Flums: das 1567 erbaute Eisenherrenhaus. Foto: Peter Niederhäuser, 2022.

Abb. 4: Die Burg Gräpplang im ausgehenden 18. Jahrhundert, kurz vor der Auflassung der Wohnbauten. Zeichnung im Nachlass von Johann Rudolf Rahn. Zentralbibliothek Zürich, Graphische Sammlung und Fotoarchiv.

Kilchmatter weiter. 1430 übernahm der Zürcher Bürger Hans Thumb diese Pfandschaft, die er 1446 an den Bischof von Chur zurückgab – die Pfandsumme blieb als Schuldbrief bestehen und war bis mindestens 1500 in Zürcher Händen. Thum zählte mit seinem Sohn und später den ebenfalls in Flums anzutreffenden Grebel zu den wichtigen Händlern der Zeit und belieferte in der zweiten Hälfte des 15. Jahrhunderts verschiedene Kriegsparteien mit Eisen.[6] Ab 1455 übernahm Zürich zwar vorübergehend wieder die Kontrolle über die Burg Gräpplang, allerdings ohne seine Herrschaft in diesem Raum ausbauen zu können.

Der Kauf der Grafschaft Sargans 1483 durch die eidgenössischen Orte (mit Zürich) brachte dann eine grundsätzliche Neuordnung der politischen Landschaft. Der adlige Einfluss der Grafen von Werdenberg-Sargans wie der Herren von Griffensee verschwand, künftig verwaltete ein eidgenössischer Landvogt im Rahmen einer gemeinen Herrschaft vom Schloss Sargans aus die Region zwischen Walensee und Ragaz. Diese Herrschaft war wie überall eine Mischung von hoheitlichen und traditionellen grundherrlichen Rechten. Dazu zählte auch das Bergwerkregal, das nicht selber wahrgenommen, sondern als Lehen weitergegeben wurde.

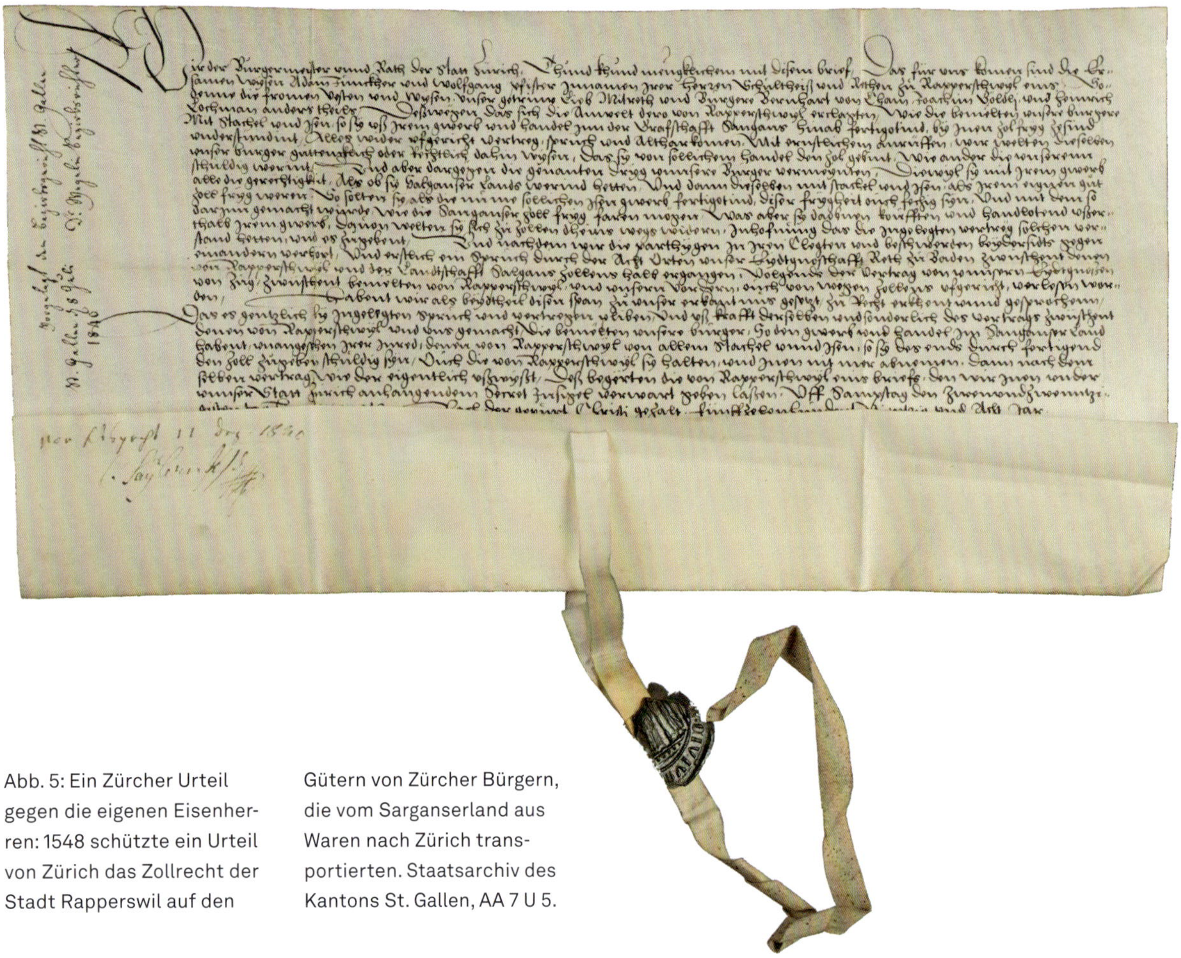

Abb. 5: Ein Zürcher Urteil gegen die eigenen Eisenherren: 1548 schützte ein Urteil von Zürich das Zollrecht der Stadt Rapperswil auf den Gütern von Zürcher Bürgern, die vom Sarganserland aus Waren nach Zürich transportierten. Staatsarchiv des Kantons St. Gallen, AA 7 U 5.

Eisenschmieden und Schmelzöfen blieben dabei Privatbesitz.

Bergbau und Eisenhandel

Diese Regelungen und Kompetenzausscheidungen führten zu einer wenig übersichtlichen, lückenhaften Überlieferung; zur Komplexität trug auch bei, dass es sich um mehrere Bergwerkgebiete und Verhüttungsanlagen handelte. Weder die gemeineidgenössische Verwaltung noch die Rolle der Eisenherren sind für das 16. Jahrhundert gut dokumentiert. Deutlich wird aber, dass sich die eidgenössischen Orte nach 1520 Gedanken über eine sinnvolle Nutzung machten, dass jedoch erst in der Mitte des 16. Jahrhunderts die Strukturen deutlicher ans Tageslicht treten.[7] 1549 waren die Zürcher Bernhard von Cham, Säckelmeister, Joachim Göldli und Heinrich Lochmann Inhaber des Bergwerklehens und liessen dieses vom Zürcher Hans Oberkam (Oberkan) vor Ort verwalten. Oberkam war unmittelbar vorher Amtmann im säkularisierten Kloster Rüti und zeichnete sich offensichtlich als erfahrener «Manager» aus. Alle drei Junker gehörten dem Kleinen Rat an, Cham sollte 1560 gar Bürgermeister werden. Gleichzeitig übernahmen sie städtische Vogteiämter und besassen Güter auf der Landschaft. Sie waren zudem Mitglied der Constaffel und, zumindest Cham und Lochmann, auch der exklusiven Gesellschaft der «Schildner zum Schneggen».[8] Politischer und wirtschaftlicher Einfluss gingen Hand in Hand; die drei Eisenherren gehörten alle der Zürcher Elite an und fanden sich als Investoren zu einem gemeinsamen Unternehmen zusammen. Es ist denkbar, dass im Alltagsgeschäft in Flums neben Oberkam noch eine weitere Person eine Rolle spielte: Franz von Fontanella. Dieser taucht 1552 als Diener der Eisenherren auf, dürfte aus Graubünden stammen, verfügte über ein ausgezeichnetes Beziehungsnetz und besass später den «Bauhof» in Winterthur.[9]

Abb. 6: Horgen mit der Sust am Hafen: Radierung nach einer Zeichnung von 1770.

Aus Conrad Ulrich: Der Zürichsee, Zürich 1966, Nr. 24.

Mangels privater und geschäftlicher Quellen wissen wir über das Funktionieren dieses Konsortiums so gut wie nichts. Erhalten sind einzig Schriftstücke, die mit der landesherrlichen Verwaltung und Rechtsprechung zusammenhängen. Dabei geht es um die Nutzung der Wälder, eine unentbehrliche Ressource für die energieintensive Verhüttung des Eisens, dabei geht es aber auch um den Schutz der Monopolstellung der Eisenherren oder um die Frage, wie viele Holzstücke in den Gebirgsbächen nach Flums geflösst werden durften.[10] Ein umfangreiches Dokument gibt 1567 Einblick in die Reibereien. So war das Eisenherrenhaus, Sitz des Schaffners, frei von allen Verpflichtungen, mussten sich die fremden Werkleute mit ihren Familien unklagbar verhalten und sollten beim Transport wenn möglich keine fremden Säumer eingesetzt werden. Ein paar Jahre später ist von Nebenverdiensten des Schaffners die Rede, der seinen Werkleuten Wein ausschenken, metzgen und Lebensmittel verkaufen durfte. Mittlerweile hatte Junker Beat Rudolf Göldli für sich ein eigenes Haus in Flums errichtet, das jedoch entgegen seiner Meinung nicht steuerfrei war. Hier wie auch in anderen Quellen kommen immer wieder der Zugriff auf die Bäume, die Köhlerei und das Holzschwemmen in den Bächen zur Rede. 1550 schützte die Tagsatzung ausdrücklich das Monopol der Eisenherren: Niemand anders durfte im Sarganserland eine eigene Eisenschmiede oder einen Schmelzofen betreiben. Und 1593 standen sich die Eisenherren und die Landleute vor Gericht gegenüber, weil die Preise für das Eisen deutlich angestiegen waren, obwohl die Landleute einen Vorzugspreis beanspruchten. 1624 schliesslich erhielt Eisenherr Hans Heinrich Wolf die Erlaubnis, in seinem Eisenbergwerk in Flums auch an Buss- und Feiertagen arbeiten zu lassen. Ein letzter, immer wieder umstrittener Punkt betraf die Zoll- und Transportkosten: Die Landleute im Sarganserland waren auf Beschluss der Tagsatzung 1533 vom Rapperswiler Zoll befreit worden, nicht aber die Eisenherren.

Eisentransporte am Zürichsee

Waren wurden wenn immer möglich auf dem Schiff transportiert und kamen von den Alpenpässen her via Walen- und Zürichsee nach Zürich, wo im Kaufhaus die Waren gelagert und ein Zoll erhoben wurde.[11] Diese Regelung war jedoch für Güter, die für die Zentralschweiz bestimmt waren, wenig praktikabel. Schon früh etablierte sich in Horgen ein Umschlagsort, von wo aus Waren auf dem rund 15 km langen Landweg zum Zuger- und Vierwaldstättersee gebracht wurden. Es ist kaum Zufall, dass ausgerechnet nach den Wirren des Alten Zürichkriegs 1452 eine Ordnung für die Sust in Horgen festgeschrieben wurde, welche die Modalitäten des Transports regelte. Erst in einer späteren Ergänzung kam 1510 die Zollfrage zur Sprache: Alle Kaufmannsgüter hatten in Horgen oder aber an der Sihlbrücke einen Zoll zu entrichten, so dieser nicht schon in Zürich beglichen worden war.

Mit dem Kauf der Sust 1527 übernahm Zürich endgültig die Kontrolle über den Umschlagplatz; im folgenden Jahr wurde die Sustordnung aktualisiert. Künftig war ein von der Limmatstadt eingesetzter Sustmeister für den geregelten Ablauf des Betriebs verantwortlich.[12] Bei der Erhebung des Zolls tauchte immer wieder auch Eisen auf. 1399 berichtete ein Mann, dass Wein, Salz, Eisen und andere Waren auf dem Saumweg transportiert worden seien. 1491 liessen Luzerner Kaufleute Eisen von Sargans nach Luzern befördern, und 1668 erwähnt eine Ordnung explizit Eisen aus Flums und von Glarus, das pro Zentner mit einem Batzen verzollt werden musste.[13]

Abb. 7: Allianzscheibe von Hans Heinrich Lochmann und Susanne Grebel, 1653. Lochmann, Neffe des Bergwerkunternehmers Lochmann, erscheint hier als Landvogt von Sax und als Bergherr, Schirmherr des Zürichbergs. Auktionskatalog Koller 2023, www.kollerauktionen.ch/de/352077-0011-1204-ALLIANZSCHEIBE-_LOCHMANN_-Zueri-1204_516376.html?RecPos=21, 27. 8. 2025.

Zürcher Unternehmer und Investor: Hans Heinrich Lochmann

Das ab 1549 belegte unternehmerische – aber auch verwandtschaftliche – Netzwerk der drei Zürcher Junker von Cham, Göldli und Lochmann bestand über längere Zeit, auch nachdem Bernhard von Cham 1560 Bürgermeister geworden war. Langsam rutschte die zweite Generation nach. Nach dem Tod des letzten Cham 1573 waren seit der Mitte der 1570er-Jahre Beat Rudolf Göldli und Hans Heinrich Lochmann Eisenherren, bevor Göldli seinen Anteil um 1580 seinem Schwager Lochmann verkaufte. Nach dem Tod Lochmanns 1589 folgte eine Reihe von Handänderungen, die mit Schuldverschreibungen zusammenhingen. Etwas Ruhe brachte dann der Zürcher Apotheker, Ratsherr, Säckelmeister, Reichsvogt und Landvogt Hans Ulrich Wolf und sein Sohn Hans Heinrich, welche ab 1593 das Berglehen zumindest zeitweilig verwalteten, bevor 1654 mit Landammann Hans Good von Mels erstmals ein Sarganser Landmann den Betrieb übernehmen und modernisieren konnte. Der genaue finanzielle Gegenwert des Bergregals bleibt unklar. Es ging bei den Handänderungen um mehrere Tausend Gulden, wobei das Kapital und die allfällige Rendite in Verbindung gesetzt werden müssen mit den hohen Erschliessungs- und Verarbeitungskosten.

Der langjährige Eisenherr Hans Heinrich Lochmann gehört zu den schillernden Figuren seiner Zeit, er soll deshalb abschliessend ausführlicher vorgestellt werden. Bereits sein Vater Heinrich machte als Ratsherr und Bannerherr Karriere und war am Bergwerk am Gonzen beteiligt. Seine Söhne traten bald in seine Fussstapfen, wobei sich besonders der zweitgeborene Hans Heinrich auszeichnete, der in die Constaffel aufgenommen wurde und 1573 Ratsherr wurde, 1576 die Herrschaft Elgg erwarb, 1577 wie sein Vater das ehrenvolle Amt eines Bannerherrn übernahm und wie später sein Bruder

Hans Heinrich Lochman Alter
Landtvogt Bergherr vnd des Raths
loblicher Statt Zürich Frauw Susanna
Lochmannin geborne Greblin sin Ehe=
gemahel 1653

in die «Schildner zum Schneggen» eintrat.[14] Seine ungewöhnliche Laufbahn verdankte Lochmann dem Handel und dem Kapitalgeschäft. Er war Patrizier und Unternehmer zugleich, der sich geschickt auf der zürcherischen, eidgenössischen wie auf der europäischen Bühne bewegte.

Eine Grundlage des Familienvermögens bildete der «Elsässer», jenes Wirtshaus, wo elsässischer Wein ausgeschenkt werden durfte. Der Vater war zudem am Bergwerk Gonzen beteiligt, engagierte sich im Salzhandel und machte Darlehensgeschäfte. Sohn Hans Heinrich erhielt eine kaufmännische Ausbildung und stand in engem Kontakt mit Benedikt Stokar, seinerseits über Heirat verwandt mit Bernhard von Cham. Familiäre und geschäftliche Beziehungen gingen fortan Hand in Hand; 1565 beispielsweise erhielten Benedikt Stockar und Heinrich Lochmann sowie Bernhard von Cham und Hans Heinrich Lochmann von der Stadt Zürich ein Darlehen von 17 000 Gulden, gedacht wohl für den Salzhandel.[15] Erstmals unterstützte die Stadt Privatpersonen mit solch hohen Krediten – pikanterweise war Bernhard von Cham zu diesem Zeitpunkt Bürgermeister.

Bei der Tätigkeit Hans Heinrich Lochmanns standen Anleihen der französischen Krone im Vordergrund. Er wurde zu einem wichtigen Agenten der Könige, förderte die Finanzierung von Kriegen und Soldtruppen und erhielt als Sicherheit Salz und Kapitalbriefe. Er suchte daneben mit städtischer Unterstützung, aber wenig erfolgreich ein Tuchgewerbe aufzubauen, importierte dank seinem Netzwerk Korn, um die Teuerung zu bekämpfen, und legte sein Geld in Boden und Liegenschaften an, so war er Bergherr in Flums, Schlossherr in Elgg und Vufflens (VD) sowie Freiherr in Aubonne (VD). Als Investor scheint er sich nach allen Richtungen hin orientiert zu haben und kam dabei auch in Kontakt mit zweifelhaften Persönlichkeiten wie den Gebrüdern Hainzel aus Augsburg.[16] Als Lochmann 1589 in Padua starb, hinterliess er ein wenig übersichtliches Erbe, das teilweise von seinen Gläubigern, teilweise von seinen Geschwistern übernommen wurde.[17] 1593 treffen wir seinen Bruder Kaspar als Eisenherrn im Sarganserland an.[18]

Lochmann wird von Hans Conrad Peyer als «Typus des fürstlichen Financiers» charakterisiert, der grosse Summen umherschob, viele riskante Geschäfte gleichzeitig verfolgte und in grossen Dimensionen dachte, letztlich aber von der Unterstützung der Limmatstadt wie von der Zahlungsmoral des französischen Königs abhängig blieb. Nüchtern folgerte Peyer, dass die Hinterlassenschaft des Zürcher Unternehmers «nicht sonderlich glänzend war».[19] Im volatilen Geldhandel blieb das vom Vater übernommene Bergwerk Gonzen eine der wenigen sicheren Grössen und galt auch nach der Ära Lochmann in Zürich als attraktive Anlage. Der Gonzen und die damit zusammenhängenden verarbeitenden Werke mögen mit ihrer überschaubaren Zahl von Arbeitsplätzen aus heutiger Sicht eher bescheiden anmuten. Und doch führt die Zürcher Geschichte bis in die Neuzeit nach Flums und Sargans, wo der «Bergschatz» vom späteren Mittelalter bis in die Neuzeit eng mit Zürcher Unternehmergeist und kapitalstarken Investoren verbunden blieb.

Anhang

Lehensbrief vom 14. Februar 1607
(Staatsarchiv des Kantons Zürich, A 343.1, Nr. 120)

Hans Heinrich Huber, Bürger von Zürich, hatte von Martin Epp von Uri, Hauptmann und Landvogt in Sargans, einen Teil des Bergwerks Sargans erworben und in der Zwischenzeit weiterverkauft. Da Zürich Epp seinerzeit einen Lehensbrief ausgestellt hatte, bittet er jetzt um eine beglaubigte Abschrift dieses Lehensbriefes. Dies geschieht am 3. Januar 1610:

Bürgermeister und Rat der Stadt Zürich verleihen stellvertretend für die regierenden eidgenössischen Orte zu Sargans dem Hauptmann Martin Epp, Rat von Uri und derzeitiger Landvogt in Sargans, alle Erze (Gold, Silber, Kupfer, Blei, Messing und andere Mineralien, ausgenommen Eisen und Stahl) in der Grafschaft Sargans zwischem dem Roten- und dem Fulenbach bis an die Seez. Epp und seine Erben dürfen dieses Recht gemäss Bergwerksrecht 101 Jahre ausüben. Er muss dabei den regierenden Orten in Sargans den zehnten Kübel Erz abliefern.

Weil zu Beginn mit Bauten, Werkzeugen und Geschirr grosse Unkosten erforderlich sind und das Risiko von Verlusten beträchtlich ist, bevor überhaupt die Nutzung erfolgen kann, wird für die ersten zehn Jahre auf die Abgabe eines Erzkübels verzichtet. Epp kann als Landvogt dieses Erzlehen weiterverleihen und den Erschatz (Lehensabgabe) verlangen. Der Erzzehnt soll mit Geld entrichtet werden. Epp kann Drittpersonen beiziehen.

Das Lehen umfasst das Bergwerk mit Wunn und Weid, Holz und Wasser, Steg und Weg. Der Bergherr ist aber schuldig, bei fremdem Eigentum mit den betroffenen Personen oder Dörfern eine Regelung zu finden. Er haftet bei Schäden gemäss Richterspruch. Werkleute und Erzknappen müssen den obrigkeitlichen Geboten gehorchen und sollen wie andere Bergwerke in Sargans die Feiertage befolgen und sich an die gebräuchlichen Religions- und Glaubensformen halten. Streitigkeiten untereinander oder mit der Bewohnerschaft des Sarganserlands gehören vor das ordentliche Gericht, ohne Appellationsmöglichkeit. Landvögte und Amtleute sind angehalten, die Bergherren bei ihrem Lehen zu schirmen.

Ausgestellt am 14. Februar 1607, besiegelt mit dem Zürcher Sekretsiegel.

Abb. 1: Der Chronist Johannes Stumpf (1500–1578), Radierung von Conrad Meyer von 1662, nach einer Vorlage von Hans Asper. Zentralbibliothek Zürich, Graphische Sammlung.

Dölf Wild

Käpfnach, Lüttich und der Einstieg in die fossile Kohle

Der Zürcher Chronist Johannes Stumpf und seine «Steine, die brennen»

«Fossile Energie» ist gespeicherte Sonnenenergie, die in einem ersten Schritt im normalen biologischen Prozess von Pflanzen (im Fall von Torf und Kohle) in Biomasse verwandelt wird, dann aber nicht wieder als Humus in den Kreislauf lebendiger Pflanzen zurückkehrt. Zu «fossiler Energie» wird sie zuerst im Wasser, wo sie unter Ausschluss von Sauerstoff konserviert und anschliessend in einem lang andauernden Prozess zuerst in Torf und dann in Kohle umgewandelt wird. In den Jahrmillionen, während deren dieser Prozess andauert, haben sich im Boden enorme Mengen dieser gespeicherten «fossilen Energie» eingelagert, deren Nutzung den gesteigerten Energiebedarf der «industrielle Revolution» erst ermöglichte und so das «Zeitalter der fossilen Energie» einleitete. Während heute wegen dessen klimaschädigender Wirkung das «Ende des fossilen Zeitalters» in aller Munde ist, ist zu seinem Beginn erstaunlich wenig bekannt und er ist auch in der Forschung noch nicht lange ein Thema.[1] In Käpfnach haben wir mit einer Schriftquelle zum Kohleabbau in den 1540er-Jahren ein für unseren weiten Raum sehr frühes Zeugnis. Ihr Inhalt wirft jedoch eine Anzahl Fragen auf, denen dieser Aufsatz nachgehen will. Über allem steht die Frage, was man über die frühe Nutzung von Kohle in (West-) Europa weiss.[2]

Johannes Stumpf, Sebastian Münster und die Kohle – eine Spurensuche

Die erste Erwähnung des Kohleabbaus in Käpfnach stammt aus der Schweizer Chronik des Zürcher Pfarrers Johannes Stumpf, gedruckt im Jahr 1548. Im elften Buch, das vom Wallis handelt, schreibt er: «So hat das Land [Wallis] vil Erz und Bergwerk [...]. Besonder sind kurzer Jaren / vom 1540. Jar här / an vilen orten dies lands erfunden die Steinkolen / ein besond Bergwerck da grabt man stein die brünnend / also das man darbey die stuben wermen / auch schmide mag. Dieser Steinkolen habend sich unserer tagen auch etliche erzeiget bey dem Zürychsee um die herrschaftt Wädischwyl und Horgen / zc. aber nit so reychlich / deshalb man deren wenig acht hat. Aber im Wallis findet man deren so viel, dass man den Kalch damit brennt ohne alles holtz: namlich so der kalckofen gesetzet unnd aussbereit ist, zündet man die kolstein an, die geben ein sehr grosse und stäte hitz, lassen auch nit nach bis sie zu äschen verbrünnen, also dass man nach anzündung des kols kein acht mehr daruf darff haben biss der Kalck uassgebrunnen ist: dann der Kolstein mag von sich selber nicht erlöschen. Dise Kolstein braucht man auch im Niderland, in Brabant, im Gestifft Lüttich und in andern landen, da kein holtz ist.»[3]

Stumpf nennt also das Jahr 1540 für das Wallis und spricht für Horgen/Käpfnach von «unseren Tagen», seitdem man «Steine, die brennen», abbaue und nutze. Und er verweist im Zusammenhang mit diesem Thema auf die Niederlande, Brabant und das Fürstbistum Lüttich.

Johannes Stumpf ist mit dieser Schilderung nicht allein. Vier Jahre vorher, 1844, hat der in Basel wirkende Sebastian Münster seine «Cosmographia» (Weltbeschreibung) herausgegeben, wo sich eine fast identische Aussage findet: «Man hat auch innerhalb drey jaren im Land an vil orte gefunden ein bergwerck so man kolstein nent / der gleiche man auch zuo Ach und Lüttich in Braband hat / Die braucht man jetz in Wallis den kalck do mit zuo brennen on alles holz. Un nach de der Kalck ofen gesetzt und aufbereit ist / zündt man die kolenstein an / un man darff kein acht mehr dar zu haben / bis der Kalckofen volkommenlich brunnen ist. Der kolstein mag vo im selber niderleschen nach dem er angezünt wirt bis er zuo eschen verbrent / brint langsam un gibt grosse hitz, Es brauche in auch etlich im winter die stuoben do mit zu heizen. Im Niderland um Ach und wo nit vil Holtz ist / kocht man allerley speyss mit solichen Steine. Man findet sie auch in Schottland / wie ich bey den selbigen land gemeldet hab.»[4]

Münster nennt genauer «drei Jahre», seitdem Kohle im Wallis abgebaut werde. Der Zürichsee kommt bei ihm nicht vor, dafür neben Lüttich auch Aachen und Schottland. In der überarbeiteten und ergänzten Ausgabe von 1550 bringt er folgende Ergänzung: «Im Bremis Thal gegen Sitten über am Wasser under dem grossen Felsen findt man dieser Steinen ohne Zahl von welchen ich einen mit mir gen Basel bracht hab.»[5] Damit ist die Abbaustelle im Wallis genannt, auf die sich die Texte von Münster und Stumpf beziehen. Es ist das Anthrazitvorkommen von Bramois, deutsch Bremis, bei Sitten.

Bemerkenswert ist bei Stumpf die Bemerkung: «Dise Kolstein braucht man [...] in andern landen, da kein holtz ist.» Ähnlich tönt es bei Münster: «Im Niderland um Ach und wo nit vil Holz ist [...].» Holzmangel gilt also als eine Voraussetzung für die Verwendung von Kohle.

Damit scheint klar zu sein, seit wann bei uns fossile Kohle abgebaut wird – aber die beiden Berichte von Stumpf und Münster stehen merkwürdig isoliert. Für Käpfnach gibt es nach Stumpf während mehr als hundert Jahren keinen weiteren Beleg für einen Kohleabbau. Die nächste Nennung findet sich 1663, und ab dann folgen sie sich in regelmässigen Abständen. Im Wallis, das bei Münster und Stumpf im Fokus steht, dauert es volle 250 Jahre, bis der Kohleabbau wieder in den Quellen erscheint. Zwar wird Münsters Text noch ein paarmal zitiert, unter anderem von Josias Simler und Johann Jakob Scheuchzer, aber in den Walliser Archiven findet sich der nächste konkrete Hinweis auf einen Kohlebergbau erst 1810. Damals schrieb ein J. G. Ebel skeptisch, dass die Vorkommen gegenüber von Sitten «von den Einwohnern für Steinkohle gehalten, als solche ausgebeutet und zum Kalkbrennen gebraucht» würden.[6] Das Interesse war also bis dahin offensichtlich sehr lokal und beschränkt. Das schien sich nun aber zu ändern, denn 1828 stellte der Walliser Staatsrat einen Antrag an den Landrat, dass man die Ausbeutung der Kohle nur noch auf staatliche Konzession hin erlauben solle.[7] In der gleichen Botschaft wird neben Bramois auch das

Abb. 2: Sebastian Münster (1488–1552), Autor der «Cosmographia». Lithografie von P. Gross nach einem Ölbild von Christoph Amberger. Universität Heidelberg.

benachbarte Vorkommen von Chandoline erwähnt: «Es sind davon zwo Gruben schon seit langer Zeit in diesem Kanton bekannt, die eine in Chandolina am Rand des Rhodans, die andere oberhalb Bremis nahe der Borgne, allein bis zum Ende des Jahres 1823 hatte man von diesem Stoffe keinen Nutzen bemerkt.» Deutlicher kann man es kaum sagen – die Kohle interessierte bisher auch im Wallis kaum. Gekannt hatte man die Vorkommen seit langem, aber genutzt wurden sie nur von der lokalen Bevölkerung.

Es zeigt sich also, dass im (waldreichen) Wallis der Abbau von Kohle in grösserem Stil erst im 19. Jahrhundert einsetzt. In Käpfnach lassen sich entsprechende Bemühungen immerhin schon seit 1663 belegen. Allerdings beginnt auch hier ein grösserer, staatlich organisierter Abbau erst im späteren 18. Jahrhundert.[8]

Weder für Käpfnach noch für das Wallis sind die Berichte von Johannes Stumpf und Sebastian Münster also Zeugnisse eines aufblühenden, organisiert betriebenen, grösseren bergmännischen Kohleabbaus. Was aber haben wir dann in diesen Texten vor uns? Sicher ist, dass zumindest einer der beiden humanistischen Gelehrten beim Zusammentragen des Stoffs für sein Buch auf die Walliser Kohle gestossen ist, obwohl diese dort kaum von Bedeutung war.

Stumpf hat das Wallis selber bereist und darüber 1544 einen Reisebericht veröffentlicht, ohne die Kohle zu erwähnen.[9] Anders Münster, auch er hat

Abb. 3: Bramois, «Mines de Charbon», Eingang in einen Stollen des bis 1945 betriebenen Kohlebergwerks. Interessant sind die Jahrzahlen 1548–1945. Stumpf scheint heute im Wallis bekannter zu sein als Sebastian Münster, denn eigentlich müsste es ja 1544 heissen. Foto: Dölf Wild, 2023.

Abb. 4: Fürstabt Adrian I. von Riedmatten (1478–1548), wichtiger Gesprächspartner Sebastian Münsters im Wallis. Ölbild, spätes 16. Jahrhundert, Galerie de portraits du couvent des Capucins, Bourgeoisie de Sion, 2025.

sich im Wallis aufgehalten und in seiner Neuauflage der "Cosmographia" von 1550 berichtet er, wie oben erwähnt, dass er, dass er von diesen Kohlebrocken ein Exemplar mit nach Basel genommen hat. Es macht also den Anschein, dass er es war, der auf dieses Thema gestossen ist und Stumpf es von ihm übernommen hat. Das ist auch insofern plausibel, als Münsters Erstausgabe vier Jahre vor dem Text von Stumpf erschien.[10]

Es ist nun aber nicht nur die Walliser Kohle, die in Münsters Text vorkommt. Er setzt sie in Bezug zur Kohle im europäischen Norden, namentlich in Lüttich und Aachen. Aber in seinem ausführlichen Kapitel über Aachen ist keine Rede von Kohle und die Stadt Lüttich kommt in seinem Buch überhaupt nicht vor. Kohle scheint also ein Walliser Thema gewesen zu sein.[11]

Wer waren seine Walliser Informanten? Das Gebiet Bramois/Bremis liegt in Sichtweite von Sitten. Dieses wiederum war der Sitz des gleichnamigen Fürstbistums, an dessen Spitze bis 1522 der weltgewandte Kardinal Matthäus Schiner stand. Adrian I. von Riedmatten, sein Sekretär, Hofkaplan und Hofmeister, wurde 1529 sein Nachfolger. Er war bis 1548, dem Jahr seines Todes, Bischof von Sitten. Sebastian Münster nennt ihn sowohl in der Vorrede wie auch am Beginn des Textes über das Wallis. Der Bischof habe ihm in seinem Land «Bett botte und warhafftige bericht gebe viler Dingen halb dies Land betreffen».[12] Er könnte es also gewesen sein, der Münster auf die Walliser Kohle aufmerksam gemacht hat. Adrian von Riedmatten hatte in Paris und Köln studiert, sich somit in jenem Raum aufgehalten, in welchem der Kohle eine ungleich grössere Bedeutung zukam als im Wallis.

Münster seinerseits stammt aus Rheinland-Pfalz, trat 1505 in den Franziskanerorden ein und hielt sich in den folgenden Jahren in verschiedenen Klös-

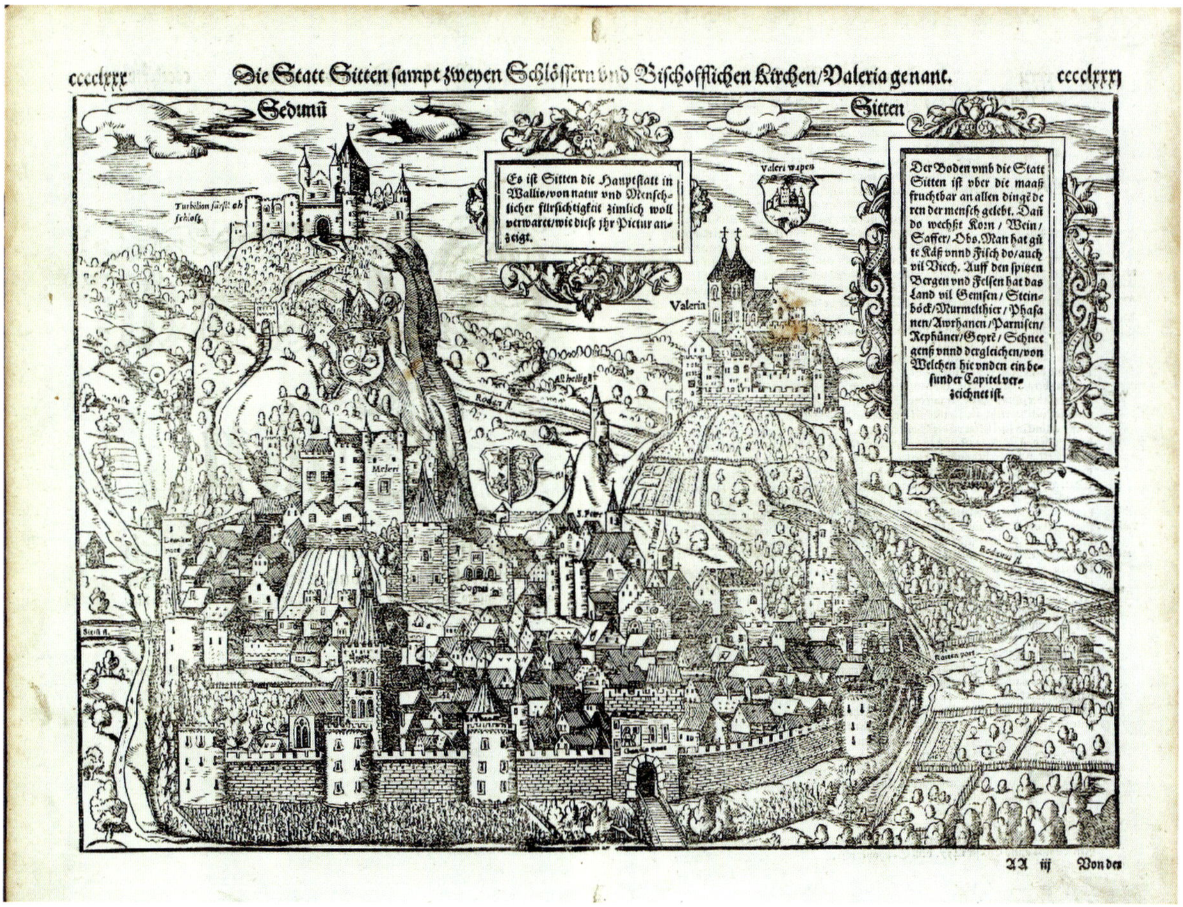

Abb. 5: Ansicht der Stadt Sitten von Sebastian Münster. Zwischen den Hügeln mit der Kirche Valeria und der Burg Tourbillon das Stadtwappen, unterhalb der bischöflichen Residenz Tourbillon das Wappen des 1548 verstorbenen Fürstabts Adrian I. von Riedmatten. Holzschnitt, um 1544, gedruckt ab der Ausgabe von 1550 von Münsters «Cosmographia».

tern auf, darunter auch in Löwen in Brabant und damit in der Nachbarschaft von Lüttich. 1529 trat er aus dem Orden aus, wurde zum Anhänger der Reformation und folgte dem Ruf nach Basel an die dortige Universität. Dort schrieb er seinen Grosserfolg, die «Cosmographia», für deren erste Ausgabe er nach eigener Darlegung etwa 20 Jahre benötigte und an der mehr als 120 «Standespersonen, Gelehrte und Künstler» mitarbeiteten.[13]

Münster schildert, wie er mit dem Walliser Bischof (wohl in dessen Residenz der Tourbillon oder in der 1536 zur neuen Residenz umgebauten Majoira) angeregte Gespräche über vieles geführt hat. Sicher ist, dass ihnen die Bedeutung der Kohle im Nordseegebiet bekannt war und es muss also nicht erstaunen, dass sie auf das Walliser Vorkommen zu reden gekommen sind. Vielleicht hatte kurz zuvor der Bischof sogar deren Nutzung angeregt, das würde die «drei Jahre» erklären, seit denen die Kohle abgebaut worden sei. Nachhaltig war diese Initiative aber nicht, wie die Quellen zeigen.

Ein Nord-Süd-Gefälle bei der frühen Nutzung von Kohle

Das heutige Belgien, die Niederlande, Norddeutschland und Schottland sind, wie Münster schreibt, Gebiete, «wo nit vil Holz ist». Tatsächlich sind diese Gebiete hinsichtlich Primärenergie gegenüber den waldreichen Zonen im Innern Kontinentaleuropas

Abb. 6: Blick über Lüttich vom Hügel der Zitadelle in Richtung Süden. Im Vordergrund unten die Altstadt, die Maas fliesst dem Betrachter entgegen. Foto: Dölf Wild, 2025.

eine andere Welt. Dass dabei der Stadt Lüttich eine besondere Rolle zukommt, und das nicht erst seit ihrer Nennung bei Münster und Stumpf, wird im Weiteren deutlich werden.

Zuerst aber etwas Grundsätzliches. Bei der vorindustriellen Nutzung der Primärenergie Kohle sind drei Faktoren wichtig: das Vorhandensein guter und einfach zugänglicher Vorkommen, das Vorhandensein einer Nachfrage und geeignete Transportwege, über welche die Kohle mit vernünftigem Aufwand zu den Verbrauchern gelangt.

Faktor eins, die Kohle, ist in den Gebieten rund um die Nordsee reichlich und in guter Qualität vorhanden. Sie gehören zum sogenannten nordwesteuropäischen Steinkohlegürtel, der sich von Schottland und England über Nordostfrankreich, Belgien und Südholland bis ins Ruhrgebiet und nach Schlesien erstreckt. Es handelt sich um rund 300 Millionen Jahre alte mächtige Kohleflöze. Es ist eine stark gefaltete Struktur, die mancherorts bis an die Oberfläche reicht und damit einfach zugänglich war. Das flache, häufig sandige Gebiet vor der Nordsee ist tatsächlich wenig waldreich und je weiter man in England nach Norden kommt, umso weniger Wald gab und gibt es dort grundsätzlich. Oft herrschen baumlose Heiden bis hin zu eigentlichem Marschland vor. Geradezu üppig vorhanden war in diesen Regionen dafür der Torf und dieser wurde in grossem Stil abgebaut und als Energiequelle genutzt.[14] Das Holz, das weiter südlich noch lange reichlich vorhanden war, war hier im Norden schneller knapp, insbesondere weil seit dem 11./12. Jahrhundert im Gefolge des Landesausbaus die Landwirtschaft dazu kam, welche zunehmend eine wirtschaftlich florierende urbane Kultur zu versorgen hatte.[15] Dass in diesen Regionen nicht nur das Brennholz knapp war, sondern auch das wertvolle Bauholz für die Häuser und Schiffe, davon zeugt die Flössung von grossen Mengen von Baumstämmen, dem sogenannten Holländerholz, aus den deutschen Mittelgebirgen und dem Schwarzwald via Rhein in die Niederlande.[16]

Damit sind wir bereits beim Faktor zwei, der Nachfrage. Diese ist in Flandern und Brabant mit den wichtigen Handelsstädten Brügge, Gent, Antwerpen und dem zur Handelsgrossmacht aufstrebenden Amsterdam reichlich vorhanden. Dasselbe gilt für das wirtschaftlich hoch entwickelte, ebenfalls zur Grossmacht strebende England.

Die Verkehrswege, Faktor drei, sind in diesen flachen Gebieten ebenfalls fast ideal. Die weitverzweigten Deltas der grossen Flüsse und die Küsten der Nordsee boten sich für den Transport auch schwerer Massengüter mit Schiffen geradezu an.

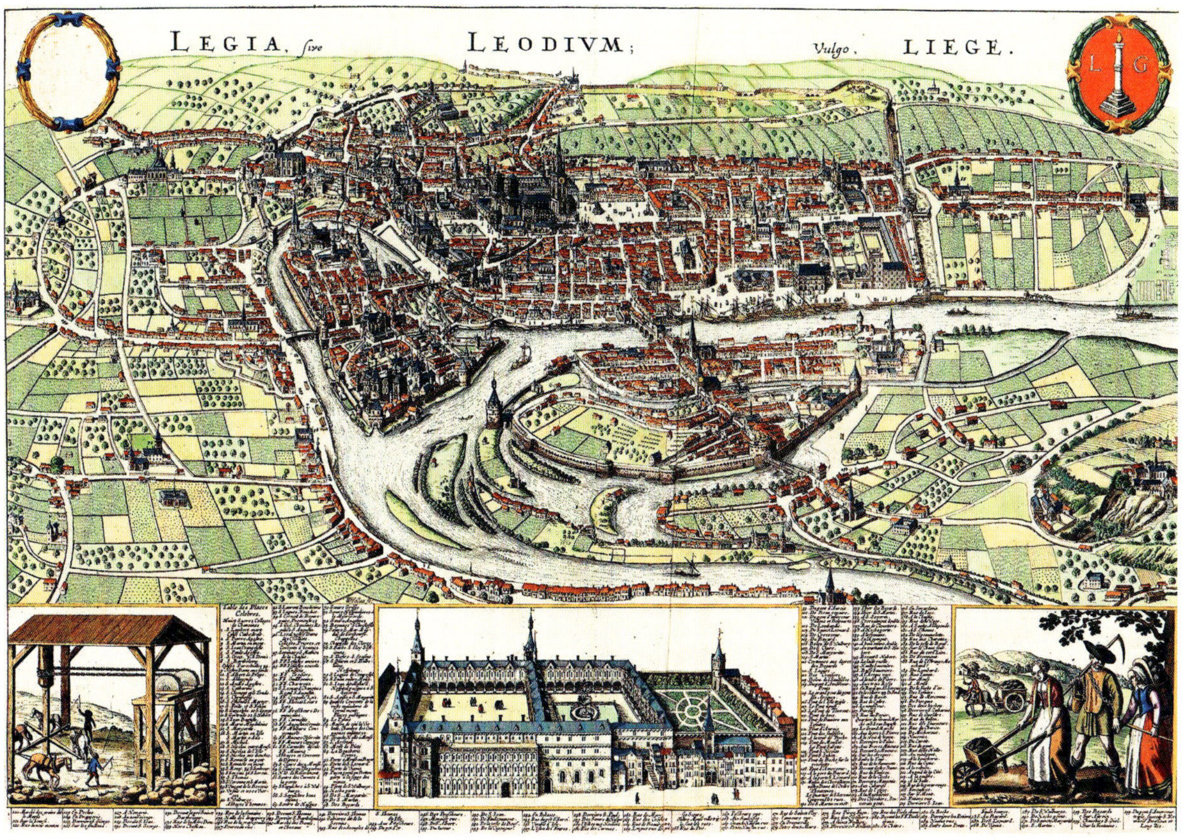

Abb. 7: Lüttich um 1649. Unterhalb der Stadtansicht links eine Schachtförderung mit Pferdegöpel, in der Mitte der Palast des Fürstbischofs, rechts verschiedene Arten des Kohletransports. Im Vordergrund zwei Frauen mit Tragkorb und Schubkarre, zwischen ihnen ein Bergmann mit Schrämmhacke, im Hintergrund ein Mann mit einachsigem Fuhrwerk. Kupferstich von Wenzel Hollar, kolorierte Kopie im Atlas von Frederik de Wit, 1698, Public Domain, Wikimedia Commons.

Alle diese Faktoren haben dazu geführt, dass sich in diesen Regionen der Gebrauch der fossilen Kohle bereits seit dem Hochmittelalter entwickelt hat und damit sehr viel früher als im Innern Kontinentaleuropas.[17]

Lüttich – Hauptstadt der Kohle in Mittelalter und Neuzeit

Es ist vor allem das an der Maas gelegene belgische Lüttich (Liège), das mit einem gewissen Nachdruck sowohl bei Sebastian Münster wie bei Johannes Stumpf genannt wird. Lüttich ist tatsächlich eine besondere Stadt, gehen hier doch im Hoch- und Spätmittelalter urbane und geistliche Hochkultur eine enge Verbindung mit pionierhaftem Kohlebergbau auf hohem Niveau ein. An den Anfang der Geschichte der Siedlung um das Jahr 700 wird das Martyrium des heiligen Lambert am Ort der späteren Kathedrale Saint-Lambert gesetzt. Um das Jahr 1000 wurde mit Notker (972–1008) eine starke Persönlichkeit erster Fürstbischof.[18] Sein ehrgeiziges Bauprogramm hat wesentlich zum Aufschwung der Stadt beigetragen, was sie bald zu einer der grössten Städte im Reich werden liess, die selbst mit Köln konkurrenzierte. Neben der Kathedrale Saint-Lambert wies sie nicht weniger als sieben Stiftskirchen und eine grosse Zahl weiterer Klöster auf. Es ist nicht verwunderlich, dass Lüttich im Ruf stand, ein ‹Pfaffen Paradies› zu sein.[19] Bereits früh hatten sich das städtische Patriziat und das Bürgertum von der Geistlichkeit politische Mitsprache erkämpft, die seit 1230 institutionell bezeugt ist. Das Lütticher Territorium umfasste im 13. Jahrhundert 23 Städte, wovon elf im romanischen und zwölf im deutschen Sprachgebiet lagen.[20]

Kohle wurde in der Region Lüttich bis in die 1980er-Jahre abgebaut. Als «Kohlebecken von Lüttich» ist es Teil des genannten nordwesteuropäi-

Abb. 8: Der 1506-1542 erbaute Chor der Kirche Saint-Martin, einer der sieben grossen Stiftskirchen von Lüttich. Vom 965 gestifteten Konvent Saint-Martin ist aus dem Jahr 1228 einer der frühesten Belege für Kohlebergbau überliefert. Foto: Dölf Wild, 2025.

Abb. 9: «Blason du Bon Métier Houilleurs», Wappen der Zunft der Bergleute von Lüttich mit zwei gekreuzten, im Bergbau verwendeten Hacken, 18. Jahrhundert. Foto: Claude Gaier (wie Anm. 27), S. 121.

schen Steinkohlegürtels. Diese bis in 1250 m Tiefe reichende stark gefaltete Schicht des Oberkarbons enthält hier um die 50 Steinkohlenflöze von durchschnittlich 70 cm Mächtigkeit und guter Qualität. Das Lütticher Gebiet besteht aus mehreren Plateaus, zwischen denen sich die Flüsse Maas und Ourthe eingegraben haben. An manchen Orten kamen dadurch die Kohleflöze bis an die Oberfläche, so unmittelbar vor der Stadt am namengebenden Flüsschen Légia.[21]

Die Geschichte des Lütticher Bergbaus wird im Jahr 1195 fassbar, als ein Lütticher Benediktinermönch die Entdeckung von «Terra nigra» beschrieb, die «zum Feuermachen bestens geeignet» sei.[22] Dieser Bemerkung verdankt Lüttich gemäss Horst Kranz den Rang des ältesten mittelalterlichen Steinkohlereviers Kontinentaleuropas. Nur die Kohleförderung im nordenglischen Newcastle upon Tyne scheint wenig älter zu sein. Mit Quellen belegt ist der organisierte Bergbau in Lüttich seit dem frühen 13. Jahrhundert.[23] Eine Spezialität Lüttichs besteht darin, dass der Bergbau nie ein obrigkeitliches Regal war. Bodenschätze gehörten dem Eigentümer des Grundstücks, unter dem sie gefunden wurden. Und dieser Boden war in Lüttich weitestgehend in geistlicher Hand. Das führte zu einem erstaunlich grossen Engagement kirchlicher Institutionen bei der Kohleförderung. Selbst mit dem Kapitel der Kathedrale Saint-Lambert lassen sich frühe Aktivitäten verbinden. Es sind aber vor allem die etwas ausserhalb der Stadt niedergelassenen Zisterzienser von Val-Saint-Lambert, die als Hauptinitianten des Bergbaus im 13. und 14. Jahrhundert angesehen werden.[24] Die geistlichen Körperschaften konnten mit ihren Dienstleuten selber Bergbau betreiben oder sie konnten ihn an Dritte vergeben. Bald wird denn auch die Vergabe von Abbaukonzessionen an Stadtbürger sichtbar.[25] Mit den Jahren wurde der Kohleabbau zu einem dominierenden Wirtschaftszweig der Stadt.

Ein eindrücklicher Beleg für die Bedeutung des Bergbaus für die Stadt ist die Zunft der Bergleute, über welche diese Einfluss auf das politische Geschehen in der Stadt nehmen konnten.[26] Das «Bon Métier des Houilleurs», wie die Zunft hiess,

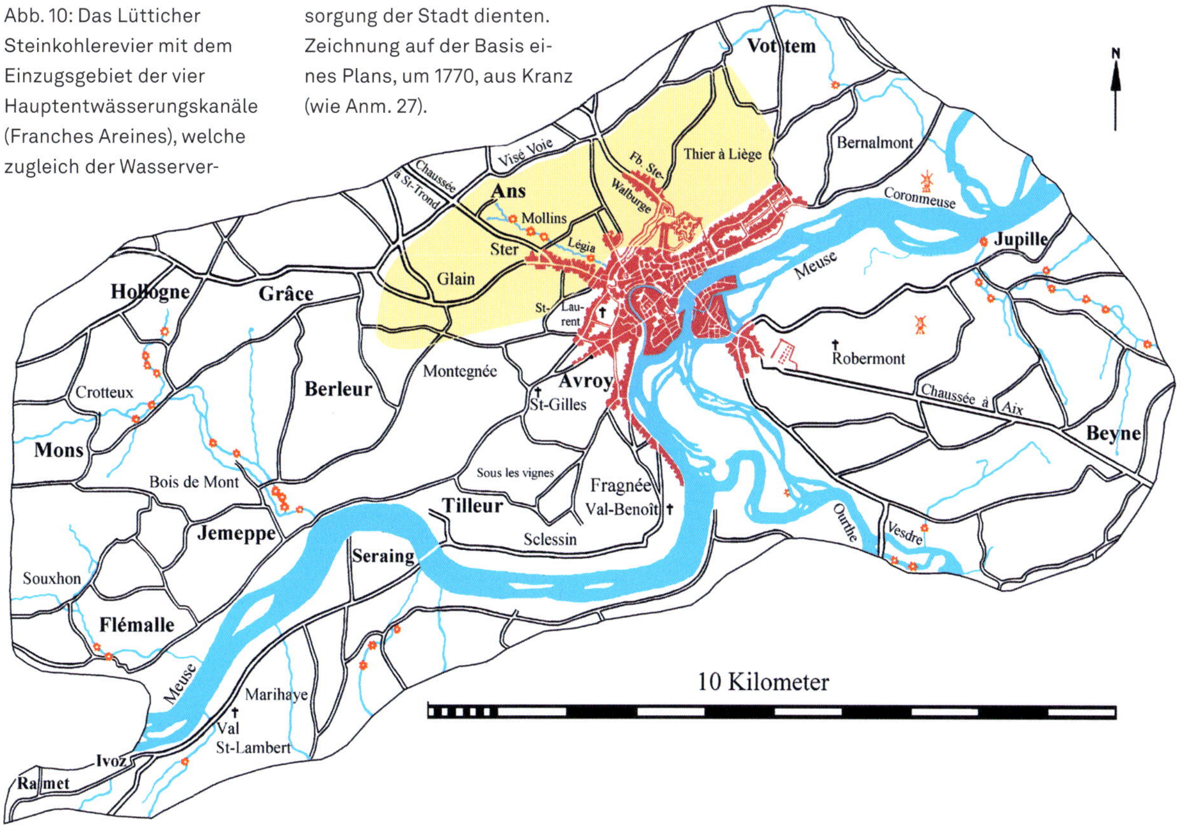

Abb. 10: Das Lütticher Steinkohlerevier mit dem Einzugsgebiet der vier Hauptentwässerungskanäle (Franches Areines), welche zugleich der Wasserversorgung der Stadt dienten. Zeichnung auf der Basis eines Plans, um 1770, aus Kranz (wie Anm. 27).

besass nicht wenig Gewicht. Konnten im Jahr 1432 die Bergleute rund 2000 Mann zur Bewachung der Stadttore unter ihrem Banner versammeln, brachten es die Weber gerade mal auf 140.[27] Bereits im 14. Jahrhundert wurden Schächte bis in eine Tiefe von 100 m gegraben.[28] Mit grossem Geschick war die Entwässerung der Schächte und Stollen geregelt. Weil der Bergbau bald für die Wasserversorgung wichtige Quellen und Bäche bedrohte, war die Stadt zu einer strengen Regulierung gezwungen. So wurde das aus den Stollen abgeleitete saubere Grundwasser in kunstvollen Kanälen, den Areines, gesammelt und in die Stadt geleitet. Bezeugt ist das seit 1278. So kam Lüttich neben bemerkenswerten Kirchen, Bürgerhäusern und Bergwerken bald auch zu einer Vielzahl schöner Brunnen.[29]

Wie gross die Fördermenge der Kohle in der Frühzeit war, lässt sich erst ab dem 16. Jahrhundert genauer bestimmen. Für jene Zeit also, in welcher Sebastian Münster und Johannes Stumpf von Lüttich schrieben, geht man von einer Produktion von um die 50 000 t jährlich aus.[30] Das ist etwa gleich viel, wie in den 160 Jahren Betrieb in Käpfnach insgesamt gefördert wurde.

Über die Bedeutung Lüttichs für den Kohlebergbau schreibt der Historiker Malte Helfer von der Universität Luxemburg: «Liège entwickelte sich zu der Kohleregion schlechthin, in die zumindest bis ins 18. Jahrhundert zahlreiche Besucher von weither kamen, um sich über den Kohlenbergbau zu informieren. Es entstand ein für die damalige Zeit umfassendes technisches Wissen. Vokabular und Praktiken des Steinkohlenbergbaus breiteten sich von hier in Europa aus und bereiteten die industrielle Revolution vor.»[31]

Allein stand Lüttich mit dem frühen Abbau jedoch nicht. Aus den englischen Regionen Northumberland und Durham sind bereits seit 1183 spärliche Belege bekannt.[32] Und seit 1229 ist der Kohleabbau bei der belgischen Stadt Mons südwestlich von Brüssel belegt. Der älteste Nachweis für Kohleabbau im Ruhrgebiet stammt von 1296, im Raum Aachen von 1334/35 und im sächsischen Zwickau ist er seit dem frühen 14. Jahrhundert belegt.[33]

Abb. 11: Teilstück der Areine Richonfontaine, einer der vier Franches Areines von Lüttich. Die aus dem 13. Jahrhundert stammende Leitung wurde 2004 bei Bauarbeiten unter dem Musée de la Vie wallonne entdeckt, das Teilstück ist heute in dessen Untergeschoss sichtbar. Foto: Dölf Wild, 2025.

Abb. 12: Fontaine Saint-Jean-Baptiste aus dem 17. Jahrhundert, einer der städtischen Brunnen, welche von der Areine Richefontaine gespeist wurden. Foto: Dölf Wild, 2025.

Gerade in England hatte die Kohle schon früh eine grosse Bedeutung erlangt, auch hier weil das Holz knapp, Torf mühsam und wenig effizient, der Transport über die Flüsse und die Nordsee einfach zu bewerkstelligen war. Für Brügge und Flandern ist bereits um 1200 der Import von englischer «sea coal» nachgewiesen.[34] Wie verbreitet die Anwendung der Kohle in England schon früh war, zeigt folgende Geschichte: Als im Sommer 1306 König Edward I. seine Barone, Ritter und Bischöfe zu einer Versammlung nach London einberief, beklagten sich diese Noblen über den für sie ungewohnt beissenden Geruch des Rauchs, welcher sich beim Verbrennen von Kohle durch Schmiede und andere Handwerker über die Stadt gelegt hatte. Der König verbot deshalb den Gebrauch dieses Brennstoffs, allerdings vergeblich.[35] England wurde in den folgenden Jahrhunderten zum Motor einer zunehmend auf Kohle basierenden wirtschaftlichen Entwicklung, mit Folgen auch für die Schweiz, hatten doch die im späteren 18. Jahrhundert im Kanton Zürich aktiven Rodolphe Valltravers, Johann Heinrich Ziegler und Johann Sebastian Clais ihre Kenntnisse in England erworben. Noch heute zeugt der Begriff «Lore» für die hiesigen Grubenwagen, der sich vom englischen «lorry» herleitet, für die Bedeutung des frühen englischen Bergbaus auch in unserem Raum.

Römischer Kohleabbau?

Zum Schluss noch ein paar Worte zu den Römern, denen in technischer Hinsicht ja fast alles zugetraut wird. England ist auch dazu interessant, denn hier ist tatsächlich der regelmässige Abbau und Gebrauch von Kohle in römischer Zeit belegt. Zuerst sind es vor allem die im holzarmen Nordengland um den Antoninus- und den Hadrianswall gelegenen römischen Befestigungen, die von nahe gelegenen, einfach zu erreichenden Kohlevorkommen

Abb. 13: Lüttich, Überreste der römischen Heizanlage (Hypokaust), die mit Kohle befeuert wurde. Konservierte Ausgrabung von 1907 unter der 1794 zerstörten Kathedrale Saint-Lambert. Foto: Dölf Wild, 2025.

profitiert und diese intensiv genutzt haben. Aber auch im mondänen römischen Bäderort Bath soll im Tempel der Minerva ein von Kohle genährtes ewiges Feuer gebrannt haben.[36]

Anders ist die Situation auf dem Kontinent, wo Funde von Kohle im Umfeld von Handwerk und Heizungen rare Ausnahmen sind. So wurde etwa 1907 bei Ausgrabungen in Lüttich in der Heizanlage einer römischen Villa Steinkohle gefunden.[37] Die Forschung äusserte sich dazu erstaunt, weil sich diese Villa damals noch inmitten einer waldreichen Landschaft mit einem Übermass an Holz befunden habe. Dieser Fund aus römischer Zeit blieb denn auch isoliert.

Aus der Schweiz sind bisher keine entsprechenden Belege bekannt. Wie verstreute Funde zeigen, muss es in Käpfnach eine kleine römische Niederlassung gegeben haben.[38] Es wird bei künftigen Ausgrabungen darauf zu achten sein, ob diese frühen Käpfner die nahe Kohle genutzt haben. Vermutlich war aber auch hier das reichlich vorhandene Holz attraktiver.

Nicht weit von Käpfnach weg, gibt es ein gut erforschtes Beispiel, das dies belegt. Auf der anderen Seite des Zürichsees wurden im römischen Vicus Kempraten bei Rapperswil zwischen 2009 und 2015 fünf Kalkbrennöfen aus der Mitte des 1. Jahrhunderts n. Chr. ausgegraben, die sich zum Teil in unmittelbarer Nähe des Seeufers befunden haben. In vorbildlicher Weise wurden hier nicht nur die Öfen, sondern auch das darin erhaltene Brennmaterial untersucht.[39] Vorgefunden wurde ein interessantes Spektrum verschiedener Holzarten, aber keine fossile Kohle. Hier wäre der Transport mit dem Schiff von Käpfnach her einfach zu bewerkstelligen gewesen. Die Autoren stellen fest, dass für den Brand in den Öfen enorme Mengen Holz benötigt wurden, welches wohl möglichst aus der Nähe stammte. Das bedeute aber auch, dass Holz in genügender Menge vorhanden war und für fossile Kohle kein Bedarf bestand. Denn im Gegensatz zu Kohle stinkt Holz beim Verbrennen nicht und macht auch keine schmutzigen Hände.

Abb. 1: Johann Sebastian Clais plante 1805 ein kleines industrielles Zentrum in Birmenstall bei Elgg. Letzte Seite des Promemoriale an den Staatsschreiber Hans Jakob Lavater. Staatsarchiv Zürich, K III 218.1, Nr. 67.

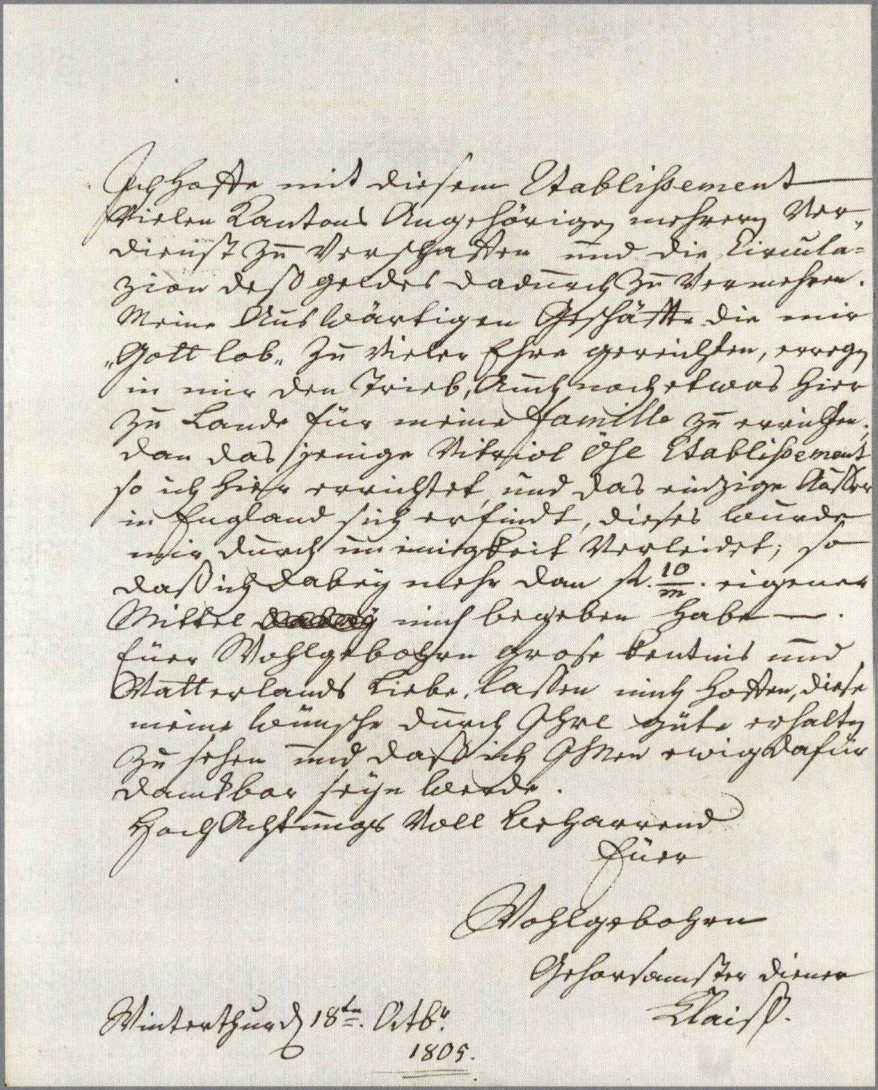

Ich hoffe mit diesem Etablissement
vielen Kantons Angehörigen mehreren Ver-
dienst zu verschaffen und die Circula-
zion des Gelds dadurch zu vermehren.
Meine Auswärtigen Geschäfte die mir
„Gott lob" zu vieler Ehre gereichen, erregen
in mir den Trieb, auch noch etwas hier
zu Lande für meine Famille zu erreichen.
Da das jenige Vitriol Öhl Etablissement
so ich hier errichtet, und das einzige außer
in England sich befindet, dieses wurde
mir durch [illegible] verleidet; so
dass ich dabey mehr denn fl. 10/m. eigene
Mittel ~~[illegible]~~ mich begeben habe.
Euer Wohlgebohren große Kentnis und
Vatterlands Liebe, lassen mich hoffen, diese
meine Wünsche durch Ihre Güte erhalten
zu sehen und dass ich Ihnen ewig dafür
dankbar seyn werde.
Hochachtungsvoll verharrend
Euer
Wohlgebohren
Gehorsamster diener
Clais.
Winterthur d 18te. Octb.
1805.

Rudolf Gamper

Johann Heinrich Ziegler, Johann Sebastian Clais und das Kohlebergwerk Birmenstall bei Elgg

Hätten sich die hochfliegenden Pläne des Bergbaufachmanns und Unternehmers Johann Sebastian Clais (1742–1809) realisieren lassen, wäre beim Kohlebergwerk Birmenstall (heute Birmistel), einen Kilometer nordöstlich der heutigen Bahnstation Elgg gelegen, ein kleines industrielles Zentrum mit Produktionsstätten für «das Englisch-bekante Wedgewoodgeschirr und Öffen» und für «Englischen Stahl» entstanden. In der ersten Eingabe vom 18. Oktober 1805 an Staatsschreiber Hans Jakob Lavater hob Clais die Vorzüge der geplanten Anlage hervor: Er hoffe, «mit diesem Etablißement vielen Kantons Angehörigen mehrern Verdienst zu verschaffen und die Circulazion des Geldes dadurch zu vermehren».[1] In der zweiten, an den Kleinen Rat in Zürich gerichteten Eingabe vom 29. Oktober präzisierte er sein Vorhaben. Er bat um die Erlaubnis, in «Birmstall eine Fabrique errichten zu dörfen, die solche Fabricata erzeugt, welche noch in der Schweiz nicht gemacht werden. Diese sind, als ad 1mo der Englische Stahl, nach allen seinen Ausdehnungsarticlen zum Handel und Ackerbau Geräthschafftten, 2° Kunstöffen, Näpfe und Steinguth Waar, zu machen, erstere nach phisischen Grundsäzen und nach den neuesten Erfindungen einzurichten, dan das gnädigste Privilegium deß Steinkohlenbaus in Birmstall fernerhin zu bestättigen [...]. Nachdeme ich in dem Birmstall Eigenthümer dieses Hoffs bin, so wird es meine

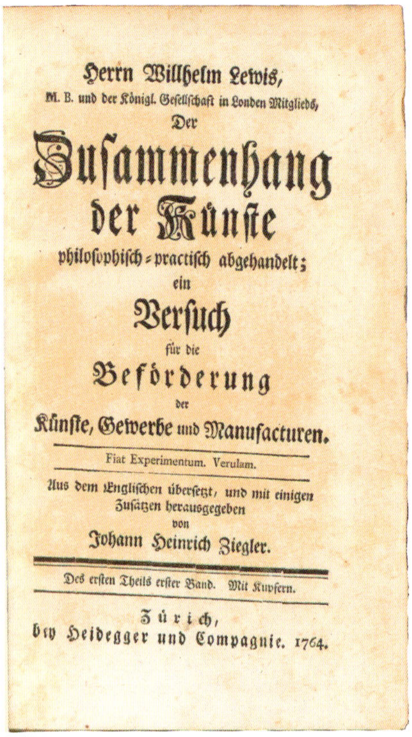
Herrn Willhelm Lewis,
M. B. und der Königl. Gesellschaft in Londen Mitglieds,
Der
Zusammenhang
der Künste
philosophisch-practisch abgehandelt;
ein
Versuch
für die
Beförderung
der
Künste, Gewerbe und Manufacturen.
Fiat Experimentum. Verulam.
Aus dem Englischen übersetzt, und mit einigen
Zusätzen herausgegeben
von
Johann Heinrich Ziegler.
Des ersten Theils erster Band. Mit Kupfern.
Zürich,
bey Heidegger und Compagnie. 1764.

Abb. 2: Johann Heinrich Ziegler vermittelte in seiner Übersetzung des Werks von William Lewis praktische Anwendungen experimentell gewonnener Erkenntnisse zur Goldbearbeitung, zur Porzellanherstellung und zum Ofenbau. Willhelm Lewis: Der Zusammenhang der Künste philosophisch-practisch abgehandelt, Zürich 1764.

Angelegenheit sein, die Inwohner dieses Hoffs in den besten Wohlstand zu versezen und durch den Verdienst der Geschäfften dem Orte Elgg vielen Verdienst zufliesen lassen.»[2] Die Kantonsregierung bewilligte das Vorhaben unter der Bedingung, dass in der Fabrik «im Wesentlichen» kein Holz verwendet würde.[3]

Die Steinkohleförderung sollte das Rückgrat der geplanten Anlage bilden. Mehr als zwanzig Jahre zuvor, am 2. Februar 1782, hatte die Regierung ein Privileg für die Ausbeutung des Vorkommens in Birmenstall ausgestellt.[4] Beteiligt waren damals neben Clais der inzwischen verstorbene Winterthurer Schultheiss Hans Ulrich Hegner und der Mediziner Johann Heinrich Ziegler. Clais deutete an, dass sie sich in Uneinigkeit getrennt hatten. Für das neue Projekt, das möglicherweise mit Blick auf das wenig später verabschiedete Zürcher Bergbaugesetz konzipiert wurde,[5] sah Clais den erst fünfzehnjährigen Sohn Hegners als Geschäftsführer vor; für ihn wollte er die neue Fabrik einrichten. Eine Beteiligung von Ziegler war nicht vorgesehen.

In der Eingabe verwies Clais stolz auf das «Vitriolöl-Etablißement, so ich hier errichtet und das einzige außer in England sich erfindt».[6] Für den Betrieb der Vitriolölfabrik war 1782 das Bergwerk in Birmenstall eröffnet worden. Wenn Clais auf die Bedeutung Englands als Vorbild für das Wedgewoodgeschirr, den Stahl und die Vitriolölproduktion hinwies, hob er damit seine Bedeutung als Vermittler von englischem Know-how hervor, verschwieg dabei aber, dass er diese Stellung hauptsächlich Johann Heinrich Ziegler zu verdanken hatte.

Johann Heinrich Ziegler (1738–1818) war der wichtigste Impulsgeber in der frühen industriellen Entwicklung der Stadt Winterthur.[7] Sein erstes Interesse galt der Theologie. Er begann sein Studium 1754 in Zürich und erhielt die Ordination 1758. Seine theologische Studienbibliothek ist in der Sammlung Winterthur erhalten. Es sind rund 120 Bände in Deutsch, Latein, Hebräisch, Englisch und Französisch. Die Bücher repräsentierten den aktuellen Wissensstand; die Hälfte der Bücher war beim Studienabschluss weniger als zwölf Jahre alt. Sie verraten ein starkes Interesse an der hebräischen Sprache und an der theologischen Auseinandersetzung mit den Naturwissenschaften, der Physikotheologie.[8] Ende 1758 immatrikulierte er sich an der Universität Leiden und studierte orientalische Sprachen. Nach seiner Rückkehr wirkte er für kurze Zeit als französischer Prediger in Zürich.

Bald pflegte er neue Interessen. 1762 wurde er Mitglied der Physikalischen Societät oder Naturforschenden Gesellschaft Zürich, 1766 publizierte diese in ihren Abhandlungen seine Beschreibung eines neuartigen Schöpfrades für Wasser.[9] In den Jahren 1762 und 1763 reiste er durch Frankreich und England. Anschliessend blieb er vermutlich ein Jahr in London, wo er Medizin und Chemie studierte.[10] Er freundete sich mit William Lewis an, einem Chemiker, der sich für die praktische Anwendung experimentell gewonnener Erkenntnisse engagierte. Ziegler übersetzte zwei Werke von Lewis[11] und blieb mit ihm brieflich in Kontakt. Die Übersetzungen erschienen 1764–1766 in Zürich. Wann er Mitglied der Royal Society for the Encouragement of Arts, Manufactures and Commerce wurde, ist

Abb. 3: Ziegler versah seine Bücher mit einem gedruckten Exlibris, brachte aber nur selten Notizen und handschriftliche Ergänzungen an. Winterthurer Bibliotheken, SlgWt, B 341.

nicht bekannt; sicher ist, dass er 1770 der Gesellschaft ein verbessertes Wasserrad einreichte und dafür mit einer Goldmedaille geehrt wurde. Er war auch Mitglied der Societas Physico-Mathematico-Anatomico-Botanico-Medica Helvetica in Basel. An der dortigen Universität dissertierte er 1769 mit einer Untersuchung über den papischen Topf, einen Vorläufer des Dampfkochtopfs. Dieser erlaubte es, Knochen in Gallerte und Kalk zu trennen.[12] In Winterthur wurde Ziegler 1771 in den Grossen, 1780 in den Kleinen Rat gewählt.

Wichtig für die Winterthurer Frühindustrialisierung wurde die Bekanntschaft Zieglers mit Rudolphe de Valltravers (oder Jean-Rodolphe Vautravers, 1723–1800), einem umtriebigen Berner, der als Erzieher junger Adliger auf Bildungsreisen, als Kunsthändler, als Mitglied englischer und schweizerischer aufklärerischer Gesellschaften und als Vermittler technologischen Know-hows ein grosses Beziehungsnetz aufgebaut hatte.[13] Als Agent des Markgrafen von Baden wirkte er in London, in Biel erwarb er die Villa Rockhall und erstellte 1763 zusammen mit Christoph Brown, einem englischen Fachmann, ein Gutachten über den Kohleabbau bei den Lehmgruben der Ziegelhütten in Käpfnach. Valltravers anerbot sich darin, beim Ausbau Käpfnachs zu einer grossen Industriezone mit Ziegelbrennereien, Glashütten, Fayencefabriken, Eisenhütten, Hammerwerken, Alaun- und Vitriolsiederei, Malz- und Bierbrauereien mitzuhelfen.[14] Realisiert wurde der Kohleabbau unter der Leitung von Brown. Nach dessen Abreise wurde der Abbau eingestellt.[15]

Als Agent des Markgrafen Karl Friedrich von Baden-Durlach betreute Valltravers in London Johann Sebastian Clais aus Hausen im südbadischen Wiesental. Dieser hatte in Zürich eine Lehre als Uhrmacher gemacht und wurde 1770 von der markgräflichen Regierung zur Weiterbildung nach England gesandt. Es ist anzunehmen, dass Valltravers die Bekanntschaft mit Johann Heinrich Ziegler vermittelte. Wie Ziegler verkehrte Clais in der Royal Society for the Encouragement of Arts, Manufactures and Commerce und legte dort eine handliche Indexwaage vor, die ohne Gewichtssteine auskam. Dafür wurde er mit einer Silbermedaille ausgezeichnet.

Er besuchte Vorlesungen, bereiste England und Irland mit dem Ziel, alles über neue «fire engines, water works, pompwork and all the machines, instruments and tools» zu lernen, wie er seinem Gönner, Karl Friedrich von Baden, schrieb. Er korrespondierte mit Matthew Bolton, dem späteren Geschäftspartner von James Watt, und soll mit Benjamin Huntsman, dem Erfinder des Gussstahls, bekannt gewesen sein. Sicher beschäftigte er sich stark mit dem Bergbau und der Eisenbearbeitung.[16]

Vom Markgrafen erhielt Clais den Titel «Hof-Mechanicus», nach der Rückkehr nach Baden wurde er im Mai 1773 ausserdem Rechnungsrat. Man gewährte ihm freien Zugang zu allen Bergwerken des badischen Landes. Auf einer zweiten Englandreise rekrutierte er englische Fachkräfte, von denen wenig bekannt ist. Er versuchte nun die englische Stahlproduktion in Südbaden einzuführen. Im Schloss Rastatt erhielt er Räume zur Einrichtung einer mechanischen Spinnerei nach englischem Vorbild. Für das Eisenwerk Hausen konstruierte er eine neue Feuerspritze. Er machte auch Vorschläge zur Verbesserung der Qualität des Eisens aus den Bergwerken Hausen, Kandern und Oberweiler, die er durch ein Schneide- und Walzwerk ergänzen wollte. Mit all diesen Plänen blieb er weitgehend

Abb. 4 und 5: Johann Sebastian Clais wurde von der Royal Society for the Encouragement of Arts, Manufactures and Commerce für seine Indexwaage mit einer Silbermedaille ausgezeichnet. Münzkabinett Winterthur, Md 1088 und 1089.

erfolglos.[17] So kam ihm das Angebot von Johann Heinrich Ziegler, in Winterthur eine chemische Fabrik einzurichten, gelegen. Er kannte einen Nachbarn Zieglers, den Kaufmann Hans Jakob Sulzer, der zu den Abnehmern des in Baden aus Krappwurz gewonnenen roten Farbstoffs gehörte. Von Sulzer wurde Clais 1777 freundlich aufgenommen. Ziegler war der Kopf des neuen Unternehmens; sein steuerbares Vermögen stieg nach der Gründung sprunghaft von rund 7000 auf rund 76 000 Pfund. Damit wurde er zum weitaus reichsten Winterthurer Bürger, sein Vermögen übertraf das nächstfolgende um mehr als das Dreifache.[18] Sulzer wurde geschäftlicher Leiter, Clais leitete den Aufbau und die Einrichtung der neuen chemischen Fabrik zur Herstellung von Vitriolöl, die bald unter dem Namen «Laboratorium» bekannt war.

Die neuartige Vitriolölfabrik stand einige Hundert Meter westlich der Stadt Winterthur auf freiem Feld. Das Hauptprodukt war Vitriolöl, konzentrierte Schwefelsäure, die in einem speziellen Verfahren direkt aus Schwefel gewonnen und in zwei Destillationsvorgängen hergestellt wurde. Bewundernd stellt Pfarrer Johann Rudolf Schinz, der Sekretär der Naturforschenden Gesellschaft Zürich, nach einem Besuch fest: «Wunderbar ist's, dass die ganze Fabrik nur von einigen 4 Menschen administriert wird, da die Natur selbst arbeitet und man nur Sorg tragen muss, sie in ihren Operationen zu leiten.»[19]

Mit dem Ausbau der Vitriolölfabrik nahm der Verbrauch an Kohle zu. Ziegler fasste früh einen Ersatz der Holzkohle durch Steinkohle ins Auge, drängte aber nicht auf eine rasche Umstellung. Er hatte sich schon lange mit Kohlevorkommen in der weiteren Umgebung von Winterthur beschäftigt. So habe er bereits 1764 «aus Liebhaberei und Begierde, die physische Beschaffenheit meines Vaterlandes näher kennen zu lernen», nach Spuren von Steinkohle gesucht und sei bei Ehrikon, Wildberg und Wila fündig geworden. Auch Birmenstall habe er mehrfach aufgesucht. Auf dem Acker habe man damals einige Stücke unreiner Schieferkohle gefunden. Vermutlich seien sie beim Pflügen zum Vorschein gekommen. Ein Schmid, Jakob Liechtli, habe in einem Stück Land, das ihm die Bauern abgetreten hätten, gegraben und «einen ziemlichen Vorrath von Kohlen nach Hause gebracht, wovon aber jetzt noch ein Theil ungebraucht oder vielmehr unbrauchbar liegen bleibt».[20] Kohlenflöze habe Liechtli nicht gefunden.

Abb. 6 und 7: Erzeugnisse der chemischen Fabrik in Winterthur mit Preisangaben und handschriftlichen Ergänzungen von Johann Jakob Sulzer, 1781. Zentralbibliothek Zürich, Ms Car C XV, 154a, Nr. 4.

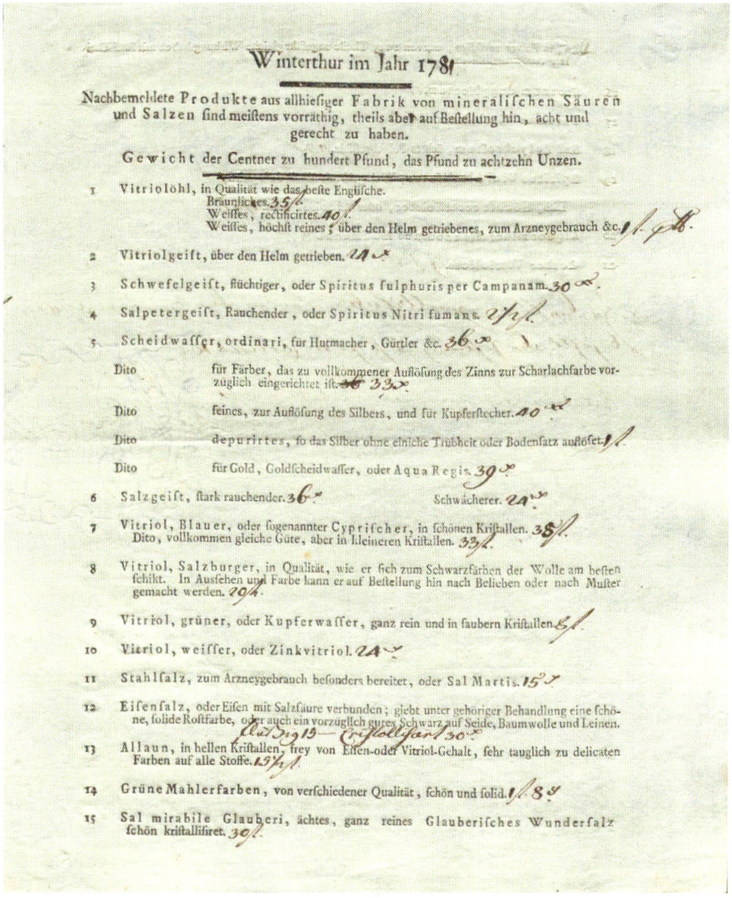

Winterthur im Jahr 1781

Nachbemeldete Produkte aus allhiesiger Fabrik von mineralischen Säuren und Salzen sind meistens vorräthig, theils aber auf Bestellung hin, acht und gerecht zu haben.

Gewicht der Centner zu hundert Pfund, das Pfund zu achtzehn Unzen.

1 Vitriolöhl, in Qualität wie das beste Englische.
Braunliches.
Weisses, rectificirtes.
Weisses, höchst reines, über den Helm getriebenes, zum Arzneygebrauch &c.

2 Vitriolgeist, über den Helm getrieben.

3 Schwefelgeist, flüchtiger, oder Spiritus sulphuris per Campanam.

4 Salpetergeist, Rauchender, oder Spiritus Nitri fumans.

5 Scheidwasser, ordinari, für Hutmacher, Gürtler &c.

Dito für Färber, das zu vollkommener Auflösung des Zinns zur Scharlachfarbe vorzüglich eingerichtet ist.

Dito feines, zur Auflösung des Silbers, und für Kupferstecher.

Dito depurirtes, so das Silber ohne einiche Trübheit oder Bodensatz auflöset.

Dito für Gold, Goldscheidwasser, oder Aqua Regis.

6 Salzgeist, stark rauchender. Schwächerer.

7 Vitriol, Blauer, oder sogenannter Cyprischer, in schönen Kristallen.
Dito, vollkommen gleiche Güte, aber in kleineren Kristallen.

8 Vitriol, Salzburger, in Qualität, wie er sich zum Schwarzfärben der Wolle am besten schikt. In Aussehen und Farbe kann er auf Bestellung hin nach Belieben oder nach Muster gemacht werden.

9 Vitriol, grüner, oder Kupferwasser, ganz rein und in saubern Kristallen.

10 Vitriol, weisser, oder Zinkvitriol.

11 Stahlsalz, zum Arzneygebrauch besonders bereitet, oder Sal Martis.

12 Eisensalz, oder Eisen mit Salzsäure verbunden; giebt unter gehöriger Behandlung eine schöne, solide Rostfarbe, oder auch ein vorzüglich gutes Schwarz auf Seide, Baumwolle und Leinen.

13 Allaun, in hellen Kristallen, frey von Eisen-oder Vitriol-Gehalt, sehr tauglich zu delicaten Farben auf alle Stoffe.

14 Grüne Mahlerfarben, von verschiedener Qualität, schön und solid.

15 Sal mirabile Glauberi, ächtes, ganz reines Glauberisches Wundersalz schön kristallisiret.

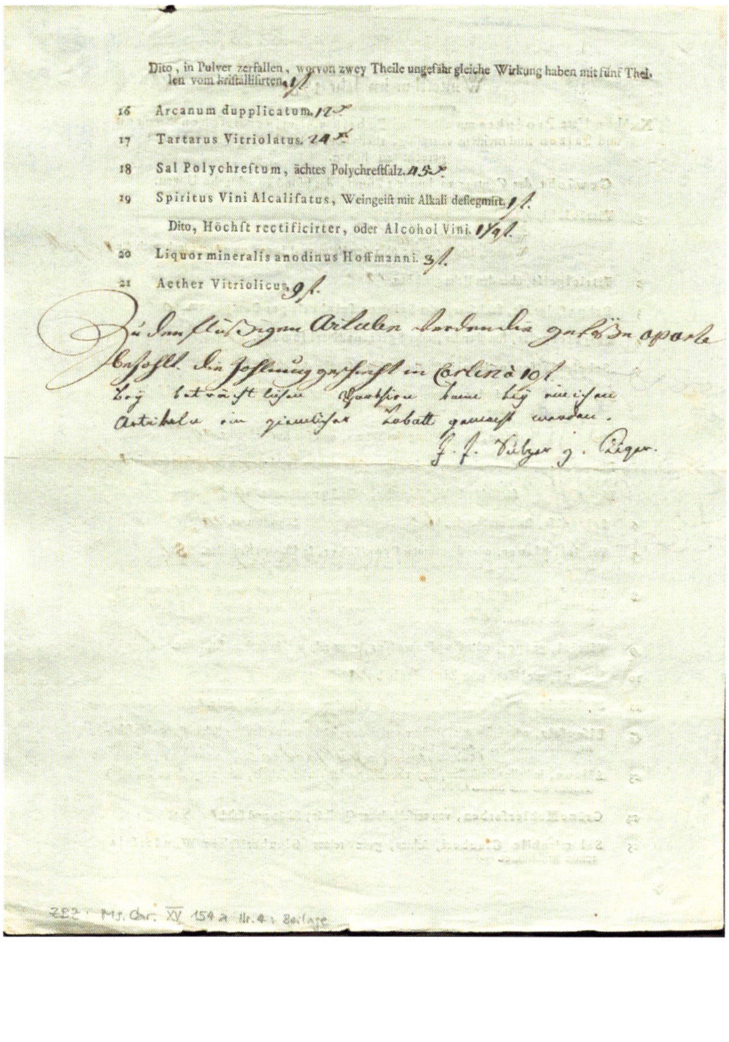

Dito, in Pulver zerfallen, wovon zwey Theile ungefähr gleiche Wirkung haben mit fünf Theilen vom kristallisirten.

16 Arcanum dupplicatum.

17 Tartarus Vitriolatus.

18 Sal Polychrestum, ächtes Polychrestsalz.

19 Spiritus Vini Alcalisatus, Weingeist mit Alkali deflegmirt.

Dito, Höchst rectificirter, oder Alcohol Vini.

20 Liquor mineralis anodinus Hoffmanni.

21 Aether Vitriolicus.

Abb. 8 und 9: Porträts von Johann Heinrich Ziegler, der die chemische Fabrik begründete, und Johann Sebastian Clais, der den Aufbau und die Einrichtung leitete.

Winterthurer Bibliotheken, SlgWt 173222_DG, JH Zielger; Historischer Verein Winterthur, Museum Lindengut, HVW 6902 (Foto Andrea Tiziani).

«Eben um diese Zeit hatte ich», schrieb Ziegler weiter, «einen sehr tüchtigen, seitdem verunglükten Bergmann, Antoni Haas von Wolfach, hieher berufen, um im Linsenthal, dem Kyburger Berg vorüber, einer dortigen Kohlenlage nachzugraben, welche Arbeit aber ohne erwünschten Erfolg geblieben ist. Dieses Manns bediente ich mich, um, soviel Zeit und Umstände es erlaubten, auch im Birmenstall einiche Untersuchungen zu machen, und bey diesem Anlass fand sich diejenige Kohlenlage, die gegenwärtig am Tage ist, und wovon seit der Zeit einiche Fuder durch Unterhöhlen und Weghaken längst dem Berg hin, also auf eine ungeschikte, schädliche Weise, indem Felsdrüke und Erdreich darüber zusamenstürzten, sind hinweg gebracht worden. Die erste Aufdekung geschah im Hornung [Februar] 1764 bey strenger Kälte. Über und unter den Kohlen zeigten sich Nagelfelsen, so wie noch dermalen und da zudem das naße Gestein und Erdreich unter der Hand des Arbeiters zu Eis fror, also sehr hart loszubringen war, konnte man nicht leicht unterscheiden, inwiefern die beschwerliche, felsenmäßige Härte entweder dem Berg eigen wäre oder mit von dem Frieren abhieng.»[21] Nach dieser misslungenen Prospektion stellte Ziegler seine Suche ein, nahm aber nach der Einrichtung des Laboratoriums in Aussicht, sie mithilfe von Clais wieder aufzunehmen. Clais war aber in neuen Projekten im Kohlebergwerk Käpfnach im Auftrag der Zürcher Regierung und im Eisenbergwerk Biberstein im Auftrag der Berner Regierung engagiert und nicht abkömmlich.

Im Dezember 1781 schreckte ein fremder Bergmann namens Christian Gottlieb Mettig (oder Mattig) die Winterthurer auf. Mettig schloss mit den Bauern in Birmenstall einen Vertrag über die Ausbeutung des Kohlevorkommens ab. Dies rief Ziegler und Clais auf den Plan. In einer Begehung konnten sie zwar kein «begründetes und zuversichtliches Urteil» fällen, entschieden sich aber, das an die Oberfläche reichende Kohlenflöz durch die Anlegung eines Stollens zu verfolgen und ein Bergwerk anzulegen. In der Eingabe an den Kyburger Landvogt pries Ziegler den Nutzen der Kohleförderung. Sie erlaube eine «wolfeile Feuerung», besonders bei Kalk- und Ziegelbrennereien. Auch die Land-

Abb. 10: Eingang zum Kohlebergwerk Birmenstall bei Elgg. Foto: Rudolf Gamper.

wirtschaft profitiere. Der «unter den Kohlen liegende schwarz-braune Mulm», ausgewittertes Erz in lockerer, staubiger Gestalt,[22] lasse sich nach dem Trocknen zur Verbesserung der Böden einsetzen. Dies habe er in Käpfnach bei Horgen beobachtet. Er wollte sich der Unterstützung durch die Obrigkeit versichern, um Störungen durch «widrige Gesinnungen unbillicher Leute, durch Plagereyen, Verfolgungsgeist, Neid und dergleichen» abwehren zu können, aber auch die Möglichkeit offenhalten, das Bergwerk über den vorerst vorgesehenen Rahmen hinaus zu vergrössern.[23]

In der Folge gründeten Ziegler und Clais zusammen mit Salomon Hegner eine Gesellschaft. Ziegler zahlte dem Bergmann Mettig eine Abfindung und schloss einen neuen Vertrag, in dem die zwei Landbesitzer für eine Zahlung von 400 Gulden in Raten die Rechte für die Kohleförderung abtraten.[24] Die Stollen wurden nur alle zwei Jahre geöffnet und man förderte genug für diese Zeit.[25] Der Versuch, auch Kalk und Ziegel zu brennen, scheiterte.[26]

Clais übernahm es, in Biberstein unter den erfahrenen Arbeitern des Eisenbergwerks einen geeigneten Bergbauführer auszusuchen. Mit der Kohle aus Birmenstall deckte man den Bedarf des Laboratoriums in Winterthur.

Über den Geschäftsgang des Kohlebergwerks in Birmenstall zu Lebzeiten von Ziegler und Clais ist bisher nichts bekannt. Ziegler beschäftigte sich mit anderen Themen. Er widmete sich seinen Studien und seinem vielfältigen Naturalienkabinett mit Mineralien, Fossilien und ausgestopften Vögeln. 1802 gehörte er zu den Gründern der Baumwollspinnerei Hard bei Winterthur, die als erste Fabrik dieser Art mit Wasserkraft betrieben wurde.[27] Sein Alterswerk, das er 1815 publizierte, war eine praxisorientierte Anleitung zur Verfertigung von Behältnissen und geometrischen Körpern aus Karton und Papier.[28] Im Zusammenhang mit dem Bergwerk Birmenstall erscheint sein Name nicht mehr.

Clais hatte nach seinen Anfängen im Laboratorium Winterthur eine steile Karriere vor sich. Nach den bereits genannten Anstellungen in Käpfnach und in Biberstein reorganisierte er die Salinen von Aigle und Bex im bernischen Waadtland. Auf Empfehlung der Berner Regierung übernahm er 1782 die Leitung der weit grösseren bayerischen Salinen in Reichenhall und Traunstein und erneuerte ihren Betrieb. 1804 wurde er «Ingénieur général des salines de l'Est» in Lothringen. Als bayerischer Salinenoberkommissar wurde er sehr reich. Bereits 1784 hatte er Ursula Maria Sulzer, die Tochter des Mitinhabers des Laboratoriums, geheiratet. Für seine Familie baute er 1787 vor den Toren der Stadt eine herrschaftliche Villa mit einem parkähnlichen Garten, das Lindengut. Die eingangs skizzierten Pläne zum Aufbau eines kleinen industriellen Zentrums kamen nach der Rückkehr aus Frankreich nicht mehr zur Ausführung. Clais starb 1809.[29]

Das Bergwerk Birmenstall wurde vor 1840 eingestellt.[30] Heute erinnert nur noch ein im Wald verstecktes Mundloch an die einstige Grösse.

Abb. 1: Kriechstrecke im vermutlich illegalen Vortrieb in Richtung des zieglerschen Konzessionsgebiets in Gisenthal/Birmenstall. Foto: Roger Widmer, 2025.

Roger Widmer

Bergbau in Elgg
Kohle für den Betrieb von Fabriken

Anders als in Käpfnach und Riedhof war der Kohleabbau in Elgg nicht direkt in der Hand staatlicher Obrigkeit. Vielleicht ist das der Grund, dass hier die Entwicklung stärker durch Brüche und hin und wieder durch prekäre Bedingungen gekennzeichnet ist. Auch wurde in Elgg, mehr als an den anderen Orten, der Bergbau von verschiedenen Personenkreisen betrieben. Interessant ist aber, dass hier eine direkte Versorgung von frühen Fabrikbetrieben im Fokus stand. Zum einen war dies das Laboratorium in Winterthur, zum anderen eine in Elgg errichtete Glashütte.[1]

Kohlen für das Laboratorium in Winterthur

Der Winterhurer Arzt und Chemiker Johann Heinrich Ziegler gründete im Jahr 1777 auf der unteren Neuwiese in der Nähe von Winterthur eine Vitriolölfabrik.[2] Zusammen mit Johann Sebastian Clais, der über ein umfassendes technisches und chemisches Wissen verfügte, baute er mit der Vitriolölfabrik, auch Laboratorium genannt, die erste chemische Fabrik in der Schweiz.[3]

Die Herstellung des Vitriolöls und der zahlreichen Nebenprodukte in Zieglers Laboratorium benötigte viel Energie. Ziegler wie Clais hatten zahlreiche Erfahrungen im Bergbau gemacht und Zieg-

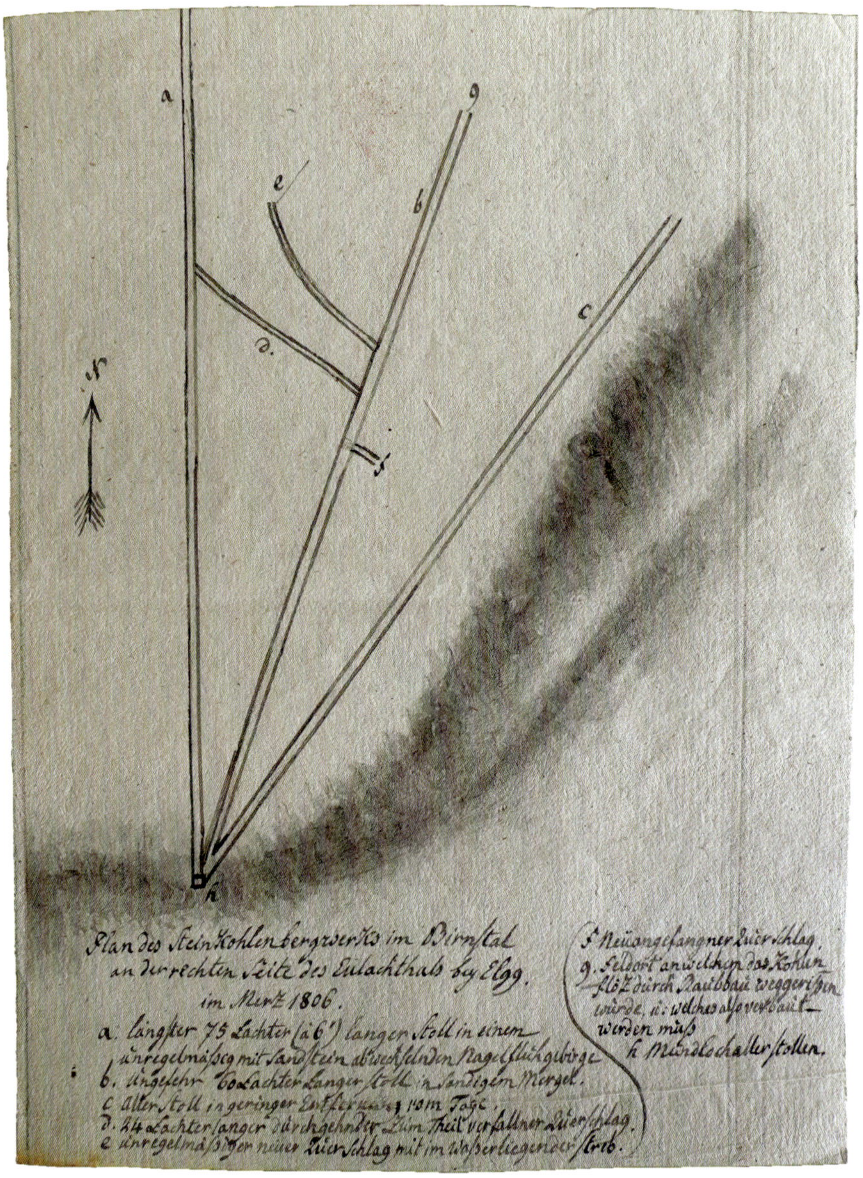

Abb. 2: «Plan des Steinkohlenbergwerks im Birnstal an der rechten Seite des Eulachtals by Elgg», 1806. «a) Längster 75 Lachter langer Stollen in einem unregelmässig mit Sandstein abwechselnden Nagelfluhgebirge. b) Ungefähr 60 Lachter langer Stollen in sandigem Mergel. c) Alter Stollen in geringer Entfernung vom Tage. d) 24 Lachter langer durchgehender, zum Teil verfallener Querschlag. e) Unregelmässiger neuer Querschlag mit im Wasser liegender Streb (Abbau). f) Neu angefangener Querschlag g) Feldort (Sondierung) an welchem das Kohlenflöz durch Raubbau weggerissen wurde, welches also verbaut werden muss. h) Mundloch alter Stollen.» StAZH, R 96.1 (2), 1806.

ler interessierte sich seit 1763 auch für die «physische Beschaffenheit des Vaterlandes», wie er in einem Brief zuhanden des Hohen Rates in Zürich schrieb.[4] In diesem Brief aus dem Jahr 1782 berichtete Ziegler von der Entdeckung der Elgger Kohlen: «Von dem Weiler Schneitberg führt in S Richtung ein Strässchen durch das dortige Tälchen hinab an dem Hofe Birmenstall vorbei. Hier traf man ganz im Anfang des 18. Jahrhunderts beim Pflügen der Äcker die ersten Kohlenspuren. Zeugschmied Jakob Liechtli in Winterthur beutete dann 1763 in einem Acker im Einverständnis mit dem Landeigentümer ‹einen ziemlichen Vorrat› für seinen Gebrauch aus. Die Kohle lag ‹gleich unter der Dammerde›.»[5]

Ziegler, auf der Suche nach günstigen Energierohstoffen für sein Laboratorium, begann im Februar 1764 zusammen mit dem Bergmann Antoni Haas von Wolfach[6] die Umgebung nach weiteren Kohlenvorkommen zu untersuchen. Schnell wurde er «gegen Abend»[7] am Hang oberhalb des Ackers fündig und traf dort auf Kohle, «viel schöner als auf offenem Felde».[8]

Ziegler plante, zusammen mit seinem Freund Clais die Kohlenvorkommen bei Birmenstall für eine zukünftige Nutzung zu prospektieren. Aber Clais war anderweitig stark beschäftigt. In dieser Zeit begannen unbekannte Personen an der Fundstelle einige «Fuder» Kohlen abzubauen. Sie unter-

Abb. 3: Flussschotter (Nagelfluh) mit eingelagertem Holzstück. Foto: Roger Widmer, 2025.

höhlten dabei die Flanke des Hanges «also auf eine ungeschickte und schädliche Weise»,[9] dass Teile der anstehenden Nagelfluh zusammen mit Erdreich die Fundstelle verschütteten.

Am 2. Februar 1782 erhielt Ziegler positiven Bescheid: «[...] es hätten die gnädigen Herren dieser gemeinnützigen Unternehmung Ihren gänzlichen Beyfall zu ertheilen geruhet und ihnen gestattet, in obiger Gegend nach Steinkohlen und andern Brenn- und Düngermaterialien graben zu lassen und im ferneren den Landvogt zu Kiburg angewiesen, die Interessirten mit Obrigkeitlicher Assistenz und Begünstigung ihrer Untersuchung nach Nothdurft zu unterstützen.»[10] Mit einer neu gegründeten Gesellschaft begannen sie, alles für einen geregelten Bergbau westlich von Birmensstall in die Wege zu leiten. Clais beorderte aus den Eisenbergwerken bei Biberstein, wo er eine Anstellung als Direktor hatte, einen fähigen Bergmann, der als Steiger die Leitung des Bergwerks in Elgg übernehmen sollte.[11] Mit der Kohle aus dem Bergwerk bei Elgg konnten sie nun den Bedarf decken, den das Laboratorium in Winterthur für die Feuerung der Öfen hatte.

Die Ausdehnung des Kohlenflözes glich einem etwa 230 m breiten Streifen, der sich westlich über die ganze Länge des Abhangs bis Birmenstall zog und weiter bis nach Hagenstall (etwa 1400 m). Zwischen Birmenstall und Hagenstall sind noch zwei verstürzte Sondierstollen bekannt. Das Flöz soll sogar an der nordöstlichen Ecke des Eichholzes (südlich Hagenbuch) am Buchbach durch einen horizontalen Stollen erschürft worden sein. Abbauwürdig war aber bloss etwa die halbe Breite des 230 m breiten Streifens und östlich von Birmenstall zeigte sich die Kohle nur noch in unzusammenhängenden Nestern und keilte aus.[12]

Das Gebiet zwischen den beiden später aufgefahrenen Abbaufeldern von Schulthess wurde als ganz taub oder aus bituminösem Mergelschiefer bestehend bezeichnet. Schächte, die an verschiedenen Orten in den Stollen ausgeführt wurden, trafen nie auf tiefer liegende Kohlen. Das Kohlenflöz hatte ein schwaches Gefälle nach Süden, was genügte, um die Grubenwasser natürlich abzuleiten.

Die Kohle in Elgg ist zwischen Sandstein und Nagelfuh[13] eingelagert und wird als nestartige Kohle bezeichnet. Die Kohle ist durch angeschwemmtes Pflanzenmaterial in einem Flusssystem entstanden, weshalb ihr Auftreten in diesem System örtlich sehr begrenzt ist und einen nestartigen Charakter aufweist. Stinkstein, wie er in Käpfnach und Riedhof angetroffen wurde, hat man in Elgg nie gefunden.

Zur abgebauten Menge ist leider nichts bekannt. Die von Ziegler und Clais abgebaute Kohle wurde nicht verkauft, fand hauptsächlich im Werk des Laboratoriums in Winterthur Verwendung. Sie liessen die Stollen alle zwei Jahre öffnen und förderten

Abb. 4: Handstück mit schöner «Glanzkohle», gefunden im Stollen neben dem Reservoir im Fürst. Foto: Roger Widmer, 2025.

Abb. 5: Getrocknete «Glanzkohle», aus einem kleinen Flöz im Fürst. Foto: Roger Widmer, 2025.

dann so viel, dass der Vorrat ausreichte, um die Zeit zu überbrücken. Im Jahr 1805, nach dem Erlass des Bergbaugesetzes, wurde die Bergbaukonzession von Ziegler und Clais erneuert.[14]

Kohle für eine Elgger Glashütte

Um 1810 schlossen sich der einheimische Kantonsrat Hans Jakob Spiller, der Bergbaufachmann Benedikt Friedrich Ginsberg von Aeugst und Aarau,[15] und der Financier Junker Salomon von Wyss vom Bankgeschäft Kaspar Schulthess in Zürich zu einer Gesellschaft zusammen mit der Absicht, in Elgg eine Glashütte zu erstellen.

Mit grossen Bedenken verfolgte der Gemeinderat von Elgg dieses Projekt, «etwa zwei Flintenschüsse vom Flecken entfernt»[16] auf einem unberührten Acker eine Glashütte zu erstellen. Es wurde befürchtet, dass durch den hohen Verbrauch von Brennholz dessen Preis stark ansteigen würde. Die Unternehmer entgegneten aber, dass geplant sei, am Schneitberg ein Kohlenbergwerk zu eröffnen, um mit der geförderten Kohle und mit Torf den Schmelzofen zu betreiben. Ein dazu erstelltes Gutachten unterstützte das Vorhaben einer Glashütte in Elgg mit der Begründung, es generiere Arbeitsplätze und fördere einheimische Produkte.

Der Gemeinderat widersprach dem mit der Begründung, jede Art von Fabrikbetrieb sei schädlich, da er der Landwirtschaft Arbeitskräfte entziehe und weil «durch vermehrten Verdienst und Erwerb die Moralität gefährdet und untergraben werde».[17] Auch seien die Kohlevorkommen viel zu gering, so komme es doch zum Holzmangel und zu einer starken Teuerung. Darunter hätten dann die Elgger Schmiede, Schlosser, Bäcker, Färber, Wagner, Tischler und «allgemein die Privatoeconomie»[18] zu leiden.

Die Weinbauern hingegen argumentierten, dass die Kohle im Schneitberg gar nicht abtransportiert werden könne, da die Weinberge zur Zeit der Weinlese geschlossen seien. Schliesslich befürchteten andere einen «lästigen Aufenthalt fremder Arbeiter, die sich in Holz und Feld am Eigentum der Einheimischen vergreifen könnten».[19]

Im August 1811 erhielt die Firma Caspar Schulthess & Cie. eine Konzession zur Ausbeutung der Kohle westlich der zieglerschen Gruben. Nach-

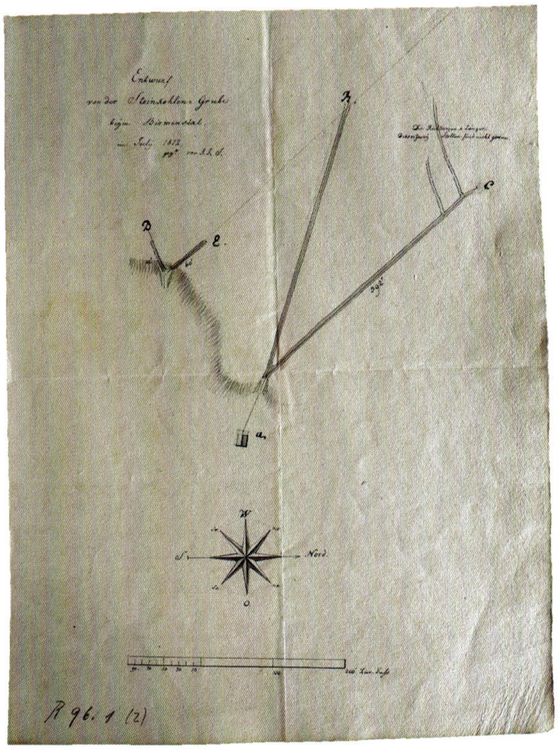

Abb. 6: «Entwurf von der Steinkohlen Grube beim Birmenstal im Juli 1812». StAZH, R 96.1 (2), 1812.

Abb. 7: Glas aus der ehemaligen Glashütte von Elgg. Foto: Roger Widmer, 2025.

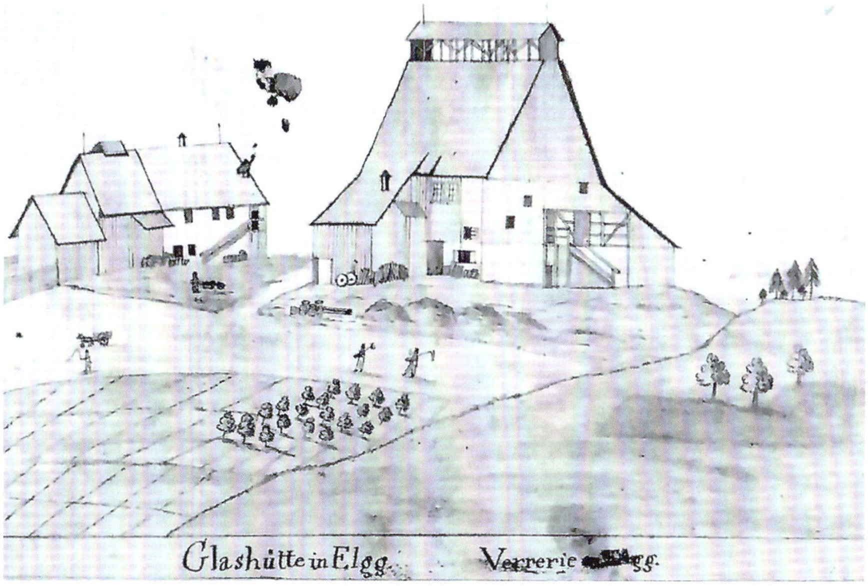

Abb. 8: «Die Glashütte Elgg, Verrerie en Elgg», Skizze von Benedikt Friedrich Ginsberg. Elgger Jahrbuch 2014, S. 10.

Abb. 9: Bituminöser Mergelschiefer mit Adern von «Glanzkohle», aufgeschlossen im vermutlich illegalen Abbau von Ginsberg junior im Fürst. Foto: Roger Widmer, 2025.

Abb. 10: Stollen westlich Birmenstall, vermutlich aus der letzten Bergbauphase. Neben den üblichen Abbauspuren von Schlegel und Bergeisen sind auch Bohrpfeifen zu sehen. Foto: Roger Widmer, 2025.

Abb. 11: Holzschienen aus dem ältesten Stollen im Birmenstall (1781-1837). Die Aussparung zwischen den Schienen diente dazu, den Hund (hölzerner Förderwagen) mittels eines Leitnagels in der Spur zu halten. Foto: Roger Widmer, 2025.

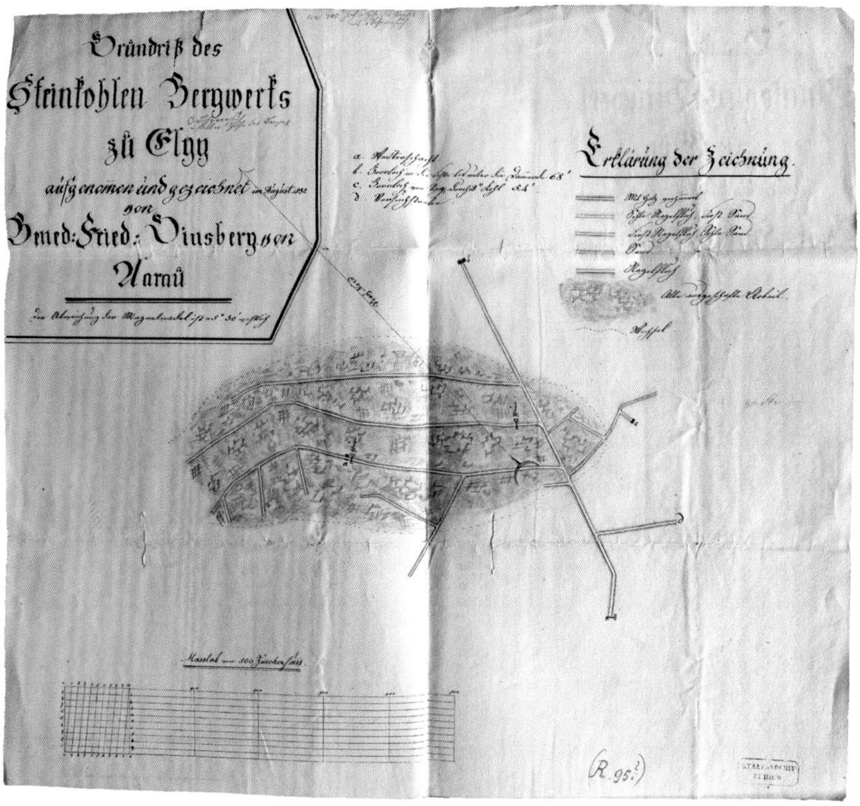

Abb. 12: Grundriss des Steinkohlen Bergwerks zu Elgg (Im Fürst), aufgenommen und gezeichnet im August 1832 von Benedikt Friedrich Ginsberg von Aarau. StAZH, R 96.1 (2), 1832.

dem mit den Inhabern des Birmenstaller Bergwerks eine Abgrenzung vereinbart worden war, wurde etwa 580 m westlich von Gisenthal, am Ort des heutigen Reservoirs im Fürst, ein erster Stollen in den Berg aufgefahren.

Bereits die Gründung der Glashütte von Elgg war mit finanziellen Problemen behaftet. Ebenso fehlte die Unterstützung durch die Gemeinde. Um die Glashütte überhaupt zu bauen, war man auf die Hilfe durch die im Jahr 1771 gegründete Zürcher Handelsbank Caspar Schulthess & Cie. im Rechberg[20] angewiesen, und für das zur Produktion benötigte Salz waren spezielle Konditionen ausgehandelt worden.[21] Aber mit der Glashütte entstand in Elgg ein industrieller Betrieb, der bis zu sechzig Personen einen Arbeitsplatz bot. Die Glashütte war 1811 nach Skizzen von Friedrich Ginsberg, der treibenden Kraft während der Errichtung, erstellt worden. Zusätzlich zum Betrieb in der Glashütte fanden einige Personen in den Stollen am Schneitberg eine Beschäftigung beim Abbau der Kohle.[22]

Zu Beginn war die Produktion der Glashütte offenbar vielversprechend, das Werk soll aufgeblüht sein. Es wurde hauptsächlich ein qualitativ hochwertiges, weisses Glas hergestellt.[23] Aber nach elfjährigem Betrieb mit zahlreichen Unterbrüchen meldete die Glashütte am 14. Januar 1822 dem Bergwerksdepartement, dass es ihr nicht mehr möglich sei, den Abbau in Übereinstimmung mit dem Bergbaugesetz von 1805 zu betreiben. Nur durch Raubbau könne die weitere Existenz des Bergwerks im Fürst gesichert werden, und um den Betrieb weiterhin aufrechtzuerhalten, wurde um Befreiung vom Zehnten ersucht. Dies wurde der Glashütte für zehn Jahre gewährt und der Raubbau wurde im Hinblick darauf gestattet, dass die Glashütte zahlreiche Arbeitsplätze generiert habe und dass durch die Produktion das Geld im Land bleibe.[24]

Im erwähnten Gesuch wurde der jährliche Bedarf der Glashüte an Kohle mit 10 000–15 000 Zentnern und die Mächtigkeit der Kohle mit 12–36 cm, stellenweise 48–60 cm, angegeben. Diese Angaben schienen Emil Letsch (siehe Anmerkung 4)[25] eher zweifelhaft. Ein erneutes Gesuch um Zehntenbefreiung vom 30. Mai 1832 liess denn auch eine andere Realität vermuten. Die Rede ist von Unergiebigkeit des Lagers, Eindringen von Bergwasser, grosser Nässe und äusserst gefährlicher Beschaffenheit des Gebirges. Es soll häufig vorgekommen sein, dass die Holzstützen durch den Bergdruck zusammengedrückt wurden.

Ferner geht aus den Akten hervor, dass die Firma bereits 1827 den Abbau im Fürst aufgelassen und «ohne vorherige Anfrage oder Anzeige» weiter nordwestlich im Wald von Unterschneit einen neuen Stollen aufgefahren hat. Trotz der erneuten Zehntenbefreiung sowie der Bewilligung von Schürfungen und Sondierbohrungen konnte nicht verhindert werden, dass Caspar Schulthess & Cie. 1837 die Glasproduktion und den Betrieb des Bergwerks einstellen musste.[26] Der Konkurrenzdruck durch die Fensterglasproduktion im Ausland war zu gross geworden und die Kohle als Brennmaterial ging langsam zur Neige. Im gleichen Jahr starb der Bergbaufachmann Benedikt Friedrich Ginsberg, und einer seiner Söhne, Oberstleutnant Friedrich Ginsberg, übernahm den Betrieb. Anstelle von Glas produzierte er nun Ziegel und baute schliesslich die ehemalige Glashütte zu einer Papierfabrik um. 1855 wurde die Fabrik endgültig geschlossen und abgetragen, «geschliessen», wie der Gebäudekataster der Gemeinde Elgg verzeichnet.[27]

Nach dem Tod von Johann Heinrich Ziegler im Jahr 1818 führte sein Sohn Jakob Ziegler-Steiner seine Unternehmen weiter und wältigte 1837 die alten Stollen in Birmenstall/Gisentahl wieder auf, das heisst, er machte die aufgelassenen und verstürzten Stollen wieder befahrbar. Dabei soll es zu Streitigkeiten zwischen ihm und Ginsberg (vermutlich Ginsberg junior) gekommen sein, der seinen illegalen Abbau in die Richtung von Zieglers Revier vortrieb.[28]

Das von Johann Heinrich Ziegler abgebaute Kohlenflöz keilte gegen den Berg hin aus und es waren keine neuen Flöze mehr erschlossen worden. Im Juli 1837 verfasste Alfred Escher von der Linth einen Bericht zum zieglerschen Bergbau: «Herr Ziegler baut nur noch ein stehen gelassenes Stück gegen den Tag hin ab mit fortwährender Lebensgefahr für die Bergarbeiter, indem die wenigen angewandten Holzpfeiler zusammengedrückt werden durch die Last des Daches.» Auf diesen Bericht hin untersagte die Regierung Jakob Ziegler-Steiner den weiteren Abbau im Bergwerk. Erst am 12. September 1837, nachdem Ziegler die nötigen Vorsichtsmassnahmen umgesetzt hatte, erhielt er die Bewilligung zum weiteren Abbau in dem beinahe erschöpften Kohlenflöz. Ziegler liess noch bis 1838 in den Stollen nach Kohlen graben. Danach soll er die Konzession an die Firma Trümpler & Frick verkauft haben, die den Betrieb 1839 endgültig einstellte.[29]

Illegaler Bergbau am Schneitberg 1837–1867

Während die Glashütte 1837 ihre Glasproduktion und den «offiziellen» Bergbau eingestellt hatte, führte Ginsberg junior ohne staatliche Konzession den Bergbau illegal weiter. Noch bis etwa Mitte der 1860er-Jahre wurde in unerlaubter Weise «gegrübelt». Es wird vermutet, dass das kleinere Stollensystem gleich östlich neben dem ehemaligen Abbau im Fürst diesen Arbeiten zwischen 1837 und 1867 zuzuordnen ist und dazu diente, das zieglersche Kohlenflöz zu erreichen.[30]

Jüngere Sondierungen

Während des Ersten Weltkriegs beschränkte sich die Bergbautätigkeit in Elgg darauf, dass der Stollen westlich von Birmenstal aufgewältigt wurde. Kohle wurde aber keine abgebaut und über weitere Arbeiten ist nichts überliefert.

Im Juni 1942 wurden im Rahmen einer geologischen Untersuchung die Stollen bei Elgg vom Geologen Armin von Moos[31] aufgesucht, mit folgendem Befund:

Abbau Clais & Ziegler 1782–1838: Das südliche Stollenmundloch im Gisental war nicht mehr auffindbar. Es war noch die Kontur einer Schutthalde im Gelände zu erkennen und im Acker konnten kleine Kohlenstücke gefunden werden. Westlich von Birmenstal waren noch zwei Mundlöcher auffindbar. Der Hauptstollen mit einer Höhe von 2,5 m war wegen des angestauten Wassers ohne Stiefel nicht befahrbar und der östliche Stollen am Waldrand war verstürzt.

Abbau Schulthess & Cie. 1811–1827: Das Stollenmundloch des Hauptstollens war nicht mehr auffindbar, vermutlich war es beim Bau des Reservoirs zerstört worden. Beim Bau des Reservoirs soll aber Kohle gefunden worden sein. Der illegale Stollen Ginsbergs war noch durch einen schmalen Schlupf befahrbar. Das westliche Mundloch unterhalb der «Sandhöhle» konnte nicht mehr aufgefunden werden.

Abbau Schulthess & Cie. 1827–1837: Im historischen Plan von Letsch war der Stollen um 180° verkehrt eingezeichnet worden. Aber anhand der Schutthalde und eines Pingenzuges konnte der ungefähre Verlauf des Stollens eruiert werden.

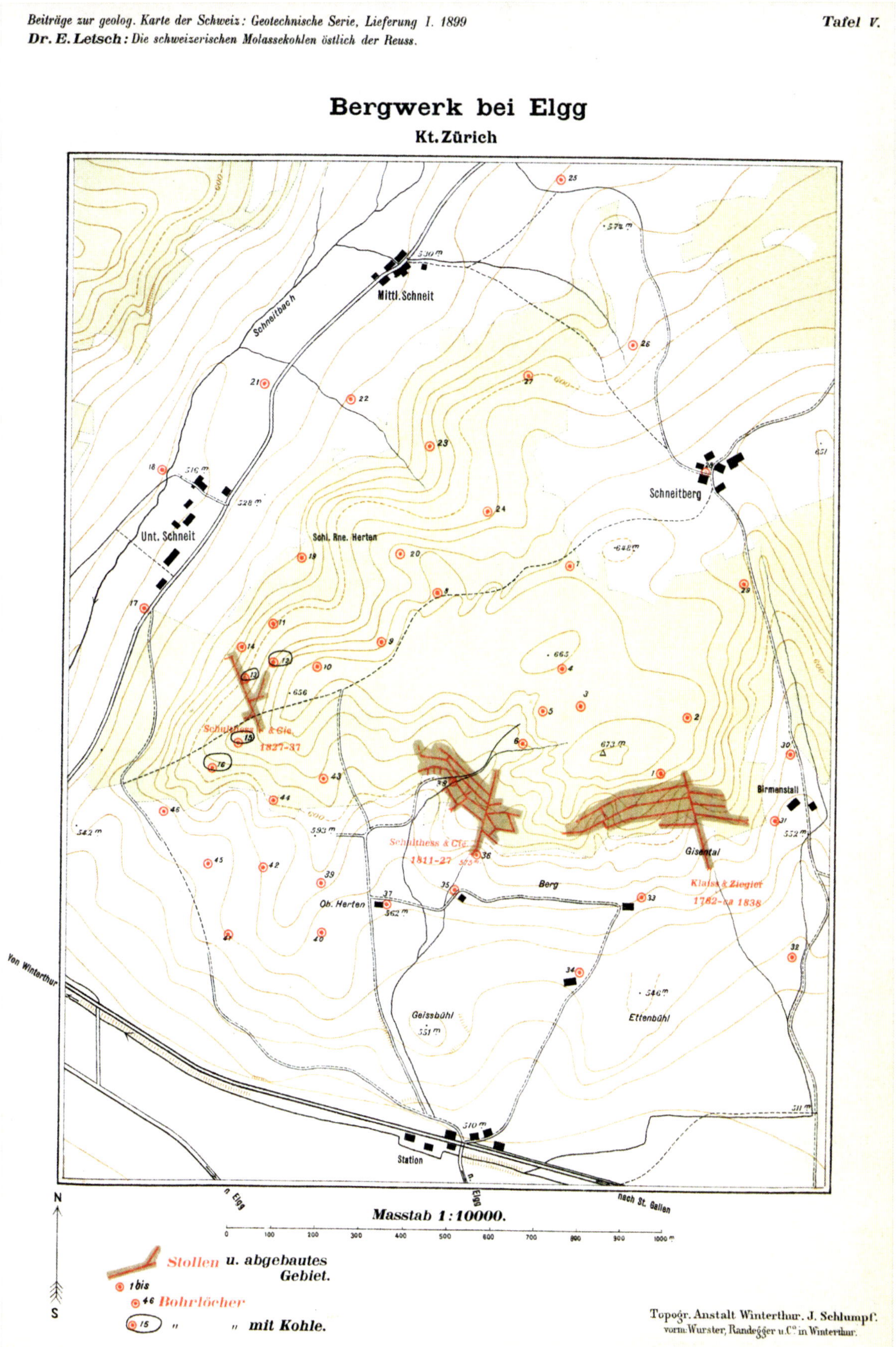

Abb. 13: Lageplan der Bergwerkein Elgg, gezeichnet 1899 von Emil Letsch. Rot eingezeichnet sind die drei Stollenanlagen; die roten Punkte mit den schwarzen Zahlen 1–46 sind Sondierbohrungen von 1832, die schwarz eingerahmten die Bohrungen, bei welchen man Kohle gefunden hatte. Letsch 1899, Tafel V.

Abb. 1: Bergmann (Häuer) beim Kohle-Abbau in engen Verhältnissen. Fotograf Heinrich Streuli(?) um 1943. Ortsbildarchiv Horgen

Dölf Wild

Bergbau in Käpfnach
Kohle vom Ufer des Zürichsees

Das Kohlenbergwerk Käpfnach mit seinen rund 80 km Stollen ist das drittgrösste Bergwerk der Schweiz, nach der weiterhin aktiven Saline Bex und dem 1966 stillgelegten Eisenbergwerk Gonzen. Käpfnach wurde mit Unterbrüchen bis 1946 betrieben. Die rund 16 Millionen Jahre alte Braun- oder Molassekohle ist aufgrund des hohen Anteils an Schwefel und Asche eher minderwertig. Das Flöz ist im abbauwürdigen Bereich zwischen 10 und 50 cm mächtig und über eine Fläche von etwa 10 km^2 bis ins Sihltal nachgewiesen, davon sind bis anhin rund 1,4 km^2 abgebaut worden.

Die Nähe zum See als wichtigem Transportweg war einer der wichtigen Faktoren, welche zur Bedeutung Käpfnachs beigetragen haben. Mit 1548 respektive 1663 ist der Abbau hier sehr früh belegt. In den ersten Jahrhunderten fand er wohl ausschliesslich im Aabachtobel statt, wo der Taleinschnitt das Flöz an der Oberfläche sichtbar gemacht hat (im Bergwerksplan, Abb. 1, braun eingetragen). Die wichtigste Abbauphase dauerte von 1784 bis 1910 und fand bei Käpfnach statt (ocker im Plan). Der spätere Abbau während der beiden Weltkriege wurde von der benachbarten Flur «Gottshalden» beim Meilibachtobel vorgenommen (rot im Plan).

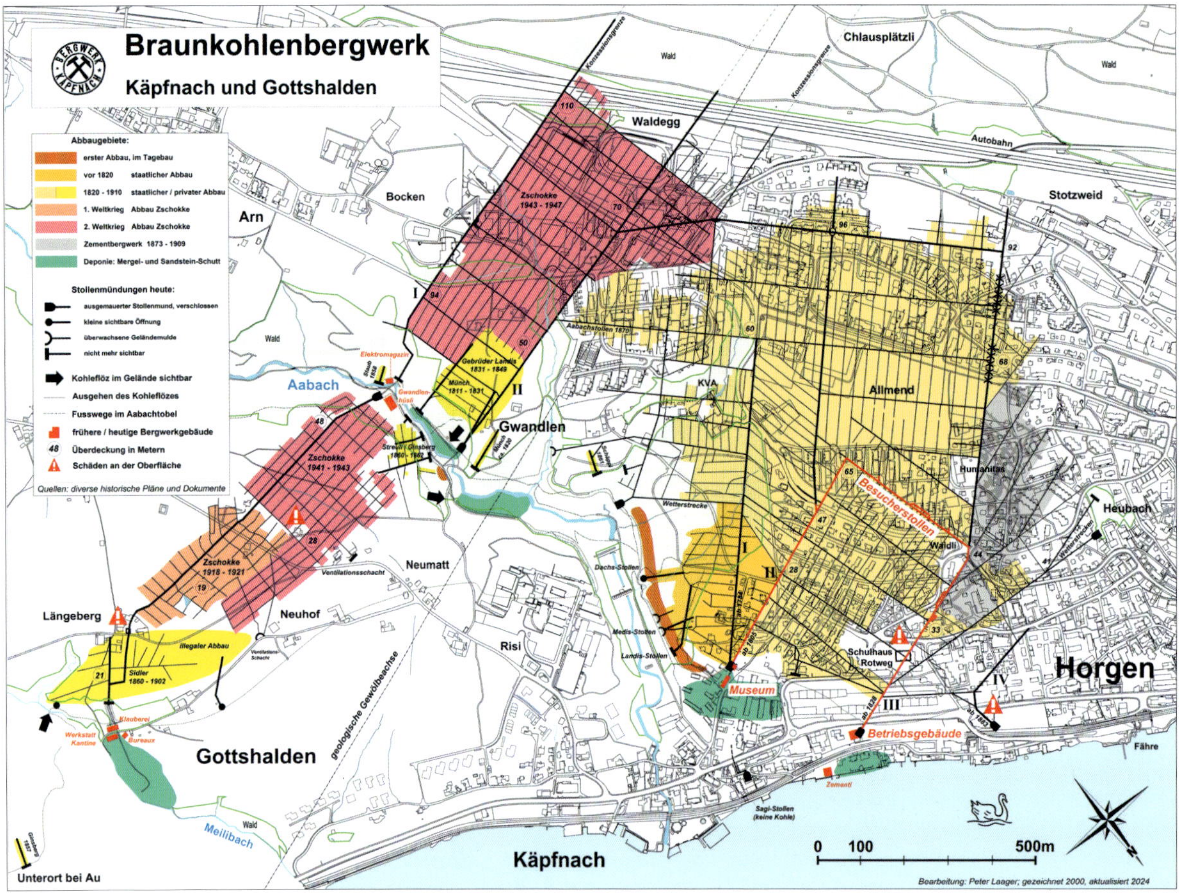

Erste Erwähnung 1548 und früher Abbau

Wer genau zu welcher Zeit die Kohlevorkommen in Käpfnach entdeckt hat, ist nicht bekannt und wird wohl nie mehr zu erfahren sein. Erste schriftliche Kunde gibt der Zürcher Gelehrte Johannes Stumpf in seiner Schweizer Chronik von 1548. Der Autor beschreibt seit kurzem abgebaute Kohlevorkommen im Wallis und fügt beiläufig hinzu: «Dieser Steinkohlen haben sich in unserer Tagen auch etliche erzeigt bei dem Zürichsee umb die Herrschaft Wädischwyl und Horgen, aber nicht so reichlich; deshalb man deren wenig Acht hat.»[1] In diesen frühen Zeiten sprach man allgemein von «Steinkohle», zur Unterscheidung von der «Holzkohle». Heute wird die Käpfner Kohle als Braun- oder Molassekohle bezeichnet.[2]

Stumpfs Formulierung legt nahe, dass man im Wallis, aber auch in Käpfnach diese Kohle erst seit kurzem abbaue. Die schriftliche Nennung von 1548 ist auf jeden Fall sehr früh. Es gibt im weiten Umland kein früheres Zeugnis für den Abbau von Kohle – der heute viel diskutierten «fossilen Energie» – und es bleibt für längere Zeit auch das einzige. Vermutlich war das Vorkommen der lokalen Bevölkerung bekannt und wurde von manchen für den Eigenverbrauch genutzt.[3]

Erst über hundert Jahre später gibt es wieder Nachrichten über die Kohlevorkommen in Käpfnach. Die in Käpfnach ansässigen Ziegler Landis sollen gemäss dem Chronisten Antonius Werdmüller darauf gestossen sein, als sie Lehm für ihre Ziegelhütte suchten.[4] In der Folge gestattete die Obrigkeit in einem Erlass vom 25. Juli 1663 zwei Stadtbürgern, Probeschürfungen vorzunehmen, und sie hatten Bericht zu erstatten.[5] Die von der Obrigkeit eingeforderten Berichte sind verschwunden. Interessant ist aber, dass schon damals der Kohlebergbau ein Staatsregal war und der obrigkeitlichen Genehmigung bedurfte.[6]

Die Abbauversuche von 1663 hatten ein Echo in der 1693 erschienenen Zürichsee-Chronik von Hans Erhard Escher. Dieser schreibt, dass wohl vor etlichen Jahren sehr viel Steinkohle gegraben worden sei, dass es nun aber unterlassen werde, «weil jetzt

Abb. 2: Stollenplan des Bergwerks Käpfnach. Dunkelbraun: Tagbau vor 1784; Orange/gelb: staatlicher Abbau 1784-1910. Rot: Abbau 1918-1921 und 1941-1946; gelb: privater, zum Teil illegaler Abbau, unterschiedliche Zeiten. Plan Peter Laager 2000, aktualisiert 2024.

das Holz wohlfeiler zu bekommen ist». Die Kohle sei auch anstatt des Holzes zum Kochen und Einheizen verwendet worden, weil sie aber wegen des Schwefels einen solchen Gestank verursache, hätten viele Leute solches «nicht wohl erdulden mögen».[7]

Hier sind Faktoren angesprochen, welche den Kohlenabbau (nicht nur in Käpfnach) über die ganze Zeit begleiten. Erste Wahl für die Energie war immer und noch lange das Brennholz und die daraus zu gewinnende Holzkohle. Die Käpfner Braunkohle verursachte üble Gerüche und wurde nur verwendet, wenn handfeste Gründe dafür sprachen. Ein solcher Grund ist hier genannt – der Holzpreis. Brennholz aus den umliegenden Wäldern war schon damals nicht unbeschränkt vorhanden und es drohte immer wieder eine Übernutzung. Als Folge davon wurde ein Transport über weitere Distanzen nötig, was die Preise in die Höhe trieb. Zudem waren viele der dafür in Frage kommenden waldreichen Voralpen katholisch und damit politisch unsicher.

Bereits 1708 war wieder eine solche Holzmangellage eingetreten. Nun bestimmte der Rat eine siebenköpfige «Steinkohle-Kommission» und gab ihr den Auftrag, ein Gutachten darüber abzugeben, «ob nicht Steinkohlen von gleicher Qualität wie englische und holländische zu finden wären».[8] Als Mitglied der Kommission besuchte auch der berühmte Naturforscher Johann Jakob Scheuchzer in Käpfnach das Aabach- und das Meilibachtobel. Die Nennung von England und Holland verweist auf den dort weit fortgeschrittenen, breiter genutzten und nun auch in Zürich bekannt gewordenen Kohleabbau – ein interessanter Bezug, den bereits Johannes Stumpf gemacht hat und der später wieder sichtbar werden wird.[9]

Die Steinkohlekommission erstattete am 7. Januar 1709 Bericht und befand, dass «Steinkohle» in ziemlich guter Quantität vorhanden sei. Die Kommission erklärte sich bereit, das Kohlegeschäft selber an die Hand zu nehmen, «um dem Holzmangel vorzubeugen, die katholischen Orte zur billigeren Abgabe von Holz zu bewegen, aber auch um das Geld für Brennmaterial im eigenen Land zu erhalten». Weiter schlug sie vor, dass zur Vorratshaltung beim Stadelhofen und beim «Schänzeli» Schöpfe gebaut werden sollten. Sie erhielt dafür eine Abbaukonzession für zwanzig Jahre und die Schöpfe wurden gebaut. Die Kommission selbst verstand diese Schürfkonzession nicht als gewinnbringendes Geschäft, sondern hoffte, die Konsumenten an den neuen Brennstoff zu gewöhnen. Die Energieversorgung des Staates Zürich sollte auf ein zweites Bein gestellt werden. Es schien der Kommission daher selbstverständlich, dass Ausbeute und Verkauf Staatssache seien, «denn die göttliche Vorsehung habe den verborgenen und köstlich unterirdischen Schatz geoffenbart und als obrigkeitliches Regal angewiesen».[10]

Ob während der Vertragsdauer ein dauerhafter Abbau betrieben wurde, ist nicht mehr festzustellen. Jedenfalls scheinen sich die Hoffnungen der Kommission, die Kohle als gängigen Brennstoff beliebt zu machen, nicht erfüllt zu haben. Nach Ablauf der Vertragsdauer bittet sie die Obrigkeit, aus der Verbindlichkeit, Kohle (und Torf!) graben zu müssen, entlassen zu werden. Wie man ihrer Eingabe entnehmen kann, ist auch dieser Versuch an den inzwischen wieder gesunkenen Holzpreisen gescheitert.[11]

Schon wenige Jahre später beklagte sich die Bürgerschaft erneut über den Holzmangel und die steigenden Preise. Wieder wurde eine siebenköpfige Kommission bestellt. Diese findet bei ihren Sondierungen in Käpfnach die Arbeit der früheren Kommission zerstört. Die in der Gegend ansässigen Leute hätten inzwischen auf eigene Faust Raubbau betrieben und in den früher erschlossenen Abbaugebieten viel Unheil angerichtet. Nun, 1750, wird mit dem Bergmann Köhler ein auswärtiger Berg-

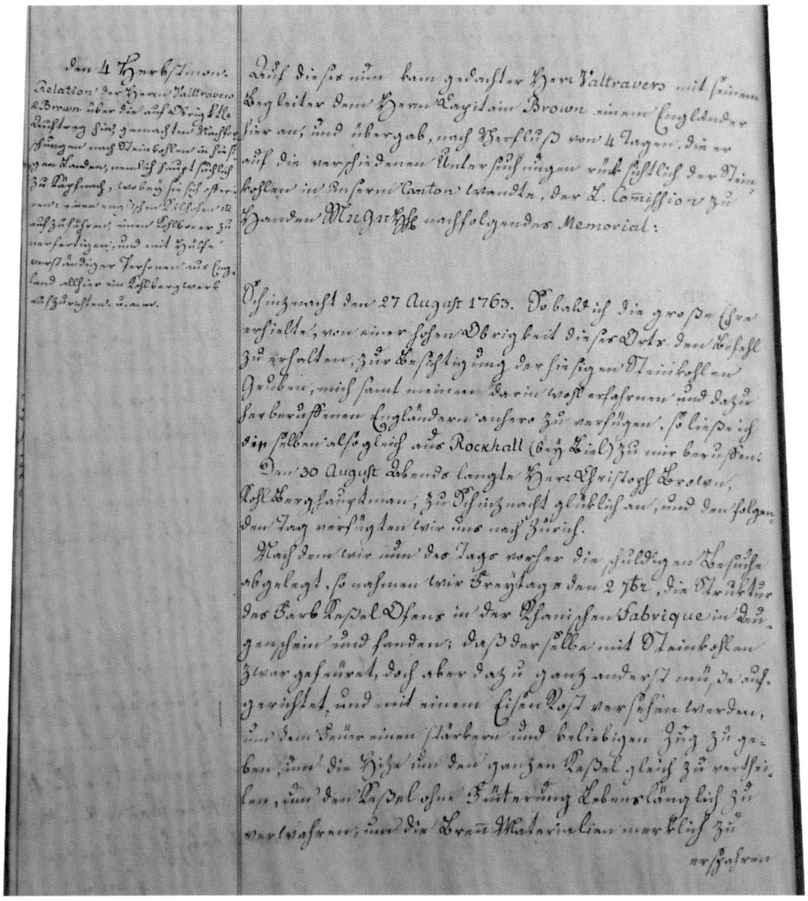

Abb. 3: Rudolphe Valltravers schreibt der Zürcher Steinkohle-Kommission, dass er mit dem englischen Berghauptmann Christoph Brown, der bei ihm im Haus Rockhall bei Biel wohnt, nach Zürich aufgebrochen sei, um deren Aufträgen nachzukommen. Protokolle der Steinkohle-Kommission, StAZH, B III 127 cc, S. 4.

baufachmann für ein Gutachten herangezogen, was aber vorerst ohne Wirkung bleibt.[12] Nur wenige Jahre später, 1763, wird der Steinkohlekommission der Kredit für ein neues Fachgutachten bewilligt.

Auftragnehmer ist der Berner Rodolphe Valltravers (1723–1800),[13] welcher mehrere Jahre in England gelebt und dort unter anderem auch das Bergbauwesen studiert hatte. Zusammen mit dem Engländer «Capitain Christoph Brown, Kohl Berghauptman zu Schinznacht», verfasste er ein umfassendes Gutachten.[14] Es beurteilte die Lage des Flözes als in jeder Beziehung günstig und wies auf den «gränzenlosen Nutzen» hin, den ein solches Bergwerk für alle Gewerbe und das Land habe. Die Aussteller anerboten sich, «mit Beihilfe zweier hoch obrigkeitlichen Kommissarien und englischen Bergknappen ein wohlbestelltes Kohlenbergwerk auf eine beliebige Zeit auszurichten und instand zu bringen».[15]

Ihre diesbezüglichen Vorschläge beschränkten sich nicht auf die Gewinnung von Kohle als Ersatzprodukt neben dem teuren Holz. Ihre Offerte an die Obrigkeit enthielt vielmehr ein umfassendes Projekt, das ein auf die Kohle gestütztes Sekundärgewerbe einzuführen versprach. Ziegelbrennereien, Glashütten, Fayencefabriken, Eisenhütten und Hammerwerke, Alaun- und Vitriolsiedereien, Malz- und Bierbrauereien sollten nach der Vision der im englischen Bergbau geschulten Fachleute die Gegend um Horgen entwickeln. Dieser Tatendrang scheint den Rat in Zürich vorerst überfordert zu haben, denn er folgte den Vorschlägen nur zum kleinsten Teil. Beschlossen wurde: 1. einen der Färberei dienenden Kesselofen mit Kohlefeuerung zu bauen, 2. einen Kohlenbohrer anfertigen zu lassen, um die Beschaffenheit des Käpfner Flözes näher zu untersuchen und dieses Material auch an anderen Orten aufspüren zu können, 3. einen Versuch mit Kalkbrennen mittels Kohlefeuerung zu machen.

Die visionären Ideen der Herren Valltravers und Brown versandeten in der Folge kläglich.[16] Zwar funktionierte der unter Browns Leitung an der Sihl errichtete Kalkbrennofen gut, und Valltravers erhielt 1767 «zur Erkenntlichkeit der Anleitung zum Steinkohlengraben» eine goldene Medaille übersandt.[17] Zu einem länger dauernden Kohleabbau ist

Abb. 4: Zürich, «Kohlenpörtli» in den barocken Schanzen an der Limmat beim heutigen Bellevue. Dahinter lag der «Schopf», in dem die auf dem Seeweg hierher transportierte Kohle gelagert wurde. Aquarell um 1830. Zentralbibliothek Zürich, Graphische Sammlung.

es aber auch diesmal nicht gekommen. Knapp zehn Jahre später, 1776, berichten Landschreiber Escher und Sekretär Scheuchzer, dass alle Gruben zerfallen, die Zugänge mit Gesträuch überwachsen und überall Spuren eines unfachmännischen Raubbaus zu erkennen seien.

Ziegler Landis aus Käpfnach anerbot sich in der Folge, mit der Kommission einen Kontrakt zu machen, «um das zu verlangende Quantum in den allhiesigen Schopf zu liefern», wofür er dann auch den Zuschlag erhielt. Die Verkaufszahlen des staatlichen Magazins (des «Schopfs» beim «Kohlenpörtli» in Zürich) zeigen, dass in den elf Jahren zwischen 1769 und 1780 «316,5 Röhrli» Kohle verkauft wurden, was ungefähr 80 t entspricht. Dazu kommt, dass 1783 der Ziegler Landis nach den Vorgaben des badischen «Hofmechanikus» und bayrischen Hofrats Johann Sebastian Clais in Käpfnach einen für die Kohlenfeuerung tauglichen Ziegelofen errichtete, in welchem er erfolgreich Kalk und Ziegel brannte.[18]

Clais wird im Folgenden wichtig, nicht nur für Käpfnach. Zuvor gab es hier aber noch ein Zwischenspiel mit dem «Bergpraktikus» Christian Gottlieb Mettig aus Mariakirch bei Strassburg, welcher neben den anderen Kohlenfundorten im Reppischtal und in Elgg auch Käpfnach auf Vordermann bringen wollte und dafür von der Steinkohlekommission angestellt wurde. Ausser wortreichen Traktaten habe er aber so wenig Brauchbares geliefert, dass er bald wieder entlassen wurde.[19]

Beginn eines kontinuierlichen Abbaus 1784

Inzwischen war die Zürcher Obrigkeit auf den unternehmerisch tätigen süddeutschen Johann Sebastian Clais (1742–1809) aufmerksam geworden, welcher nun in Käpfnach tatsächlich einen erfolgreichen Bergbau einrichten sollte.[20] Clais war ein Bekannter jenes Rodolphe Valltravers, der zuvor ebenfalls in Käpfnach aktiv gewesen war. Wie Valltravers war auch Clais nach England gereist, um dort (neben vielem anderem) auch den fortschrittlichen englischen Bergbau zu studieren. Eine Zeitlang bot Rodolphe Valltravers dem zwanzig Jahre jüngeren Clais in Lon-

Abb. 5: Ab 1869 hielt die Eisenbahn auch im Bergwerk Käpfnach Einzug, vorerst durch Schienen und von Hand geschobenen Loren. Lorenbahnhof vor dem Stollen II (heute Zschokke-Stollen). Fotograf unbekannt, vor 1910. Archiv Bergwerk Käpfnach.

don sogar Logis in seinem Haus und machte ihn unter anderem mit dem damals in London weilenden amerikanischen Erfinder und Politiker Benjamin Franklin bekannt. Auch war Clais die Mitgliedschaft bei der renommierten Royal Society angeboten worden, die er aber nicht angenommen habe.[21] Nach seiner Rückkehr war Clais für Bern unter anderem als Bergbaufachmann bei den Salzsalinen von Bex und Aigle sowie im Eisenwerk Biberstein tätig.

Auch in der Zürcher Gemeinde Elgg hatte man inzwischen Kohle gefunden. Der Winterthurer Ratsherr Johann Heinrich Ziegler (1738–1818) hatte sich seit 1764 um diese Kohle bemüht und stand offenbar auch in Kontakt mit Rodolphe Valltravers, welcher ihm nun wiederum Johann Sebastian Clais empfahl. 1781 richteten Ziegler und Clais in Winterthur eine «Fabrik» ein, die mit Kohle aus Elgg betrieben und in welcher unter anderem Alaun, Vitriol und Salpeter verarbeitet wurde. Dieses «Laboratorium» gilt als erste chemische Fabrik der Schweiz[22] und lag ganz auf der Linie der von Valltravers und Brown für Horgen vorgeschlagenen Anlagen. Für Clais war dieses Engagement insofern folgenreich, als sich der bisher recht Unstete dauerhaft in Winterthur niederliess, hier heiratete und die markante Villa Lindengut errichtete.[23]

Der Zürcher Rat beauftragte nun also Clais damit, in Käpfnach ein Kohlebergwerk nach modernen Gesichtspunkten einzurichten und einige «im Bergbau Wohlerfahrene und in derlei Geschäften kundige und verständige Männer» anzuwerben.[24] Es sollte mit ihm vereinbart werden, dass er in Deutschland einen Ofen bestelle, um die aus der Steinkohle zu ziehenden Öle gewinnen zu können. Nun wollte also auch der Rat ein «Laboratorium» in der Art des in Winterthur betriebenen errichten.[25] Das nun realisierte Bergwerk blieb bis zur Liquidierung 1910 im Eigentum des Staates Zürich, federführend blieb bis zu den politischen Umbrüchen 1798 die Steinkohlekommission.[26]

Am 12. Dezember 1784 erschien Clais in Begleitung von drei Bergbauknappen aus dem Bergwerk Elgg in Käpfnach und ging an die Arbeit. Zum ersten Mal wurde nun so etwas wie eine Infrastruktur erstellt. Man kaufte Land, um Wohnungen für die Bergleute und ein Kohlenmagazin errichten zu können. Zudem wurde im Mai 1785 auf Empfehlung von Clais der Deutsche Friedrich Albert Ginsberg von Bendorf (Rheinland-Pfalz) als Obersteiger (Leiter des Bergwerks) angestellt. Ginsberg dürfte die Techniken des traditionsreichen deutschen Bergbaus nach Käpfnach gebracht haben.[27]

War bisher der Abbau im Aabachtobel betrieben worden, setzte Clais nun etwas westlich davon im freien Gelände an, wo man mehr Platz für die Infrastruktur hatte. Die meisten Gebäude und Stollen aus der Zeit von Clais sind erhalten und sind Teil des heutigen Besucherbergwerks.

In einer 1785 aufgestellten Bergwerksordnung («Knappschaftsordnung») werden neben dem «Obersteiger» und dem «Steiger» (Aufsicht, Vorarbeiter) auch «Gedinghäuer» und «Schichtlöhner» genannt. Die Häuer waren die mit dem Abbau beschäftigten Bergleute, die und unter Vertrag standen, die Löhner waren nur pro Schicht angestellt. Genannt werden auch «Hundeläufer». Hund nannte man den Wagen, mit welchem das Ausbruchsmaterial aus dem Bergwerk transportiert wurde. Es handelte sich um einen zweiachsigen Karren, welcher mit einem Spurnagel zwischen auf dem Boden liegenden, schienenartigen Brettern auf Kurs gehalten wurde. Einen Hund zu schieben, war eine anstrengende Arbeit. Erst 1869 kam in Käpfnach die sich inzwischen überall durchsetzende Eisenbahntechnik zum Einsatz, vorläufig allerdings nur in Form von Schienen und von Hand gestossenen Grubenwagen (Loren).[28] Ausserhalb

des Stollens gab es die «Klauber», welche beim ausgebrochenen Material taubes Nebengestein aussortierten. Der Lohn der ausgebildeten Bergleute war gut und entsprach bei guter Leistung dem eines Handwerksmeisters. Die im Bergwerk Beschäftigten bildeten seit 1795 eine «Knappschaft», die eine «Brüderlade» unterhielt, eine Kasse, aus welcher Unterstützungsbeträge für verunfallte oder sonst wie in Not geratene Bergleute ausgezahlt werden konnten. Der Knappschaftsverband löste sich bei der Liquidation des Bergwerks 1910 auf und das Vermögen in der Kasse wurde an die noch erreichbaren Bergleute, von denen drei über vierzig Jahre lang in Käpfnach gearbeitet hatten, verteilt.

Die Zahl der im Bergwerk Käpfnach Beschäftigten schwankte in den ersten Jahrzehnten zwischen 3 und 19. Beim Boom in den 1850er- bis 70er-Jahren stieg sie auf bis zu 116, um bei der Liquidation des Bergwerks 1910 bei 5 anzulangen.

Harte Arbeit

1784 wurde mit dem Vortrieb des Hauptstollens I begonnen und über Querstollen der Abbau der Kohle eingeleitet. Dieser zielte zuerst in die Richtung des nahen Aabachtobels. 1805 begann man vom gleichen Ausgangspunkt aus mit dem Hauptstollen II in mehr westlicher Richtung. Ab 1828 setzte man in rund 350 m Distanz und parallel zum Stollen II mit dem Hauptstollen III an, dessen Mundloch deutlich näher am See lag, was den Abtransport der Kohle über den See mittels Ledischiff erleichterte.[29]

Für diesen Stollen mussten die Bergleute zuerst einen gemauerten Stollen durch Oberflächen- und lockeres Moränenmaterial erstellen, bis sie das festere Gestein mit dem Kohleflöz erreichten. Die historischen Stollen II und III werden noch heute im Besucherbergwerk über einen Verbindungsstollen dazwischen befahren. Von diesen Hauptstollen aus hat man das Gebiet dazwischen mit Quer- und Nebenstollen und rasterförmig angelegten Abbauschlitzen erschlossen. Das zwischen 15 und 50 cm dicke Flöz konnte nur ausgebrochen werden, indem man die Mergelschichten darunter und darüber

Abb. 6: Die Käpfner Kohle konnte einfach auf Ledischiffe umgeladen werden. Oben Mitte Eingang Rotwegstollen (Stollen III), im Vordergrund links die Kamine der Zement-Brennöfen. Bild um 1920. Archiv Bergwerk Käpfnach BWK 10G 002.

ebenfalls abbaute. Ein Abbauschlitz wurde so zwischen 60 und 80 cm hoch. Das taube Gestein wurde von den Häuern möglichst wieder hinter sich verbaut, sodass der Schlitz immer etwa 1,5 m breit blieb. In diesem engen Schlitz musste der Häuer liegend das Material heraushacken. Es gab Links- und Rechtshäuer, je nachdem, auf welcher Seite der Bergmann zu liegen und zu arbeiten gewohnt war.[30]

Im Gutachten von 1750 war von «Krummhälslern» die Rede, welche für den Abbau angestellt werden sollten.[31] Der Begriff unterstreicht die prekär einseitige Tätigkeit dieser Bergleute, die eine wohl schmerzhafte Deformation des Körpers hervorrufen konnte. Die Bergleute waren zu zweit am Werk. Während der eine im Abbauschlitz die Kohle herausbrach, stand der zweite mit einem Hund davor und nahm die abgebaute Kohle entgegen. Diese archaische Art des Abbaus blieb sich über Jahrzehnte im Wesentlichen gleich und bis 1945 mussten in Horgen die Häuer ihre Arbeit liegend verrichten.

Die drei Phasen des Abbaus zwischen 1784 und 1910

Die erste Phase des Abbaus (1784–1830) ist durch eine relativ geringe Produktivität gekennzeichnet. Allerdings hatte man beim Abbau zwischen 1769 und 1780 mit rund 7 t pro Jahr noch weniger gefördert. Nun begann man mit 21 t und erreichte bereits 1786 493 t pro Jahr. Dann schwankten die jährlichen Förderzahlen bis 1830 zwischen 100 und 530 t. Auffällig ist ein deutlicher Ausreisser (grüner Kreis in Abb. 7) in den Jahren 1817 und 1818 mit 827 t respektive 759 t gegenüber 263 t 1816. Die Ursache dafür lag auf der indonesischen Insel Sumbawa, wo im April 1815 der Vulkan Tambora explodiert war. Die dabei ausgestossene Aschewolke verbreitete sich in den folgenden Monaten und Jahren um die ganze Welt und verursachte vielerorts eine massive Verschlechterung des Klimas. Auch in der Schweiz sprach man 1816 vom «Jahr ohne Sommer» und es

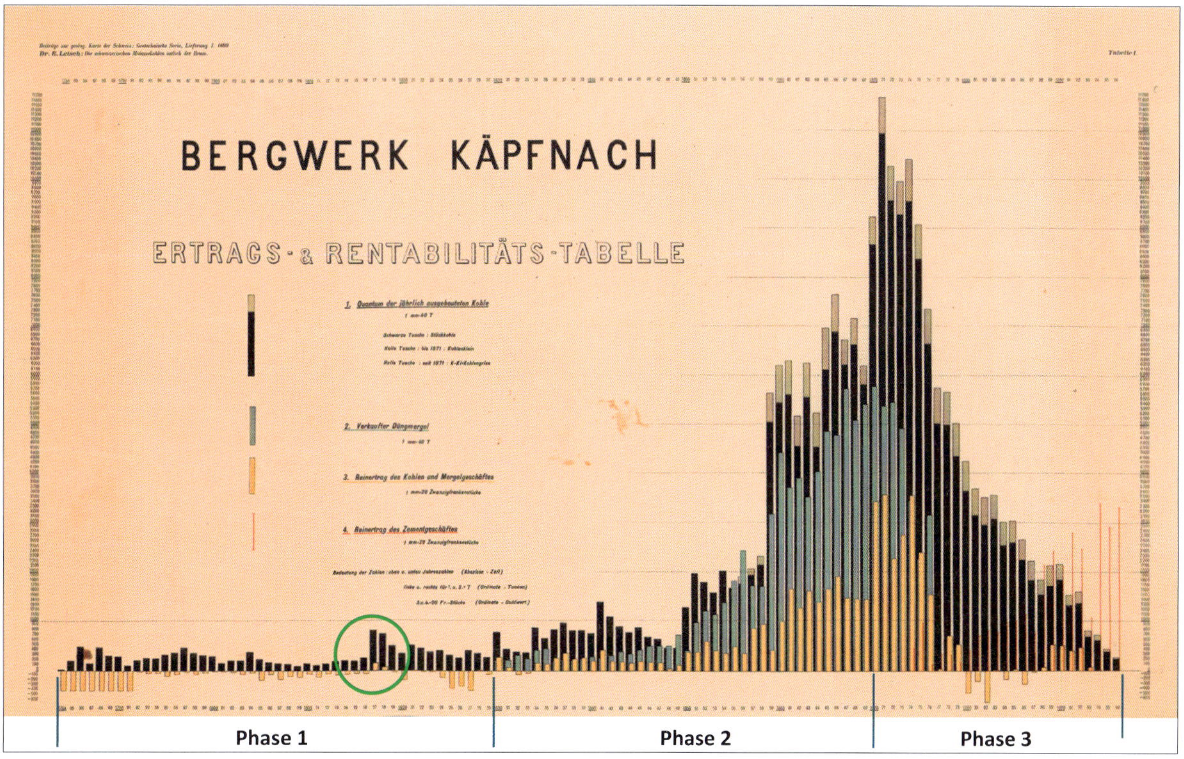

Abb. 7: Das Bergwerk Käpfnach 1784-1896. Jede Säule bedeutet ein Jahr. Schwarz: Stückkohle, grau: Kohlengries, blau: Düngermergel, rot: Reinertrag Zementgeschäft, gelb: Reinertrag Kohle- und Mergelgeschäft. Grüner Kreis: die Produktionssteigerung infolge des «Jahres ohne Sommer». Tabelle von Emil Letsch 1899, (wie Anm. 2), Anhang, bearbeitet von D. Wild.

kam in der Folge zu Missernten und Preissteigerungen, die in einer Hungersnot kulminierten. Diese Auswirkungen traten in den Jahren 1817/18 ein,[32] jenen Jahren also, als in Käpfnach die Produktion für kurze Zeit auf das Dreifache gesteigert wurde. Es waren die einzigen Jahre in der Zeitspanne zwischen 1784 und 1830, in denen das Bergwerk einen Gewinn verbuchte!

Neben diesem in verhältnismässig grossem Stil betriebenen staatlichen Abbau wurde weiterhin Privaten der Abbau bewilligt, vor allem im Aabachtobel. Unternehmerisch tätig waren hier zwischen 1831 und 1849 die Inhaber der Käpfner Ziegelei Landis und von 1858 bis 1862 die Gebrüder Ginsberg (Verwandte des ersten Obersteigers von 1784). Einen Abbau in der nahen «Gottshalden» beim Meilibachtobel betrieb von etwa 1860 bis 1902 Jakob Siedler. Alle diese Unternehmungen waren wirtschaftlich nicht erfolgreich. Es bewahrheitete sich die Aussage von Johann Sebastian Clais, der 1797 in einem Memoriale geschrieben hatte: «Grosse Ausbeute und reichen Ertrag muss niemals von den Steinkohlenbergwerken in Zürich gehofft werden; sondern immer nur als Barometer müssen diese Werke in Betracht gezogen werden, um den Holzpreis zu moderieren und dem Staat Zürich sein bedörfendes Quantum Brennstoff zu sichern.»[33]

Die zweite Phase des Abbaus (1830–1869) brachte dem Bergwerk eine gewaltige Zunahme der Produktion und nun auch des Ertrags. Geschuldet war dies der Fahrt aufnehmenden industriellen Revolution mit ihrem unstillbaren Hunger nach Energie. Hatte man 1829 gerade mal 283 t gefördert, so erreichte der Abbau 1841 mit 1403 t eine bisher unerreichte Spitze. Dann ging es erst recht steil aufwärts: Stieg der Abbau 1858 auf 2342 t, verdoppelte er sich 1859 auf einen Schlag auf 5559 t und erreichte 1869 mit 6238 t einen vorläufigen Höhepunkt. Die Zahl der Beschäftigten stieg von acht auf bis zu achtzig im Jahr 1869. Der Gewinn hatte sich entsprechend erhöht. Dazu beigetragen hat auch, dass seit 1830 neben der Kohle auch Mergel abgebaut und als Dünger für die Landwirtschaft verkauft wurde.[34] Dieser direkt unter dem Kohlenflöz liegende «Strassberg-Mergel»[35] war eine willkommene Ergänzung zum Ertrag des Bergwerks. 1870 erreichte die Mergelförderung ihre Spitze, kam allerdings wenig später abrupt zum Erliegen. Wirksamere Produkte drängten auf den Markt und man kam von der Düngung mit Mergel ab. Es war dies ein Vorbote von dem, was bald auch der Käpfner Kohle blühen sollte.

Die dritte Phase des Abbaus zwischen 1869 und 1910 brachte einen weiteren fulminanten Anstieg der Produktion, um dann fast übergangslos in einen schnellen Niedergang überzugehen, welcher 1910 mit der Schliessung des Bergwerks endete. Die Ursache des dramatischen Abstiegs lag bei einer sich seit längerem anbahnenden technischen Entwicklung, deren endgültige Ankunft in der Schweiz sich an einem Datum festmachen lässt: Am 1. Mai 1858 wurde der Hauenstein-Scheiteltunnel eröffnet und mit ihm das Schweizer Mittelland ans schnell wachsende europäische Eisenbahnnetz angeschlossen.[36]

In der Epoche davor war die Wirtschaft im Wesentlichen kleinräumig gewesen, der Transport schwerer und voluminöser Güter mit Lastkähnen, Ochsenkarren und Saumtieren vergleichsweise langsam und mühsam. Diese Umstände gaben aber auch regionalen Unternehmen wie dem Käpfner Bergbau ihre Berechtigung. Die Eisenbahn bedeutete nun eine umfassende Revolution des Transportwesens, welche eine erste «Globalisierung» einläutete.

Vorerst scheint sich die Ankunft der Eisenbahn in unserem Raum noch positiv auf Käpfnach ausgewirkt zu haben, wie die steil ansteigenden Abbauzahlen zwischen 1858 und 1869 zeigen. Zwar gelangte bereits hochwertige Kohle aus dem Saarland in die Schweiz, diese war aber teuer. Dies änderte sich schnell und hätte vielleicht bereits um 1869 zum Niedergang der Käpfner Kohle geführt, wenn nicht ein anderes Ereignis eingetreten wäre. Der Deutsch-Französische Krieg von 1870/71 brachte den zunehmend begehrten Import fast ohne Vorwarnung zum Erliegen und stürzte die heimische Wirtschaft in eine existenzielle Krise. Mit allen Mitteln musste die lokale Produktion gesteigert werden, was Käpfnach den absoluten, wenn auch trügerischen Höhepunkt von 1871 mit einer Fördermenge von 11 693 t bescherte. Der Niedergang in den Jahren danach war rasant. Die politische Krise hatte nur kurze Zeit gedauert und der Import begann schnell wieder zu rollen. Die Folge für die Käpfner Kohle war verheerend, denn sie war nicht mehr konkurrenzfähig. 1910 stellte das Bergwerk den Betrieb ein und es wurde mit Beschluss des Kantonsrates liquidiert.

Allerdings hatte man in Käpfnach inzwischen weiter diversifiziert. Neben der Kohle und dem Düngermergel hatte man begonnen, den kalkhaltigen Mergel zu Zement zu verarbeiten und ans boomende Baugewerbe zu verkaufen.[37] Dieser Kalkmergel wurde gleich ausserhalb des Rotweg-Stollens gebrannt und zu «Romanzement» und Zementsteinen verarbeitet. Die Brennöfen samt den beiden markanten Kaminen sind noch am Seeufer im Haus des Yachtklubs erhalten. Die Zementproduktion setzte 1873 ein, kurz bevor man den Abbau von Düngermergel einstellte, und sie überdauerte die Schliessung des Kohlebergwerks. Die Zementinfrastruktur wurde an einen Privaten verkauft, welcher den Kalk fortan von Mühlehorn am Walensee nach Käpfnach holte. 1934 wurde auch dieser Betrieb stillgelegt.

Fazit des Abbaus der Jahre 1784 bis 1910

Einheimische Kohle ist in unserer Region nie wirklich zu einem «zweiten Bein» in der Energieversorgung geworden. Angesichts der geringen Menge geförderter Kohle stellt sich die Frage, ob in Zeiten der Knappheit wirklich auf die Preisentwicklung eingewirkt werden konnte. Oder liegt hier vielleicht auch etwas Symbolpolitik einer in Notzeiten bedrängten Obrigkeit vor?[38] Dazu ein paar Zahlen: Noch 1851 – die industrielle Revolution hatte schon Fahrt aufgenommen und Käpfnach befand sich kräftig im Aufwind – betrug der Anteil der Kohle an der Energieversorgung in der Schweiz nur gerade 664 Terajoule (TJ) oder 3 % des Gesamtbedarfs von rund 21 700 TJ. Der überwältigende Teil, nämlich 19 000 TJ oder 87 %, lieferte nach wie vor das Holz (oder die Holzkohle). Weitere 10 % lieferte der Torf mit 9,5 %. Noch sehr gering war mit 0,5 % der Anteil der Wasserkraft.[39] Nichts kann die enorme Bedeutung des Holzes für die Energieversorgung in den Jahrhunderten vor der industriellen Revolution besser illustrieren als diese Zahlen.

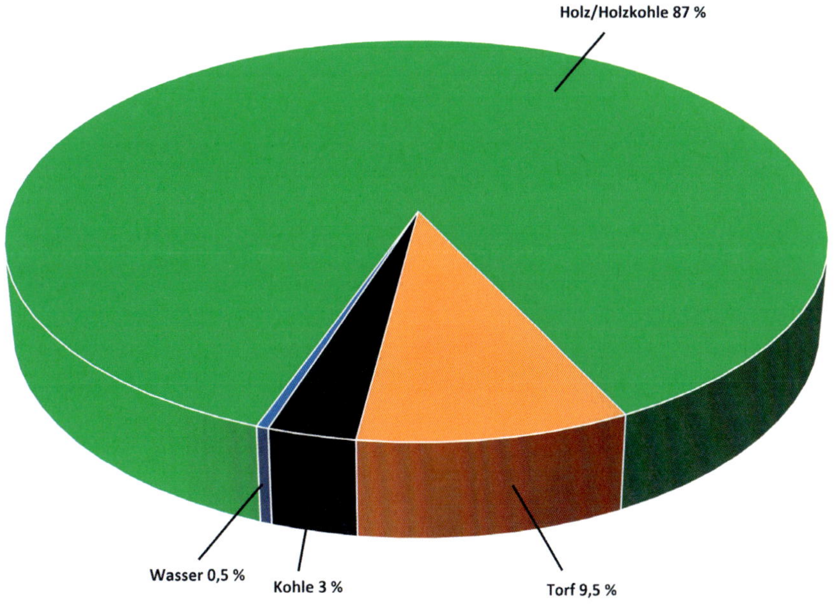

Abb. 8: Anteile am Verbrauch von Primärenergie 1851 in der Schweiz. Nach Marek (wie Anm. 37), S. 34, bearbeitet D. Wild.

Die Holznutzung stiess jetzt aber definitiv an ihre Grenzen. Der enorm steigende Energiehunger führte zu einem derartigen Raubbau an den Wäldern, dass es zu «Naturkatastrophen» in Form von Rutschungen, Murgängen und Überschwemmungen kam. Als Reaktion darauf erliess man mit dem eidgenössischen Forstpolizeigesetz von 1876 zur Sicherung des Waldbestandes das erste moderne Umweltschutzgesetz der Schweiz.[40]

Der steigende Bedarf an Energie wurde zunehmend mit Kohle gedeckt, die jetzt fast vollständig aus dem Ausland kam. Bis 1910, dem Jahr der Stilllegung von Käpfnach, hatte sich der Energiebedarf in der Schweiz um das Fünffache gesteigert und lag bei 106 700 TJ.[41] Die Kohle hatte ihren Anteil innert weniger Jahrzehnte auf 78 % oder 83 600 TJ gesteigert, mengenmässig eine Steigerung um das 125-Fache. Der Anteil des Holzes war gegenüber 1851 prozentual auf 16 % geschrumpft, in absoluten Zahlen war sein Volumen jedoch stabil geblieben – das Waldgesetz zeigte Wirkung. Interessant ist, dass sich die Menge der Wasserkraft um den Faktor 60 gesteigert hatte, sie kam jetzt auf 5 %. Hier zeigt sich bereits eine Auswirkung der im folgenden beschriebenen Förderung der Wasserkraft für die Elektrizitätsgewinnung. Und in sehr geringem Umfang (0,7 %) trat mit «Petrol» eine Energieform in Erscheinung, welche in späteren Jahrzehnten wiederum der Kohle den Rang ablaufen sollte.

Inzwischen hatte man die Gefahr, die mit der Abhängigkeit von Energieträgern aus dem Ausland verbunden ist, zu spüren bekommen. Reaktionen darauf blieben nicht aus. Eine Energieform mit grossem einheimischem Potenzial erkannte man in der Elektrizität, welche eben die Schwelle zur industriellen Nutzung erreicht hatte. Ab etwa 1880 wurde sie in der Schweiz gezielt gefördert, sodass das Land 1910 zusammen mit den USA die höchste Stromproduktion pro Kopf der Bevölkerung aufwies.[42] Flusskraftwerke und Staumauern in den Alpen und die früh elektrifizierten Eisenbahnen sind Ausdruck davon. So wurde die Strecke zwischen Zürich und Wädenswil bereits 1923 elektrifiziert.[43]

Aber auch bei der Kohle und anderen wichtigen Rohstoffen ging man nun systematisch vor. Ausgehend von der Schweizerischen Naturforschenden Gesellschaft wurde 1899 die Schweizerische Geotechnische Kommission gegründet, mit welcher die Basis für eine systematische Erkundung des schweizerischen Bodens hinsichtlich Rohstoffen gelegt wurde. Daraus ist 1899 die Dissertation von Emil Letsch mit dem Titel «Die schweizerischen Molassekohlen östlich der Reuss» entstanden, in welcher er unter anderem den Bergbau in Käpfnach ausführlich beschrieben hat.[44]

Abb. 9: «Bergwerk-Arbeiter Glück auf zum 1. Mai, Gottsgnaden Horgen». Wohl eine Verballhornung von «Gottshalden». Fotograf unbekannt, wohl 1919. Ortsbildarchiv Horgen.

Abb. 10: Die Belegschaft des Bergwerks vor dem Stollenmund Gottshalden, Fotograf unbekannt, aufgenommen in der Zeit zwischen 1918 und 1921. Ortsbildarchiv Horgen.

Max Zschokke (1868–1960)

Während der Abbauphasen des Ersten und des Zweiten Weltkriegs war Max Zschokke, Urenkel des aus dem deutschen Magdeburg eingewanderten Politikers, Schriftstellers und Pädagogen Heinrich Zschokke (1771–1848), treibende Kraft beim Bergwerk Käpfnach. Seit dem frühen 19. Jahrhundert war ein Zweig der Familie im Ingenieur- und Bauwesen tätig, einer Tradition, die sich in der Generation von Max Zschokke fortsetzte. So gründete sein Cousin Conradin Zschokke die Zschokke-Gruppe, im 20. Jahrhundert eine der grössten schweizerischen Bauunternehmungen, die durch Fusion in der heute international tätigen Implenia weiterlebt.
Zschokke absolvierte ein Studium als Bauingenieur an der ETHZ, das er 1906 abschloss. Zu einem Meilenstein seiner Karriere wurde der Bau der berühmten elektrisch betriebenen Zahnradbahn auf das Jungfraujoch, ein Projekt des Zürcher Unternehmers Adolf Guyer-Zeller, realisiert in den Jahren 1896–1912. Leitender Bauingenieur war der Onkel Richard Zschokke (1865–1946), der gegen Ende der Bauzeit ernsthaft erkrankte. Als junger Bauingenieur wurde Max mit seiner Stellvertretung betraut und er konnte das Werk erfolgreich zum Abschluss bringen.
Ein Auftrag führte ihn danach nach Südafrika, wo er in Kapstadt ein Bergbahnprojekt betreute. 1917 wurde Zschokke Inspektor des im Eidgenössischen Amt für Kriegswirtschaft eingerichteten Bergbaubüros. In dieser Funktion kam er mit dem Bergwerk Käpfnach in Berührung, dessen Betrieb er 1917–1921 übernahm. 1922 berief ihn der Schweizerische Ingenieur- und Architektenverein zum Sekretär. Ab 1920 war Zschokke Inhaber eines Ingenieurbüros. 1928 bauten Max und seine Frau Emmy Zschokke-Beckel in Zürich unmittelbar am See ein «Appartement Haus», das sie später ins vornehme «Hotel Bellerive au Lac» umwandelten und wo sie lange Zeit selbst wohnten. Während Emmy die Liegenschaft führte, betrieb Max von hier aus sein Ingenieurbüro und hier gründete er am 8. Februar 1941 die Braunkohlen-Genossenschaft Käpfnach.

Abb. 11: Max Zschokke (dritter von links), 1912, als 26-jähriger Bauleiter im fast fertiggestellten Tunnel der Bahn aufs Jungfraujoch. Schweizerisches Sozialarchiv_F_5068-Fb-1361 (Ausschnitt).

Neubeginn im Ersten Weltkrieg

Kaum hatte man 1910 das Bergwerk Käpfnach geschlossen, brach 1914 der Erste Weltkrieg aus und es zeichnete sich erneut eine Mangellage ab. Nun schritt die Gemeinde Horgen zur Tat und übernahm 1917 die noch bestehende Abbaukonzession im Gebiet Gottshalden.[45] Mithilfe eines ehemaligen Häuers aus dem stillgelegten Bergwerk begannen fünf Mann mit dem Abbau und förderten bis Mitte 1917 rund 60 t.

Ebenfalls 1917 wurde im Eidgenössischen Amt für Kriegswirtschaft ein «Bergbaubüro» ins Leben gerufen, dem die Mobilisierung der einheimischen Bergwerke oblag. Von diesem wurde nun Druck auf die Gemeinde Horgen ausgeübt, den Abbau möglichst schnell zu steigern. Beauftragter des Bergbaubüros war der Ingenieur Max Zschokke, der für die folgenden Jahrzehnte zur prägenden Figur in Käpfnach wurde. Von ihm ist folgende Aussage überliefert: «Da [ich] die Käpfnacher Kohle als eine der wenigen Schweizer Kohlen kennen lernte, welche Anspruch auf den Namen Kohle überhaupt geltend machen dürfen, entschloss [ich mich] damals, das von der Gemeinde Horgen in kleinstem Umfange betriebene Bergwerk zu übernehmen».[46] Am 11. November 1918, dem Tag des Waffenstillstands und dem Ende des Weltkriegs, gründete er die Bergwerk Gottshalden M. Zschokke & Co., an welcher sich neben der Gemeinde auch die Horgner Maschinenfabrik Wanner und die Färberei Weidmann aus Thalwil beteiligten. Zschokke selbst haftete in unbeschränkter Höhe mit seinem Vermögen. Schnell wuchs der Betrieb auf achtzig Personen an. Es war eine bewegte Zeit grosser Not und sozialer Spannungen, die sich in Streiks (unter anderem dem Generalstreik von 1918) niederschlug, was auch Auswirkungen auf das Bergwerk hatte.

Der Abbau begann 1917 mit 60 t, steigerte sich 1918 auf 369 t, erreichte 1919, bereits nach dem Krieg, 2604 t und 1920 sogar 3145 t. Bei der Liquidation 1921 waren es noch 389 t. Die Abbaumengen der 1870er-Jahre sind also nicht annähernd wieder erreicht worden. Zschokke sah das Unheil in der Form bald wieder rollender Importe ausländischer Kohle kommen. Als seine Bitte um staatliche Subventionierung erfolglos blieb, wurde der Betrieb unter grossen Verlusten aller Beteiligten im Frühjahr 1921 liquidiert. Es heisst, der frustrierte Zschokke habe während Jahren einen grossen Bogen um die Gegend gemacht.

Letzte Blüte während des Zweiten Weltkriegs

Mit dem Ausbruch des Zweiten Weltkriegs 1939 zeichnete sich in der Schweiz wieder eine Versorgungskrise ab. Bedrohlich wurde diese 1940 mit der Niederlage Frankreichs, war doch die Schweiz nun ganz von den Achsenmächten umschlossen und nicht nur bei der Energie auf Gedeih und Verderben von deren Wohlwollen abhängig. Die Mobilisierung einheimischer Ressourcen war wieder das Gebot der Stunde. In Käpfnach war es erneut Max Zschokke – Zeit heilt Wunden –, der eine Abbaukonzession beim Kanton beantragte und Anfang 1941 erhielt.[47] Unter seiner Leitung schlossen sich 27 Firmen zur Braunkohlen-Genossenschaft Horgen zusammen, unter anderem die Zürcher Kantonalbank, die Zürich-Versicherung, die Schweizerische Kreditanstalt, Zürich, die Neue Zürcher Zeitung, die Jelmoli SA, Zürich, aber auch die Industriebetriebe Landis & Gyr in Zug und die Eisenwerke von Moos in Luzern. Der Kreis der Belieferten ging aber weit über die Genossenschafter hinaus. Die Schweizerische Sodafabrik Zurzach war die eigentliche Grossabnehmerin. Die Chemiefabrik produzierte ein breites Spektrum wichtiger chemischer Basisprodukte. Während des Krieges vervielfachte sie ihre Produktion, nicht zuletzt für den Export. Die Handelsbeziehungen mit dem Ausland liefen trotz des Krieges weiter, was nach 1940 ausschliesslich Geschäfte mit den Achsenmächten bedeutete.[48]

Waren die meisten Kunden Käpfnachs Grossbetriebe aus Industrie, Handel und Verwaltung, so gab es mit der Belieferung verschiedener «Kohlehändler» auch einen Fokus auf die breite Bevölkerung. Besonders hervor tritt dabei die «Käbag, Käpfnacherkohlen-Brikettierungs-A. G.», welche 1942 als selbständige Tochterfirma der Braunkohlen-Genossenschaft Käpfnach gegründet wurde – mit Max Zschokke als Präsidenten. Diese Fabrik stellte beim Bahnhof Sood in Adliswil die gemäss Eigenwerbung «bei der breiten Bevölkerung beliebten Käbag-Eier» her. Nachdem im Juni 1944 diese Fabrik einem Brand zum Opfer gefallen war, wurde die Produktion nach Weinfelden verlegt. Die Käbag blieb aber bis 1946 eine Grossabnehmerin von Kohlengries aus Käpfnach.

Die Wiederaufnahme der Bergwerksarbeiten 1941 war von Arbeitskonflikten überschattet, welche Zschokke zweifellos an die Zeit von 1918 erinnerten. In Horgen befinde sich ein Nest von Störenfrieden, die sich immer wieder bemühten, unter den Bergwerksarbeitern Unfrieden zu stiften, so die Meinung Zschokkes.[49] Die kämpferischen Lokalsektionen des Bau- und Holzarbeiterverbandes wehrten sich insbesondere für bessere Entlöhnung, bessere Ausrüstung und für kürzere Arbeitsschichten unter Tage. Unter Vermittlung der Gewerkschaft und der Arbeitgebervereinigung gelang eine Einigung. Das Resultat war eine «Bergwerksordnung», welche von einer Betriebsversammlung einstimmig angenommen und auf den 1. Juli 1942 in Kraft gesetzt wurde. Der aus einem fixen Teil und einem Akkord-

Abb. 12: Häuer (oder Hauer) mit elektrischer Bohrmaschine im engen Abbauschlitz. Foto Heinrich Streuli um 1943, Ortsbildarchiv Horgen.

Abb. 13: Der Kumpel des Häuers zieht die mit Kohle gefüllte Kiste aus dem Abbauschlitz und füllt sie in eine Lore. Foto Heinrich Streuli, um 1943. Ortsbildarchiv Horgen.

zuschlag bestehende Lohn für die harte Arbeit unter Tage war gut und entsprach bei hoher Leistung etwa dem dreifachen eines Fabrikarbeiters.

Der Abbau wurde 1941 dort wieder aufgenommen, wo er 1921 beendet worden war, in der Flur Gottshalden beim Meilibach. Bald zeigte sich, dass dieses Abbaugebiet nicht ideal war. Wassereinbrüche im südlichen Bereich und ein Ausdünnen des Flözes gegen Norden schränkten die Arbeiten ein. Bereits im November 1942 erreichte der Vortrieb des Hauptstollens das Aabachtobel. Die Genossenschaft hatte für diesen Fall bereits eine Erweiterung der Konzession für ein Abbaufeld «Gwandlen» jenseits des Tobels erhalten. Eine Brücke verband fortan diese beiden Abbaugebiete. An dieser neuralgischen Stelle im Tobel wurde das «Gwandlen-Hüsli» errichtet, welches einen Sanitätsraum, ein Büro für die Steiger sowie eine Kantine für Teile der Belegschaft aufwies. Die im Akkord arbeitenden Häuer verbrachten allerdings die Schicht im Stollen und verpflegten sich von dem, was sie mitgebracht hatten. Gut zur Geltung kommt dieser Ort in einem

Film von Heinrich Streuli von 1943, welcher heute im Bergwerksmuseum gezeigt wird.

Nun ging der Vortrieb der Stollen für den Abbau zügig voran und bald gelang auch eine Verbindung zum alten Abbaugebiet Käpfnach. Damit konnte

Abb. 14: Schichtende beim Stollenmund Gottshalden. Die Zweierteams, welche zuvor beim Abbauschlitz die Kohle gefördert hatten, schieben ihre Ausbeute zum Kohlendepot. Foto Heinrich Streuli (?), um 1943. Ortsbildarchiv Horgen.

die «Bewetterung» des Stollensystems verbessert werden und dorthin wurde nun auch ein Teil des sonst nicht verwertbaren tauben Gesteins transportiert und eingelagert. Dies war eine Sicherungsmassnahme, um der Gefahr von Setzungen über den alten Stollen entgegenzutreten.

Die Methode des Abbaus hatte sich grundsätzlich nicht geändert. Noch immer wurden niedrige und enge Abbauschlitze erstellt, in welchen die Häuer liegend die Mergel- und Kohleschichten ausbrechen mussten, nun zum Teil mithilfe gut dosierter Sprengungen. Die verbesserte Sprengtechnik erleichterte und beschleunigte den Vortrieb der Haupt- und Nebenstollen und maschinell betriebene Ventilatoren sorgten für eine schnellere Luftzirkulation. Dies war nicht nur wegen der Sprengungen nötig, sondern auch wegen des Einsatzes von bis zu sieben mit Diesel und Benzin betriebenen Stollenlokomotiven. Insgesamt brachten diese Verbesserungen einen beachtlichen Produktionsgewinn. Hatte die Fördermenge pro Häuer 1921 in einer Zehnstundenschicht rund 300 kg betragen, so erreichte sie 1942 im Durchschnitt das Doppelte.

Die Zahl der im Bergwerk Beschäftigten stieg von anfänglich 115 Mann auf ein Maximum von 228 Mann im Juni 1945. Die Fördermenge setzte 1941 mit noch bescheidenen 786 t ein, um im Jahr 1945 mit 13 671 t die absolute Spitze zu erreichen, und noch 1946 wurde mit 11 265 t etwa gleich viel gefördert wie im früheren Spitzenjahr 1871. Bemerkenswert ist, dass diese Förderspitzen bereits in die Zeit nach der Kapitulation Deutschlands fielen. Erst der Zusammenbruch Nazideutschlands hatte den Import der Kohle von dort zum Erliegen gebracht und für die Alliierten war die Versorgung der Schweiz vorerst alles andere als prioritär. Im Verlauf des Jahres 1946 nahmen die Importe aber so weit zu, dass die Braunkohlen-Genossenschaft Horgen auf Anfang 1947 liquidiert wurde.

Im Bericht von H. Fehlmann zum Bergbau in der Schweiz während des Zweiten Weltkriegs von 1947 wurde «die Grube Käpfnach bei Horgen» als die ertragreichste aller Schweizer Kohlengruben bezeichnet.[50] Bezogen auf die Fördermenge von Braunkohle während des Zweiten Weltkriegs nahm Käpfnach-Gottshalden allerdings nur den dritten Rang ein, nach Mionnaz-Jordil in der Waadt und Kandergrundhorn im Berner Oberland.[51] Nimmt man den Walliser Anthrazit hinzu, dann stehen die Gruben Chandoline und Grône bei Sitten mit Abstand auf dem ersten und zweiten Rang.[52] Dann erst folgen die genannten Braunkohlegruben.

Neues Leben als Besucherbergwerk

Nun wurde es wieder still ums Bergwerk Käpfnach. Umso mehr wuchs in Horgen das Bewusstsein,

Abb. 15: Ein Zug fährt von der Deponie im Abbachtobel, wo taubes Gestein abgeladen wurde, zurück ins Bergwerk. Fotograf unbekannt, um 1943. Ortsbildarchiv Horgen.

über ein weithin einzigartiges Industriedenkmal zu verfügen. Es waren die Horgner Hans und Walter Stünzi sowie Walter Bosshard und Thomas Pfister, welche mit der Herausgabe des Horgner Jahrhefts 1982 zum Thema «Bergwerk Horgen» den Stein ins Rollen brachten.[53] Das Echo sei derart positiv gewesen, dass man am 3. Dezember 1982 zur Gründung des Bergwerkvereins Käpfnach schritt. Erster Präsident wurde der Käpfner Paul Bächtiger.[54]

Das Bergwerk präsentierte sich zu dieser Zeit eher abweisend. In den Jahren bis 1947 hatte man viele der alten Stollen mit Ausbruchmaterial verfüllt und die ganze Infrastruktur, insbesondere die Schienen und das ganze Rollmaterial, abgebaut und verkauft. Die Mundlöcher (Stolleneingänge) waren zugemauert.

Am 4. Dezember 1984, dem Barbaratag, wurde als erster der «Rotwegstollen», der ehemalige Stollen III von 1828, geöffnet. In Fronarbeit wurden ab 1985 die ersten 100 m Stollen gesichert und zugänglich gemacht. Führungen erfolgten zuerst nur zu Fuss. 1989 war der Rotwegstollen auf 600 m Länge zugänglich und im Frühling erfolgte auf dieser Strecke die erste Führung mit der Stollenbahn.[55] Im Dezember 1987 wurde an einer Volksabstimmung in Horgen der Kredit für die Renovation der bisher dem Abbruch geweihten Gebäudegruppe an der Bergwerkstrasse aus dem späten 18. Jahrhundert angenommen. Nach der Renovation richtete man im Erdgeschoss des ehemaligen Kohlendepots ein Bergwerksmuseum ein, das am 4. Dezember 1989 eingeweiht und 2019 erneuert wurde.

Durch die Ausräumung des Stollens II beim Bergwerksmuseum zwischen Oktober 1999 und Februar 2000 wurde eine 1,4 km lange, durchgehende Strecke vom Mundloch Rotweg bis zum Museum befahrbar. Ein grosser Schritt für das Besucherbergwerk war 2013 der Bau des grossen Werkstattgebäudes mit Archivraum und Vereinslokal («Häuertreff»). Die Führungen, der Unterhalt der Infrastruktur und der Betrieb des Museums werden von rund 35 ehrenamtlichen Aktiven bestritten. Die besonderen Bedingungen bringen es mit sich, dass vor allem Gruppenführungen stattfinden. Von diesen zwei Stunden dauernden Führungen werden zwischen April und November rund 350, somit rund 40 pro Monat, durchgeführt. Das Besucherbergwerk Käpfnach stösst also auf anhaltend grosses Interesse.

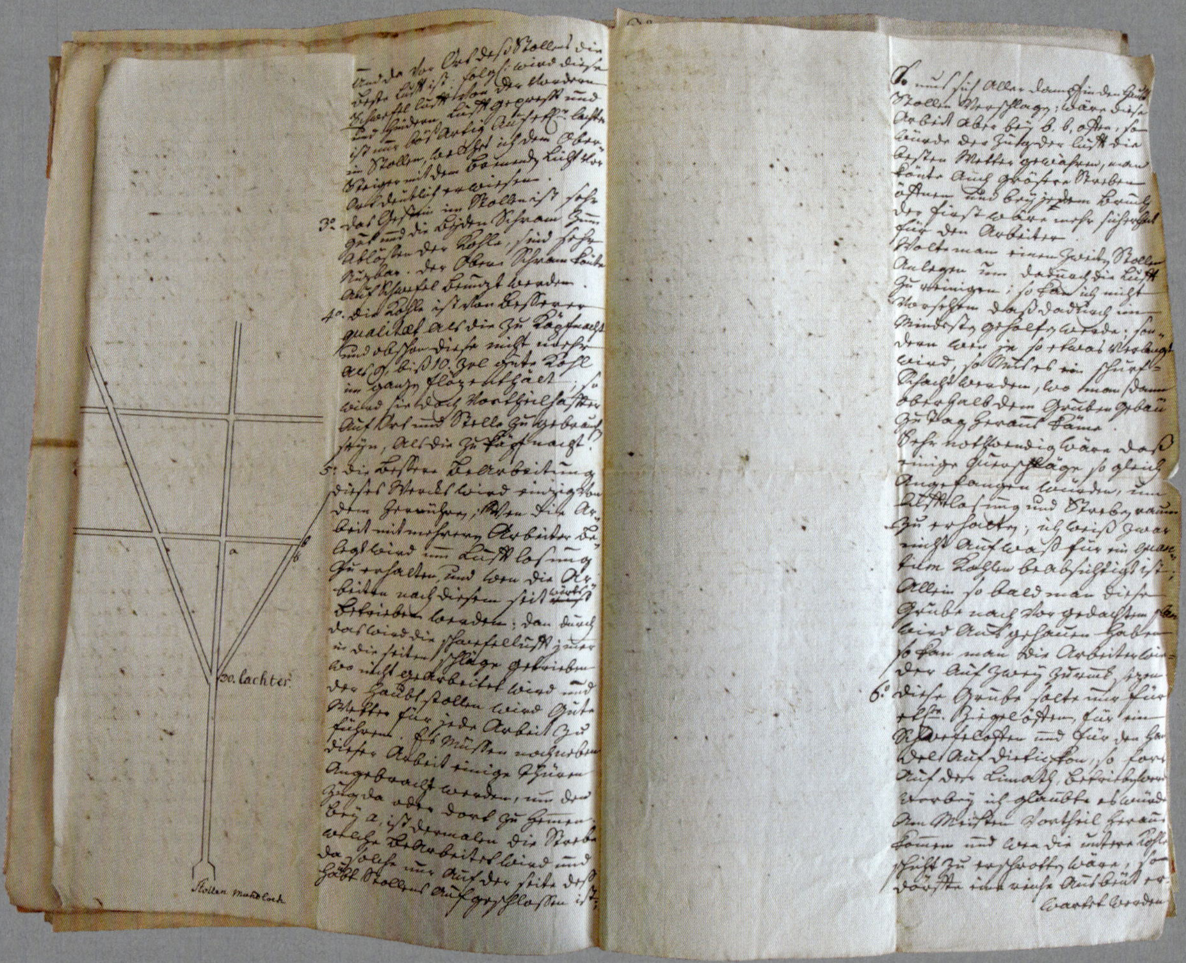

Abb. 1: Bericht an die Steinkohlekommission mit dem vermutlich ältesten Stollenplan vom Bergwerk Riedhof. StAZH, R96 12, 1887.

Roger Widmer

Bergbau im Reppischtal

Braunkohle vom Riedhof bei Aeugst

Die Entdeckung des Kohlenflözes durch den Landwirt Felix Schneebeli Ende 1785 war reiner Zufall. Bei Ausbesserungsarbeiten an der «Strasse auf den Kellerhals» vom Wolfen hinauf nach Mühleberg stiess er bei Grabungen am Hang auf ein unscheinbares Kohlenflöz. Zur Zeit der beginnenden Industrialisierung bekam die Braunkohle als Rohstoff einen neuen Stellenwert, und so begann Schneebeli für den Hausgebrauch etwas Kohle abzubauen. Bei einem Glas Bier im Restaurant Mühleberg muss er von seinem Glück berichtet haben und schnell machte die Neuigkeit im Tal die Runde. Es ging nicht lange, bis auch die Obrigkeit in Zürich von dem Kohlenflöz im Aeugstertal erfuhr. Denn schon kurz darauf wurde dem Landwirt vom Staat Zürich das Land entzogen und die staatliche Steinkohlekommission übernahm den Abbau.[1]

Ein erster Stollen wird aufgefahren

Im August 1787 wurde ein erster Stollen gegen den Gottert hin aufgefahren.[2] Die Kohle wurde links und rechts vom Hauptstollen aus oder durch kurze Seitenstollen von Hand abgebaut. Das Mundloch lag nordöstlich oberhalb des Riethofs in etwa 620 m Höhe, bergwärts am Strässchen vom Wolfen hinauf nach Mühleberg. Zur Beschaffenheit des Kohlen-

flözes sind folgende Angaben überliefert: «Bevor man zum ‹Lebergestein› [obere Süsswassermolasse] kam, gingen die Stollen 8–9 m durch ein ‹Lettendach›. Das Flöz verstärkte sich im festen Gestein um zwei Zoll und betrug 14 Zoll [42 cm] mit wenig Schiefer vermischt. Im ganzen zeigte es sich aber sehr unregelmässig und sogar auf kurze Strecken hin höchst wechselvoll. Bald war oben und unten ein ‹Schramm›[3] vorhanden, bald nicht; der obere war zudem stark schwefelkieshaltig, sodass Hofrat Clais (1793) den Vorschlag machte, daraus Schwefel herzustellen. Dann traten wieder taube ‹Wechsel› auf oder es stellte sich nierenförmig in der Kohle der Stinkstein[4] ein, oder auch im Liegenden und Hangenden.[5] Häufig erwähnte der Obersteiger Ginsberg [erster Aufseher im Bergwerk und im Status eines Beamten oder Amtsträger], dass der Stinkstein ganz in Gestalt von versteinertem Holz erschienen sei.».[6]

Zu viel Schwefel in der Kohle

Am 31. Dezember 1793 beschloss die Steinkohlekommission auf Anraten von Hofrat Johann Sebastian Clais[7], in zwei Laboratorien drei Proben aus dem Flöz auf ihren Schwefelgehalt zu untersuchen.[8] Über das Ergebnis ist leider nichts bekannt, aber vermutlich sind die Proben nicht wie erhofft ausgefallen und darum die Idee nicht weiterverfolgt worden. Es liegt auf der Hand, dass eines der erwähnten Labore die 1777 vom Winterthurer Arzt und Chemiker Johann Heinrich Ziegler gegründete Vitriolölfabrik war, denn mit Ziegler pflegte Clais engen Kontakt. Die Fabrik wurde auch Laboratorium genannt und benötigte zur Herstellung ihres Hauptprodukts viel Schwefel.[9]

Den Bergmännern brummt der Schädel – aber nicht vom Alkohol

Im 1787 erstellten Hauptstollen I traten bei den Bergmännern schon bald Probleme mit der Atmung auf, sie beklagten sich über Kopfschmerzen, aber nicht weil am Vortag Zahltag gewesen wäre, das gehört in ein anderes Kapitel.[10] Clais empfahl 1793 das Abteufen eines Lüftungsschachtes, was nie umgesetzt wurde.[11] Um einen sicheren Betrieb zu gewährleisten, wurde aber 1794 der parallel zum Hauptstollen verlaufende Stollen II aufgefahren und durch

← Abb. 2: Das Kloster Kappel im Jahr 1924, rechts im Hintergrund ist noch der Hochkamin der Ziegelei zu sehen, welche 1963 abgebrochen wurde. PDF zur Geschichte des Klosters, www.vereinklosterkappel.ch, Fotograf unbekannt.

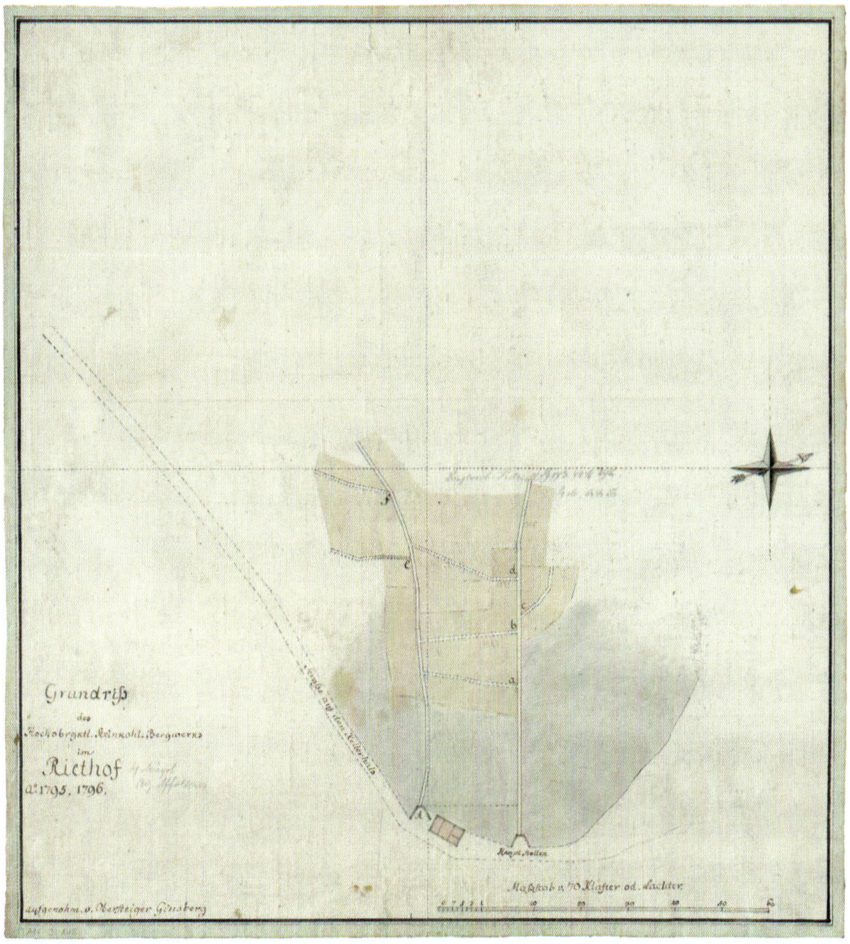

Abb. 3: Stollenplan, aufgenommen von Obersteiger Ginsberg. StAZH, 01-PLAN_J_145_Ref, 1795/96.

mehrere Querschläge mit dem Hauptstollen verbunden. Die so herbeigeführte «natürliche Wetterführung»[12] ermöglichte es, das Kohlenflöz tiefer in den Berg zu verfolgen. Ab dann fand der Abbau im Strebbau[13] zwischen den beiden Stollen statt.[14] Wie aus der Karte von Obersteiger Ginsberg (1795/96) ersichtlich, waren die beiden parallel verlaufenden Stollen etwa 77 Lachter (139 m) tief in den Berg vorgetrieben worden.

Um dem stetig wachsenden Bergwerk gerecht zu werden, musste Platz für die anfallenden Berge[15] geschaffen werden. So wurde 1791 eine Jucharte Land (42 000 m^2) gekauft.[16] Neben der Lagerung der Berge wurde auf diesem Grundstück auch ein Knappenhaus und ein Magazin «für die Gerätschaften» erstellt.[17] Es wurde im Bergwerk nicht durchgehend gearbeitet. Vom April 1791 bis Mai 1793 war der Betrieb eingestellt, auch in weiteren Jahren erfolgten Unterbrüche. Die Zahl der Bergleute betrug im Schnitt zwei, vorübergehend auch einmal sechs, die nach Bedarf vom Bergwerk Käpfnach ausgeliehen wurden.[18]

Absatzschwierigkeiten

Ein weiteres Problem war der Absatz der Kohlen in der näheren Umgebung. Kohlenproben wurden überallhin an mögliche Abnehmer wie Schmiede usw. versandt. Sogar bis nach Basel hinunter wurden ein paar Hundert Zentner, verpackt in «Kalkröhrli», geliefert.[19] Aber nirgends scheint der Absatz die Kosten für den Bergbau gedeckt zu haben. Der Zentner, verpackt ab dem Bergwerk, wurde für 16 Schilling verkauft. Aber auch der Vertrieb in der näheren Umgebung an Private zu Heizzwecken wollte nicht recht anlaufen, da in dieser waldreichen Gegend genug günstiges Brennholz vorhanden war.[20]

Der grösste Abnehmer war Amtmann Meiss, welcher in Kappel am Albis eine staatlich betriebene Ziegelbrennerei führte. Aufgrund der Absatzschwierigkeiten des Bergwerks Riedhof war dort ein neuer Brennofen, der 10 000 Stück Ziegel, gebrannte Steine und etwa 30 «Röhrli Kalch» fasste und für

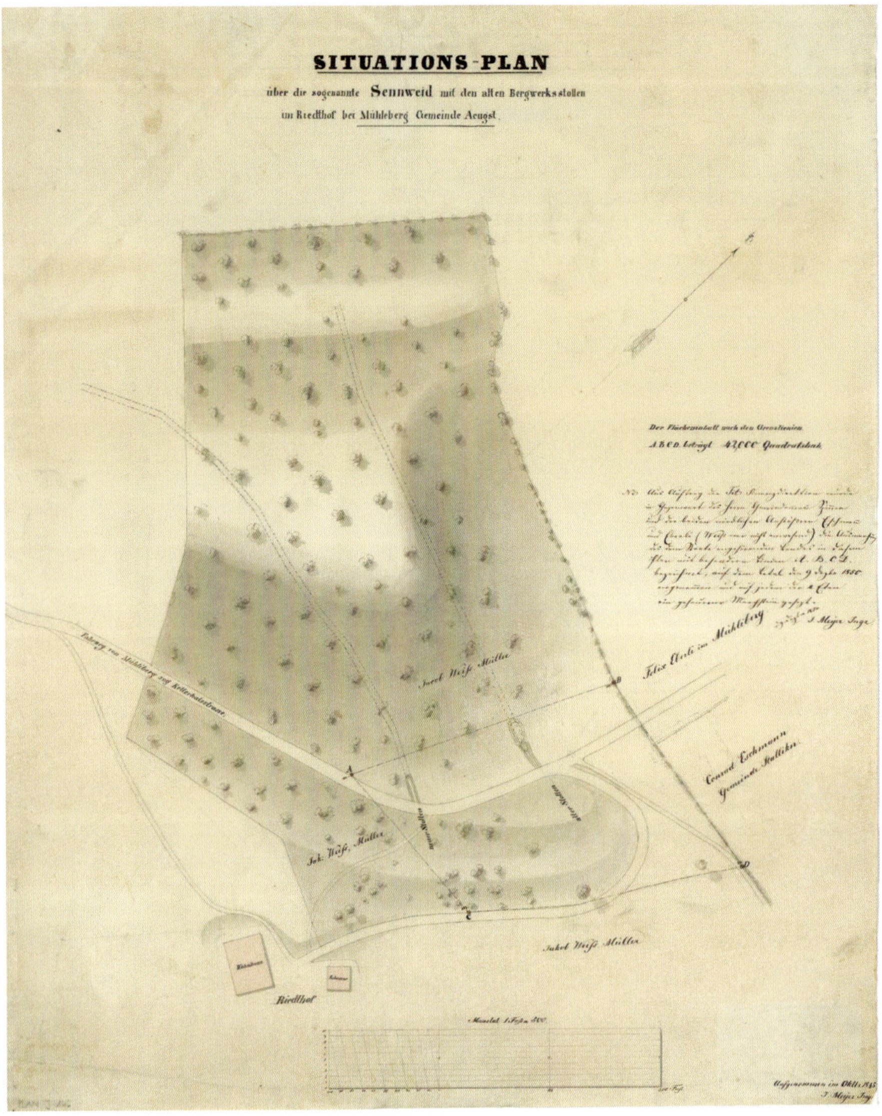

Abb. 4: Situationsplan über die sogenannte Sennweid, den alten Bergwerksstollen und mit den eingezeichneten Landmarkierungen. StAZH, 02-PLAN_J_146_Ref. Meyer 1845.

Kohlenfeuerung ausgelegt war, in Betrieb genommen worden (Kostenpunkt etwa 5000 Gulden). Der mit Meiss vereinbarte Preis betrug 13 Schilling per Zentner, was unter den durchschnittlichen Selbstkosten lag und eine Rendite von vornherein ausschloss.[21]

Unrentable «Eselei»

Obwohl beide Betriebe dem Staat gehörten, sollte der Verkauf der Kohle doch einigermassen gewinnbringend sein, und so wurden für 50 Gulden zwei Esel angeschafft, um die Kohle günstig nach Kappel zu transportieren. Dabei kam man auf die «ingenieuse Idee», die Esel so zu dressieren, dass sie den Weg nach Kappel und zurück selbständig fänden. Das Unternehmen war zum Scheitern verurteilt und diente den Anwohnern am Weg nach Kappel zu Spass und Unterhaltung. Die gelehrigen Esel fanden den Weg nach Kappel schon, aber kamen, vor allem im kalten Winter, oft mit leeren Säcken in Kappel an. Die Anwohner bedienten sich gratis oder für eine Handvoll Heu mit Kohle, und so wurden anstelle des Ziegelofens die Öfen im Säuliamt mit Kohle vom Bergwerk Riedhof beheizt.[22]

Nach diesem herben Rückschlag wurden Wagen, Geschirre und für den Winter Schlitten gekauft und die Esel mussten ziehen lernen. Aber zu diesen neuen Kosten kamen nun auch noch die Kosten für einen «Treiber» (20 Schilling) und das tägliche

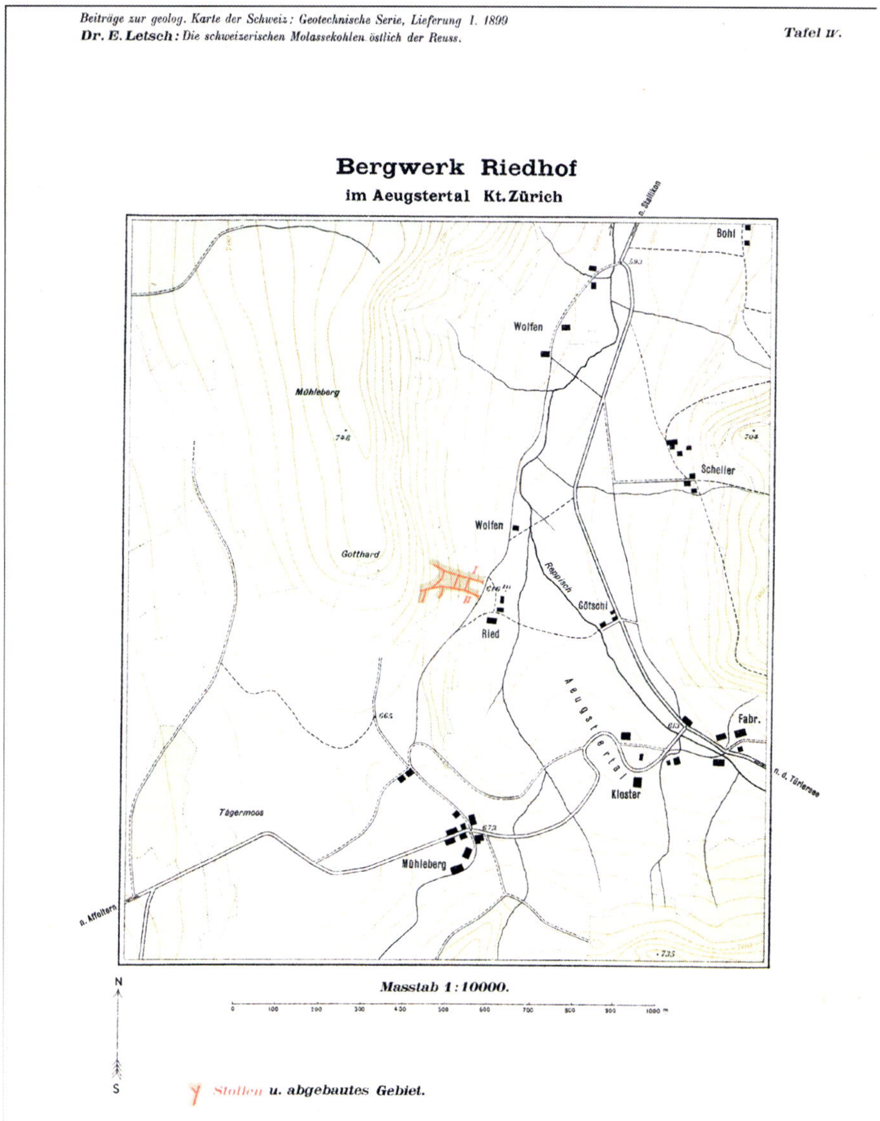

Abb. 5: Situationsplan des Bergwerks Riedhof Ende des 19. Jahrhunderts mit den zwei Stollen und dem abgebauten Gebiet. Letsch (wie Anm. 6), Tafel IV.

«Tischgeld zu 15 Schilling par tête im Götschihof» hinzu. Die tägliche Lieferung nach Kappel betrug 8 Zentner, was sich mit der ganzen «Eselei» als nicht sehr rentabel erwies und dazu führte, dass diese 1794 wieder aufgegeben wurde. Die Esel wurden mit Geschirr, Wagen und Schlitten für 50 Gulden verkauft.[23]

Ein bescheidener Gewinn von 73 alten Franken

Von 1786 bis 1808 wurden etwa 500 m Stollen vorgetrieben und gesamthaft etwa 1064 t Kohle gefördert. Während in den Jahren 1802, 1803 und 1807 ein bescheidener Gewinn von 73 alten Franken erwirtschaftet wurde, hatte man in den restlichen Betriebsjahren nur Verlust erzielt.

Des Öfteren wurde erwähnt, dass das Flöz im Bergwerk Riedhof demjenigen von Käpfnach in nichts nachstehe, sogar weniger Schwefel enthalte. Schlechte Qualität und geringe Mächtigkeit waren also nicht allein die Ursache, dass der Betrieb eingestellt wurde. Es fehlten vielmehr diejenigen Faktoren, die dazu beigetragen haben, das Bergwerk von Käpfnach wettbewerbsfähig zu halten: die günstige Lage und die Verwertung von Nebenprodukten wie Mergel und Zementstein. Es gab keine ordentliche Strasse und keinen See für den Transport der Kohle, ein Mangel, den schon 1793 Clais empfand. Die Gegend war reich an Wald und arm an Industrie, Abnehmer von Düngermergel fehl-

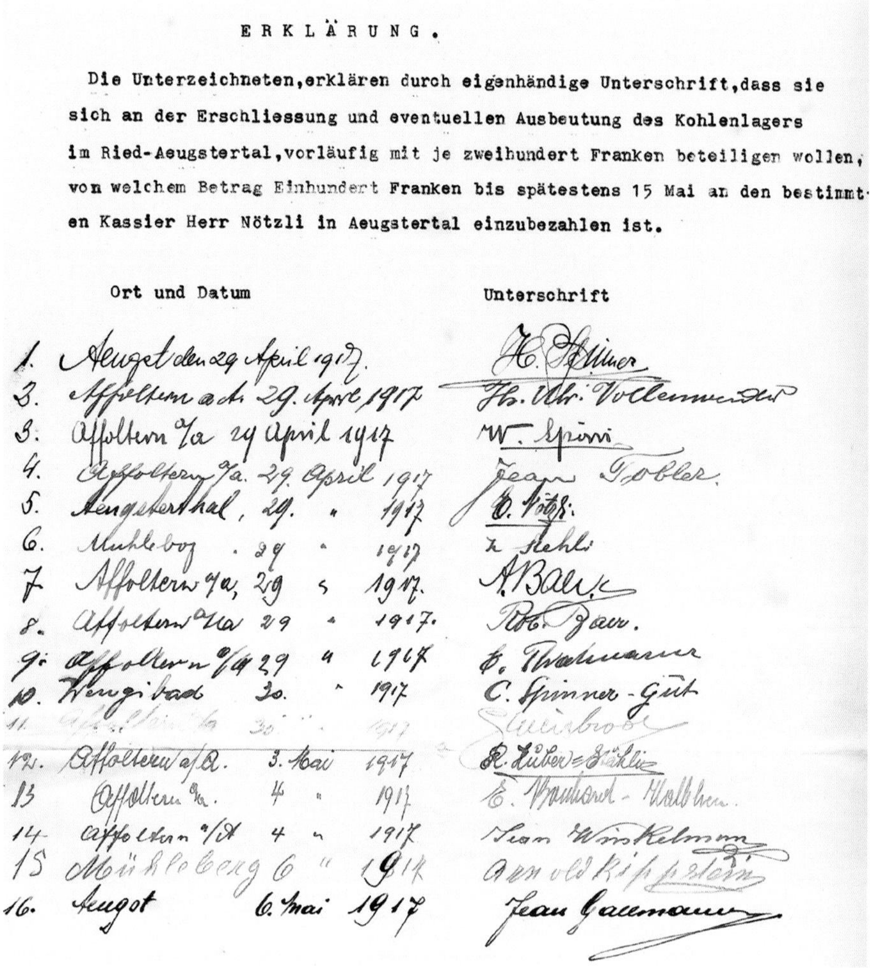

ERKLÄRUNG.

Die Unterzeichneten,erklären durch eigenhändige Unterschrift,dass sie sich an der Erschliessung und eventuellen Ausbeutung des Kohlenlagers im Ried-Aeugstertal,vorläufig mit je zweihundert Franken beteiligen wollen, von welchem Betrag Einhundert Franken bis spätestens 15 Mai an den bestimmten Kassier Herr Nötzli in Aeugstertal einzubezahlen ist.

Ort und Datum — Unterschrift

Abb. 6: Erklärung der sechzehn Teilhaber der Kohlebergwerkgesellschaft Aeugst, sich an der Erschliessung und eventuellen Ausbeutung des Kohlenlagers finanziell zu beteiligen. Dokument von 1917 aus dem Familienbesitz der Gebrüder Spinner.

ten. Erschwerend kam hinzu, dass bis 3 cm dicke Lagen Kohlen von der «vortrefflichsten Qualität», die fest an Schiefer klebten, weggeworfen werden mussten, «weil die Absönderung und Sortierung allzuviele Kosten verursacht» hätte. In Käpfnach wurde solches Material in den eigenen Zementöfen verbrannt.[24]

Obwohl der Abbau im Jahr 1808 eingestellt wurde, geriet das Bergwerk Riedhof nie ganz in Vergessenheit. Die stets schwankenden Holzpreise brachten Regierungsrat Hans Caspar Hirzel-Escher, welcher die Oberaufsicht über die Stein- und Braunkohlenbergwerke des Staates inne hatte, 1845 dazu, der Regierung in einem Bericht zu empfehlen, das Bergwerk durch einen Stollen zwischen Affoltern am Albis und Hedingen neu zu erschliessen. Mit diesem neuen Förderstollen sollten die Transportkosten gesenkt und die Kohle wieder konkurrenzfähig gemacht werden. Bereits 1793 war Clais der Ansicht gewesen, dass die Kohlenflöze auch gegen Affoltern hin aufgeschlossen werden könnten.

Schon früher war der weite Transportweg zum Ziegelofen in Kappel Grund für weitere Sondierungsarbeiten talaufwärts gewesen. Deshalb untersuchte Obersteiger Friedrich Albert Ginsberg im Auftrag des Staates auch die Gegend um Türlen nach Kohlenvorkommen. Seinem Bericht vom 24. August 1787 an die Steinkohlekommission ist zu entnehmen, dass bei Türlen ein schwaches Flöz entdeckt wurde, Länge des angelegten Stollens: 7,2 m, Flözmächtigkeit: 24 cm. 21. Oktober 1787: «Das Flöz parirt mit dem milden und derben Kohl schön ins Gebirg fort. Es arbeitet dort ein Mann.» Die Arbeit wurde eingestellt, um weitere Flöze gegen Kappel zu suchen. Zwischen Türlen und Tüfenbach wurde die Kohle noch an vier Orten durch Schürfungen angefahren. Oberhalb von Tüfenbach, auf Rudolf Hubers Weide, wurde ein Stollen «in der Richtung in der Stund 5; 4 achtel gegen Orient» aufgefahren. Da das Gebirge «1 1/2° Fallen gegen Orient» hatte, legte Ginsberg den Stollen 0,9 m unter dem Flöz an, «um ein gutes Stück in das Gebirge zu kommen, ehe das Flöz auf der Sohle des

Stollens sei». Die Länge des gut ausgezimmerten Stollens betrug damals 8,4 m. Ginsberg riet, den Stollen die restlichen 16,8 m «bis auf das hohe Gebürg» weiter vorzutreiben.[25] Noch heute ist die Lage des seit langem verstürzten Stollens auf der Weide oberhalb der Häuser von Tüfenbach zu erkennen.

Illegale Machenschaften

Am 25. Juli 1838 erhielt Johannes Reutlinger in Aussersihl einen Schürfschein für das Gebiet zwischen Auegst und Urdorf. Ausgenommen von der Bewilligung war das damals noch dem Staat gehörende Land im Riedhof. Es wurde Reutlinger untersagt, näher als 300 m an der Grenze zu diesem Land zu graben. Aber dieser hatte von Beginn an die unlautere Absicht gehegt, in der Nähe des aufgelassenen Bergwerks einen Stollen aufzufahren, um das dortige Kohlenflöz auszubeuten. So begann er südlich vom Wolfen, nur knapp 54 m von der Grundstücksgrenze entfernt, einen Sondierstollen aufzufahren.[26] Doch wurden seine illegalen Machenschaften schon bald aufgedeckt, und so kam es, dass Reutlinger bereits am 28. August 1838 seinen Schürfschein wieder abgeben musste.[27]

Im Jahr 1917 beginnt eine neue Bergbauperiode

Als sich die Versorgungslage der Schweiz im Ersten Weltkrieg verschlechterte, erinnerten sich einige Bewohner in der Umgebung des ehemaligen Bergwerks an die tief im Berg verborgen liegende Kohle. Im März 1917 schlossen sich sechzehn Männer aus Affoltern am Albis zusammen, unterzeichneten eine Vereinbarung mit dem Ziel, die Kohle zu erschliessen, und legten so den Grundstein für das «Bergwerkskonsortium». Jeder zahlte einen Beitrag von 200 Franken ein, womit die «Kohlebergwerkgesellschaft Aeugst» gegründet war. Zum Präsidenten der Gesellschaft wurde Heinrich Spinner aus Aeugstertal, Gemeindepräsident von Aeugst, gewählt. Daraufhin wurde eine Bergbaukonzession beantragt, und die Suche nach den alten Stollen begann. Nach neuntägiger Grabarbeit wurde einer der beiden Stollen wieder gefunden. Der Fahrweg von der Talstrasse hinauf zum Bergwerk erwies sich bei Regenwetter als unbenutzbar und musste von der Gesellschaft instand gestellt werden.[28]

Nicht alle Beteiligten waren überzeugt, dass sich eine Wiederaufnahme der Arbeiten im Bergwerk Riedhof lohne. Der Regierungsrat hatte dazu von Albert Heim, Professor für Geologie am Eidgenössischen Polytechnikum in Zürich (seit 1911 ETH Zürich), ein Gutachten erstellen lassen. Wie es scheint, riet Heim sowohl aus geologischen wie auch aus wirtschaftlichen Gründen ab. Obwohl das Gutachten negativ ausfiel, erhielt die Bergwerksgesellschaft Aeugst eine Konzession zum Abbau der Kohle. Die Bergwerkgesellschaft Aeugst kaufte das Grundstück um den wieder aufgewältigten Stollen II, ungefähr 4 Aren, und begann diesen instand zustellen. Zwei Seitenstollen wurden vorgetrieben, gerieten aber schon bald in «alten Mann» (bereits abgebautes Gebiet). Diese unproduktiven Arbeiten verschlangen viel Zeit und Geld.

Etwa 100 m weiter nördlich vom Stollen II wurde ein neuer Stollen etwa 15 m tief in den Berg vorgetrieben, aber auch hier zeigte die erschlossene Kohle nicht die gewünschte Qualität. Dennoch hoffte man, einen systematischen Betrieb aufziehen zu können, vor allem auch deshalb, weil mit dem neuen Sprengstoff Cheddit gute Erfahrungen gemacht wurden.[29]

Nur braun gefärbter Mergel

Die Qualität der Kohle stimmte eher pessimistisch. Die «schwarze» Kohle erster Klasse erzielte bei der Feuerung befriedigende Resultate und wurde für 14 Franken pro 100 kg verkauft. Aber wie schon bekannt, enthielt sie sehr viele Zwischenlagen aus Stinkstein, die mühsam entfernt werden mussten, sodass ein erheblicher Mehraufwand entstand. Die im Freien aufgehäufte Kohle zerfiel schnell und büsste dadurch viel an Heizwert ein. Zum Schutz der Kohle musste ein Lagerschuppen erstellt werden.

Bei der «braunen» Kohle zweiter Klasse erwies sich der Heizwert beinahe als null. Dennoch wurde sie zum Preis von 9 Franken pro 100 kg verkauft. Wer aber einmal eine Probe davon kaufte, hatte genug und schaute sich nach anderen Lieferanten um. Die Riedhofkohle kam in Verruf, es gab Absatzprobleme, und die Arbeiten im Stollen wurden an

Abb. 7: Witwe Walch posiert zusammen mit Arbeitern ihres Baugeschäfts vor dem neu aufgefahrenen Stollen I. Fotografie von 1918 aus dem Besitz der Gebrüder Spinner.

einen italienischen Bauunternehmer vergeben. Da die Arbeiten in den beiden Seitenstollen keine befriedigenden Resultate ergaben, wurde nördlich der alten Abbaustellen ein neuer Stollen aufgefahren, welcher aber keine besseren Resultate erzielte. Zeitweise machten die Arbeitslöhne das Zehnfache des Werts der geförderten Kohle aus.[30]

1918 verkommt das Bergwerk zum Spekulationsobjekt

Entmutigt durch die zahlreichen Rückschläge versuchte man zu retten, was noch zu retten war, und die Mitglieder des Konsortiums schauten sich nach einem liquiden Käufer um. Tatsächlich zeigte sich der Kaufmann S. Hirschi bereit, das unrentable Bergwerk zum stolzen Preis von 3200 Franken zu übernehmen. Im Frühling 1918 erhielt er von der Finanzdirektion des Kantons Zürich die Konzession zum Betreiben des Bergwerks. Die Mitglieder des Konsortiums erhielten dank des günstigen Verkaufs ihr eingezahltes Kapital zurück und strichen eine Dividende von 18 % ein.[31]

Der neue Konzessionär betrieb den Bergbau mit zehn deutschen Internierten, aber nur für zwei Wochen. Er muss schnell bemerkt haben, dass sich der Betrieb nicht lohnte, und es gelang ihm im Sommer 1918, das Bergwerk an Otto Huber, Käser im Spittel in Affoltern am Albis, zu verkaufen. Dieser betrieb das Bergwerk mit ein bis zwei Mann, die aber nur etwas im Bergwerk «herumstocherten», ohne jemals Kohle zu fördern. Nach Emil Nötzli vom Götschihof hatte Huber das Bergwerk nur «auf Spekulation» gekauft. Auch Huber fand einen Käufer für das unrentable Bergwerk, und so ging dieses am 1. Januar 1919 zum Preis von sage und schreibe 8000 Franken an die Firma A. Walch's Witwe, Baugeschäft für Hoch- und Tiefbau in Zürich. Diese versuchte mit systematischem Bergbau der drohenden Arbeitslosigkeit im eigenen Unternehmen zu begegnen.[32]

Systematischer Bergbau – oder wohl eher Raubbau

Der nördliche, vom Konsortium begonnene Stollen wurde zur Sondierung auf 70 m verlängert. Da sich aber die Qualität der Kohle nicht verbesserte, wurde gleich links vom alten Stollen II, wo sich die Verhältnisse für einen Abbau günstiger zeigten, ein neuer «Parallel-Stollen» aufgefahren (Stollen I). Um die Bewetterung zu verbessern, wurde links vom neuen Stollen (Stollen I) und etwa 8 m höher ein weiterer Stollen aufgefahren (Stollen II). Später wurde auch

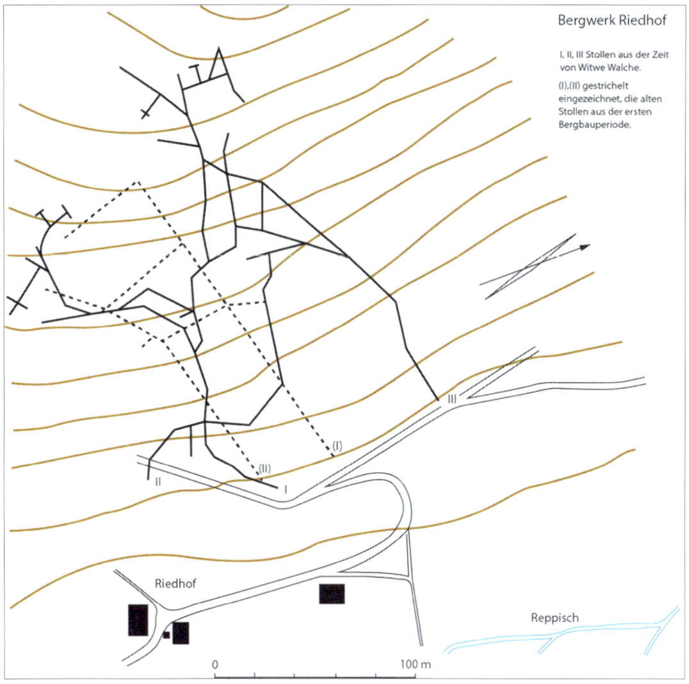

Abb. 8: Grundriss der Stollen, 1921. Mit I, II und III werden die drei von Walchs Witwe neu angelegten Stollen bezeichnet. Gestrichelt gezeichnet sind die alten Stollen (I) und (II) aus der ersten Bergbauperiode von 1786–1808. Letsch/Ritter (wie Anm. 30), S. 22.

die Sondierung weiter vorgetrieben (Stollen III). Durch Zwischenstrecken wurden die drei Stollen stellenweise miteinander verbunden. Dabei stiessen die Arbeiter immer wieder auf «alten Mann»: Durch eine Anzahl Seitengänge sei das Kohlenfeld beiderseits der alten Stollen je 10–12 m breit ausgebeutet gewesen. Die Abbaufelder seien ganz, die zwei ca. 100 m langen alten Stollen etwa zur Hälfte ausgefüllt gewesen, sodass man sich in Letzteren nur mit Mühe habe hindurchbewegen können. Infolge Bodensenkungen parallel zu den alten Stollen war der Felsen bis an die Oberfläche gespalten, sodass Wasser und Gebirgsdruck beim Durchqueren der alten Abbaugebiete grosse Schwierigkeiten bereiteten und eine starke Verzimmerung erforderten. Die Bohrung geschah durch eine von Walchs Witwes Unternehmung eigens erfundene Vorrichtung, «welche von Hand betrieben wurde und in der Leistung beinahe der maschinellen Bohrung gleichkam». Das ausgebeutete Gebiet wurde sofort mit Berg (taubem Gestein) versetzt. Der Stollen III, dessen Sohle tiefer lag als die der beiden andern, diente in erster Linie der Entwässerung und zusammen mit dem Stollen II der natürlichen Wetterführung. Es wurden im Ganzen 750 m Geleise verlegt (Spurweite 60 cm). Von den Stollenmundlöchern ging ein Geleise zur Sortier- und Verladerampe in der Nähe der Häuser von Riedhof.[33]

Draussen im Verladeschuppen wurde die Kohle von den Klaubern vom anhaftenden Mergel und Stinkkalk gereinigt und sorgfältig sortiert. Die aufwendig gereinigte Kohle nannte man «Glanzkohle». Zur Verringerung der Unkosten wurde versucht, unter dem Namen «Braunkohle» oder «Kohle 2. Qualität» auch diejenigen Stücke in den Handel zu bringen, bei denen die Kohlenschmitzen zu dünn waren, als dass man die Kohle hätte gewinnen können. Doch der allzu grosse Rückstand beim Verbrennen verhinderte einen besseren Umsatz. Die «Glanzkohle» dagegen fand in der Stadt Zürich für Dampfkesselfeuerung und Hausbrand (Zentralheizungen, Heizöfen, Herd usw.) guten Absatz, nachdem sie den schlechten Ruf der Riedhofkohle widerlegt hatte. Der Verkaufspreis betrug anfänglich 21 Franken pro 100 kg, bei noch besserer Sortierung 32 Franken, gegen Ende des Ersten Weltkriegs sank er, bedingt durch vermehrte Einfuhr ausländischer Kohle, wieder auf 21 Franken. Die schlechtere «Braunkohle» schwankte im Preis zwischen 5 und 10 Franken per 100 kg. Durchschnittlich 35 Mann waren im Betrieb beschäftigt.[34]

Die Kohle wurde nicht nur durch die Sortierungsarbeit, sondern besonders auch durch den Transport verteuert. Zum Einsatz kamen nun erstmals Lastwagen anstelle von Lasttieren. Aber die Talstrasse war nur für leichte Pferdefuhrwerke aus-

Abb. 9: Zwei Hauer beim Handabbau im Nordbereich. Der Hauer im Vordergrund arbeitet mit einer Schrämhaue, derjenige im Hintergrund mit Hammer und Meissel. Von Moos, SGD Swisstopo, 1946.

Abb. 10: Hartes Handwerk, aber fröhliche Gesichter. Bergmänner und Klauberinnen (als Klauben wird das Trennen des tauben Gesteins von der Kohle bezeichnet) vor dem Riedhofstollen. Eisenbergwerk Gonzen AG, 1946.

gebaut. Der Abtransport der Kohle nach Zürich oder hinüber zur Bahnstation bei Affoltern am Albis mit einem Lastwagen von 5 t Nutzlast wurde bald regierungsrätlich verboten. Es wurde verlangt, dass ein günstig gebauter Wagen mit einem Gesamtgewicht von nicht mehr als 4 t eingesetzt werden sollte. Zusätzlich viel Geld verschlang der Ausbau des Feldweges von der Talstrasse bis zum Verladeschuppen (ca. 350 m). Bis zur Instandstellung musste die Kohle mit Einspännern zur Talstrasse geführt und dort auf Lastwagen umgeladen werden.[35]

Verwendung der Nebenprodukte

Um einen rentablen Betrieb zu erzielen, wurden wie in Käpfnach Anstrengungen unternommen, auch Nebenprodukte zu verwerten. Man sandte den Mergel an verschiedene Ziegeleien in der näheren Umgebung. Aber alle stellten fest, dass das Material keine hohen Temperaturen aushielt und sich nur für ganz poröse Fabrikate eignete. Die bituminösen Mergel als Dünger zu verwenden, wurde nicht versucht. Hingegen erhoffte man sich, irgendwelche Stoffe daraus gewinnen zu können. Man liess deshalb die Mergel in der Materialprüfungsanstalt der Eidgenössischen Technischen Hochschule untersuchen. Doch konnte gestützt auf die Ergebnisse keine praktische Verwertung dafür gefunden werden. Das Defizit war mittlerweile auf rund 100 000 Franken angewachsen und so wurde der Betrieb Ende April 1921 eingestellt. Und obwohl Walchs Witwes Bauunternehmung sich einen systematischen Bergbau vorgenommen hatte, widerspiegelt der Stollenplan (Abb. 10) ein weitgehend unkoordiniertes und unprofessionelles Vorgehen bei der Anlage der Stollen. Diese wurden kreuz und quer, meist dem stärksten Flöz folgend, vorgetrieben.[36]

1942 wird der Abbau erneut in Angriff genommen

Zu Beginn des Zweiten Weltkriegs wurde die Armee mobilisiert, die Grenze geschlossen und die Preise für importierte Rohstoffe stiegen markant an. Damit kriegswichtige Fabriken weiter betrieben werden konnten, war man, vor allem in der Stahlindustrie, auf den Brennstoff Kohle angewiesen. Auch die Textil- und Lebensmittelfabriken litten

Abb. 11: Holzkonstruktionen der Aussenanlage, um 1942. Bildmitte: Schuttumladesilo für den Bahntransport zur Deponie II. Eisenbergwerk Gonzen AG, 1942.

unter der prekären Versorgungslage. Die stillgelegten Kohlenbergwerke im eigenen Land erlangten wieder grosse Bedeutung.

Das Büro für Bergbau des eidgenössischen Kriegs, Industrie- und Arbeitsamtes, welches während der Krisen- und Kriegsjahre tätig war, führte ab 1938 hinsichtlich zahlreicher Rohstoffe gezielte Prospektionen durch. Geologen und Vertreter industrieller Betriebe überprüften die bekannten Bergwerke, darunter auch das Bergwerk Riedhof. 1941, etwa zwanzig Jahre nach dem vernichtenden Urteil von Albert Heim, wurde es wieder positiv beurteilt.

Die Konzession ging an die Gebrüder Sulzer AG und die Georg Fischer AG. Dieses Mal sollte der Abbau der Kohle professionell erfolgen. Man vertraute auf die Erfahrung der Eisenbergwerk Gonzen AG, und die Planung und die geologische Überwachung wurde einem erfahrenen Fachmann, Armin von Moos aus Zürich, übertragen. Schon im Winter 1941/42 wurden die verfüllten Stollen wieder geöffnet.[37]

Abbautechnik und Abbaugruppen

Unter der kompetenten Leitung von Bergleuten (Steigern, Mineuren etc.) aus dem Eisenbergwerk Gonzen wurden die Arbeiter ausgebildet. Für die mehrheitlich im Amt wohnhaften Leute war die Arbeit im Bergwerk Riedhof eine willkommene Beschäftigung. Direktor und Betriebsleiter wurde Ingenieur Eugster aus Sargans. Der aus Ottenbach stammende Wilfried Leutert von der Firma Gautschi Holzbau war von Beginn an bei den Installationsarbeiten dabei. Weil bei der Firma Gautschi die Arbeit knapp wurde, musste er ganz zum Bergwerk wechseln. Er war einer der ersten Einheimischen, die dort ein Einkommen fanden. Dank seinen Schilderungen wissen wir heute, wie der Abbau organisiert war: Zunächst wurde von der Abbaustrecke aus im Mergel über der Kohle gebohrt und gesprengt. Die herausgesprengten, nicht nutzbaren Sandsteine und Mergel (Berge) dienten soweit möglich als Versatz in bereits abgebauten Gebieten. Im Südbereich erfolgte die Gewinnung der Kohle durch einen mit Druckluft betriebenen Abbauhammer, im Nordbereich meist von Hand mit Brecheisen, Schrämhaue, Meissel und Schlägel. Die ausgebrochene Kohle wurde in den Kavernen in eine niedrige, mit kleinen Rädern versehene Kiste verladen, an einem Seil zum Stollen gezogen und dort in die Loren verladen. Die sich bei diesem Kavernenabbau ergebende Abbauhöhe variierte je nach Hangende und Mächtigkeit des Flözes zwischen 60 und 80 cm.

In den Kavernen waren ein Mineur und zwei bis drei Handlanger tätig. Die Kavernen wurden meist etwa 15 m tief mit einem kleinen, etwa 1–1,5 m hohen und breiten Stollen aufgefahren. Zuhinterst

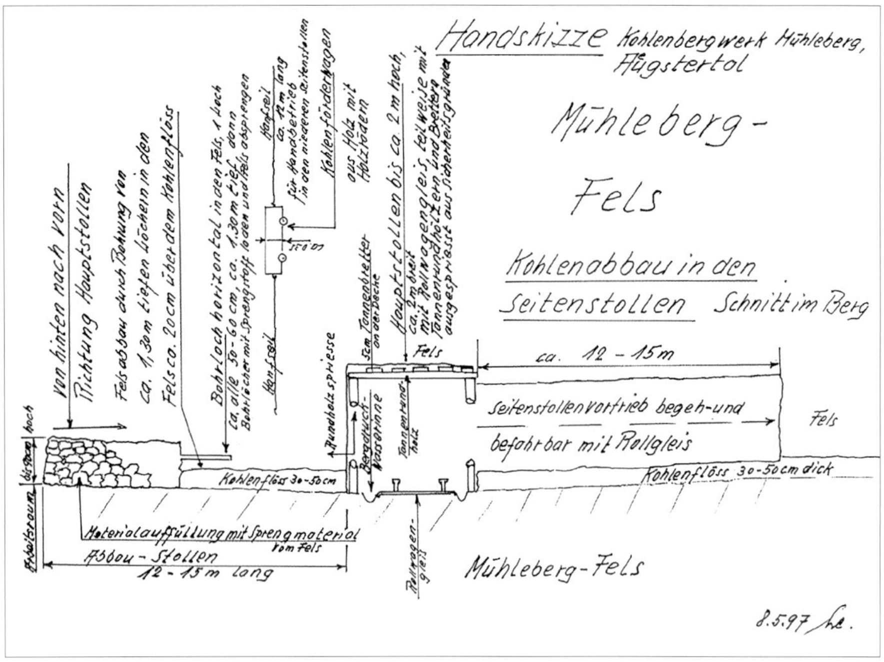

Abb. 12: Kohleabbau in den Querschlägen (Seitenstollen), Skizze von Wilfried Leutert. Leutert 1997.

→ Abb. 13: Montania O & KL 180, Nr. 780. Die Lokomotive konnte trotz ihrer Grösse bis in die beiden Bahnhöfe einfahren. Eisenbergwerk Gonzen AG, 1946.

→→ Abb. 14: Die Brun-Lok, meist im Berg unterwegs, ideal für die Nebenstrecken. Eisenbergwerk Gonzen AG, 1946.

wurde danach auf beiden Seiten, wiederum etwa 15 m tief, T-förmig weitergesprengt. Die anfallenden Berge mussten auf die Deponie geführt oder in bereits abgebauten Abschnitten als Versatz eingebaut werden. Nun begann der eigentliche Abbau. Zuerst wurden an der Front in Richtung Nebenstollen, also rückwärts, Sprenglöcher gebohrt. Die Bohreisen waren 160 cm lang. Die Arbeitshöhe in diesen Abbaustollen betrug nur etwa 90–100 cm. Sprengungen erfolgten immer kurz vor Schichtwechsel oder vor Pausen, das heisst mittags und nachts. In der Stunde danach konnte sich der Staub setzen oder von den grossen Bewetterungsventilatoren aus dem Bergwerk gesaugt werden.[38]

Die Logistik im Bergwerk

Ab 1942 wurden der Richtstollen sowie der Gottertstollen als Haupt- und Förderstollen ausgebaut. In beiden Stollen wurden etwa 200 m im Berginnern grosse Kavernen ausgesprengt. Darin wurden die Geleise doppelspurig mit Weichen geführt. Durch einen Querschlag wurden die zwei «Bahnhöfe», in die auch die Geleise der Nebenstollen mündeten, miteinander verbunden. Von hier aus wurden die schweren Kohlenzüge mit der grossen Stollenlok in die Klauberei transportieren. Neben der Kohle, musste auch ein Teil der ausgesprengten Berge zu den oberirdischen Deponien transportiert werden.

Wilfried Leutert und Xaver Hubli, damals in Riedhof tätig, wussten zu erzählen, dass die Bergmänner zu Fuss in ihre Reviere «einfuhren». Der Arbeitsplatz sei durch den geräumigen Hauptstollen in 10–15 Minuten zu erreichen gewesen. Ab und zu soll dies auch verbotenerweise mit der Lore (Kippwagen) geschehen sein. Gemäss SUVA war das Mitfahren von Personal auf den Loren strikt untersagt.[39]

Bettwäsche so schwarz wie Kohlensäcke

Da 1943 die Preise für ausländische Kohle immer weiter anstiegen, sollte die Produktion des Bergwerks Riedhof dringend gesteigert werden. Weil sich aber ein grosser Teil der arbeitsfähigen Männer im Wehrdienst befand, herrschte Personalmangel. Damals nahm die Schweiz immer mehr ausländische Militärpersonen auf, die in Lagern interniert wurden. Für den Betrieb des Bergwerks Riedhof war das ein Glücksfall, denn einige dieser meist jungen und kräftigen Männer waren echte Profis im Bergbau. Mit dem Interniertenlager Büren an der Aare

liess sich eine für alle Seiten gute Lösung finden. Auf der Lohnliste der Betriebsgesellschaft Riedhof figurieren in diesem Zeitraum mehrheitlich Polen, Tschechen, Rumänen und Russen. Diese schätzten die Arbeit im Bergwerk, weil sie interessanter war als der Alltag im Lager. Einzelne waren sogar als Mineur oder als Gruppenführer tätig gewesen, so auch der Chef von Leutert, ein Rumäne. Fachlich sei er sehr gut gewesen, nur sprachlich habe es manchmal Probleme gegeben, man habe sich aber mit «Händen und Füssen» verständigt, berichtete Leutert.

Das Barackendorf beim Bergwerk Riedhof mit seinen Unterkünften, sanitären Einrichtungen und der Kantine reichte nicht aus für diesen Ansturm von Arbeitern. In Spitzenzeiten waren 260 bis 300 Angestellte auf der Lohnliste verzeichnet. In aller Eile wurde deshalb leerstehende Räume der Spinnerei im Aeugstertal zu einer zweckmässigen Unterkunft umgebaut. Fest angestelltes Personal kochte in einer modernen Küche für die Bergleute. Die Dusch- und Schlafräume seien sauber gewesen. Jedenfalls sei es dort besser gewesen, als in einigen Privatunterkünften, welche die Schweizer Bergleute vorzogen. Oft seien die überzähligen Betten auf den Bauernhöfen doppelt vermietet gewesen, der Leintuchwechsel sei auch nicht staatlich beaufsichtigt worden und so sei manchmal die Bettwäsche eher mit Kohlensäcken zu vergleichen gewesen. Duschen und Badezimmer waren zu dieser Zeit auch noch nicht in jedem Bauernhaus eingebaut.[40]

Zahltag

Nach dem Zahltag gab es oft Reibereien. Betrunkene Bergmänner randalierten in den «Beizen» bis nach Affoltern. Der damalige Dorfpolizist konnte einige Geschichten zum Besten geben, beispielsweise die von jenen Mineuren, welche in einem Restaurant in Affoltern zur Ordnung gemahnt wurden und in ihrer Wut darüber mit Sprengstoff, Sprengkapseln und Zündschnur für Aufruhr sorgten. Leutert wusste dazu eine Variante zu erzählen, bei welcher auch der Wirt nicht so gut wegkommt. Es sei bei den Wirten in der Gegend üblich gewesen, am Abend nach dem Zahltag die Schnaps-, Wein- und Bierpreise etwas höher anzusetzen als üblich, was den «Bergwerkern» schon bald einmal aufgefallen sei. Da hätten sie dem Wirt in Affoltern die Treppe zur «Beiz» hinauf mit ein paar Stangen Sprengstoff «vermint». Laut Leutert sind von da an die Preise immer gleich geblieben.[41]

Unfälle im Bergwerk

Leichtere Verletzungen gab es im Bergwerk schon mal. Aber glücklicherweise blieb das Bergwerk Riedhof von tödlichen Unfällen verschont. Leutert wusste über zwei schwerere Unfälle zu berichten.[42]

De Luigi, ein Kumpel und Freund von ihm, war am Unglückstag Lorenläufer. Er schob eine mit Kohlen beladene Lore von der Kaverne zum Hauptstollen. Unterwegs löste sich von der Decke ein kopfgrosser Felsbrocken und zertrümmerte seine Hand, die er auf die Stahlkante der Mulde gelegt hatte. Auf schnellstem Weg wurde er nach Affoltern ins Spital gebracht. De Luigi war einige Wochen arbeitsunfähig und die Hand verheilte nie mehr richtig.

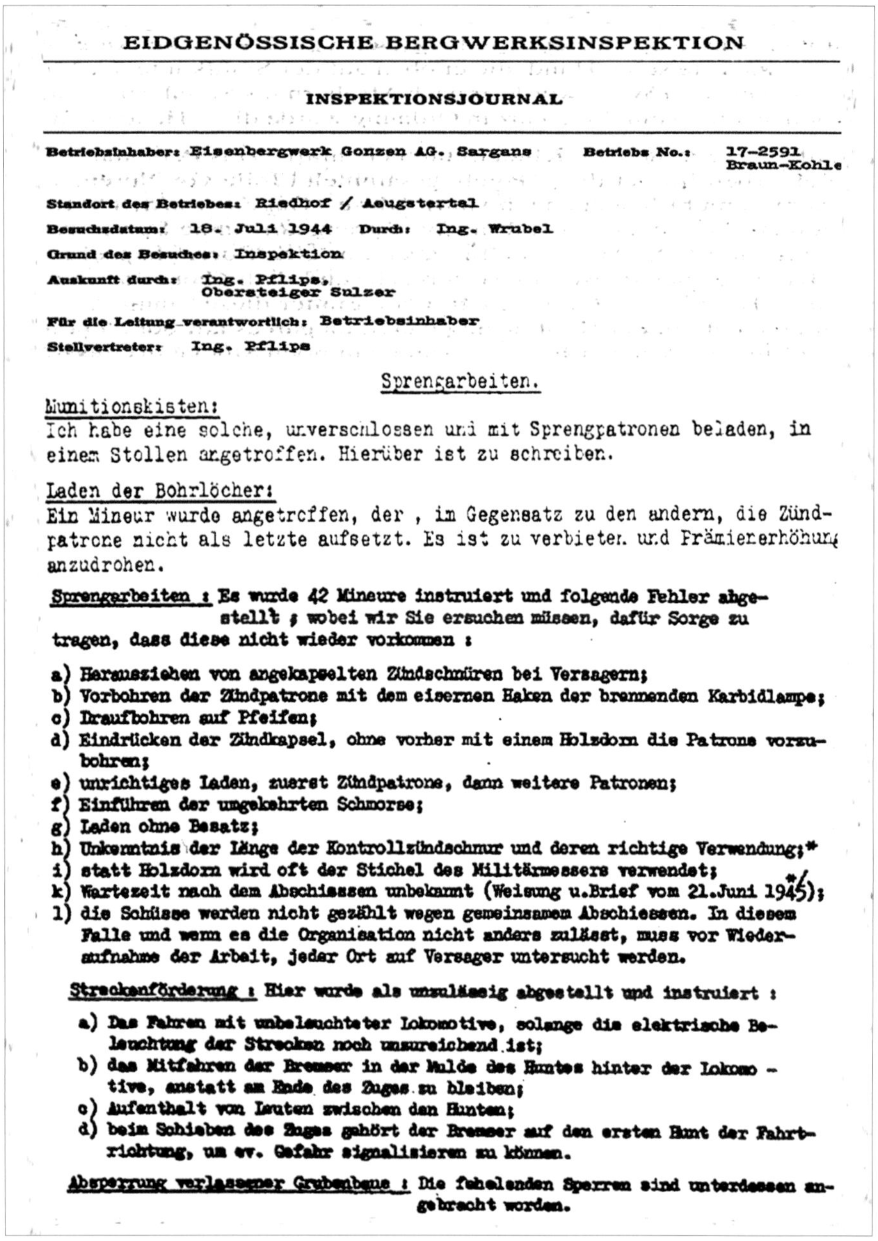
EIDGENÖSSISCHE BERGWERKSINSPEKTION

INSPEKTIONSJOURNAL

Betriebsinhaber: Eisenbergwerk Gonzen AG. Sargans   Betriebs No.: 17-2591 Braun-Kohle

Standort des Betriebes: Riedhof / Aeugstertal

Besuchsdatum: 18. Juli 1944   Durch: Ing. Wrubel

Grund des Besuches: Inspektion

Auskunft durch: Ing. Pflips, Obersteiger Sulzer

Für die Leitung verantwortlich: Betriebsinhaber

Stellvertreter: Ing. Pflips

Sprengarbeiten.

Munitionskisten:
Ich habe eine solche, unverschlossen und mit Sprengpatronen beladen, in einem Stollen angetroffen. Hierüber ist zu schreiben.

Laden der Bohrlöcher:
Ein Mineur wurde angetroffen, der, im Gegensatz zu den andern, die Zündpatrone nicht als letzte aufsetzt. Es ist zu verbieten und Prämienerhöhung anzudrohen.

Sprengarbeiten : Es wurde 42 Mineure instruiert und folgende Fehler abgestellt ; wobei wir Sie ersuchen müssen, dafür Sorge zu tragen, dass diese nicht wieder vorkommen :

a) Herausziehen von angekapselten Zündschnüren bei Versagern;
b) Vorbohren der Zündpatrone mit dem eisernen Haken der brennenden Karbidlampe;
c) Draufbohren auf Pfeifen;
d) Eindrücken der Zündkapsel, ohne vorher mit einem Holzdorn die Patrone vorzubohren;
e) unrichtiges Laden, zuerst Zündpatrone, dann weitere Patronen;
f) Einführen der umgekehrten Schmorse;
g) Laden ohne Besatz;
h) Unkenntnis der Länge der Kontrollzündschnur und deren richtige Verwendung;*
i) statt Holzdorn wird oft der Stichel des Militärmessers verwendet;
k) Wartezeit nach dem Abschiessen unbekannt (Weisung u.Brief vom 21.Juni 1945);
l) die Schüsse werden nicht gezählt wegen gemeinsamem Abschiessen. In diesem Falle und wenn es die Organisation nicht anders zulässt, muss vor Wiederaufnahme der Arbeit, jeder Ort auf Versager untersucht werden.

Streckenförderung : Hier wurde als unzulässig abgestellt und instruiert :

a) Das Fahren mit unbeleuchteter Lokomotive, solange die elektrische Beleuchtung der Strecken noch unzureichend ist;
b) das Mitfahren der Bremser in der Mulde des Huntes hinter der Lokomotive, anstatt am Ende des Zuges zu bleiben;
c) Aufenthalt von Leuten zwischen den Hunten;
d) beim Schieben des Zuges gehört der Bremser auf den ersten Hunt der Fahrtrichtung, um ev. Gefahr signalisieren zu können.

Absperrung verlassener Grubenbaue : Die fehlenden Sperren sind unterdessen angebracht worden.

Abb. 16: Inspektionsjournal der SUVA. Eisenbergwerk Gonzen AG, 1946.

Ein weiterer Unfall ereignete sich auf der Deponie 2. Das Personal auf der Deponie sammelte bei der Arbeit immer die «Gagel», Reste von Sprengstoffstangen, die beim Schuss nicht losgegangen waren. Diese wurden zum Anfeuern des Ofens in der Depotbaracke gebraucht (Sprengstoff ohne Sprengkapsel geladen explodiert nicht, er brennt nur), obwohl das verboten war. An jenem verhängnisvollen Tag befand sich in einem dieser «Gagel» noch eine Sprengkapsel. Kurz vor Schichtwechsel um Mitternacht und vor dem Gang zur Kantine legte der Deponiearbeiter noch etwas Anfeuerholz in den Ofen und dazu einen «Gagel» als Anzündhilfe. Er meinte es gut mit seinem Kumpel, der eine Stunde nach Mitternacht seine Schicht begann, und wollte diesem eine warme Baracke überlassen. Als er sich auf dem Weg zur Kantine befand, gab es auf der Deponie 2 einen mörderischen «Chlapf» und von der Baracke waren nur noch konservengrosse Teile zu finden, vom Ofen war gar nichts mehr vorhanden, ausser einem 70 cm tiefen Loch im Boden. Verletzt wurde niemand, aber der Schreck sei allen in Erinnerung geblieben.

Abb. 17: Xaver Hubli aus der Habersaat (Zweiter von links) mit den letzten seiner Bergkumpeln bei der Räumung des Werkplatz vor dem Gottertstollen. Eisenbergwerk Gonzen AG, 1946.

Insgesamt wurde im Bergwerk inner- und ausserhalb der Stollen sehr auf Sicherheit geachtet. Es wurden oft Schulungen mit der gesamten Belegschaft durchgeführt, und mehrmals im Jahr erfolgten unangemeldete Sicherheitskontrollen des BIGA oder der SUVA.

Hauptabnehmer der Braunkohle erster Klasse waren die Konzessionäre Georg Fischer AG, Schaffhausen, und die Sulzer AG, Winterthur. Die beiden betrieben das Bergwerk Riedhof, weil sie, bedingt durch die Versorgungsprobleme während des Krieges, über zu wenig gasreiche Kohle für die Industriefeuerung verfügten. Daher war die einheimische Braunkohle mit ihrem hohen Gehalt an flüchtigen Bestandteilen sehr geeignet und wurde trotz hoher Gestehungskosten gerne als Ersatz für die ausländische Kohle verwendet.[43] Die schlechtere Kohle zweiter Klasse wurde im Gaswerk in Schlieren in Autoklaven zu Stadtgas vergast. Nicht belegt ist der Tausch oder Verkauf von Kohle gegen Mineralwasser aus der Mineralquelle Eglisau. Im Bergwerk wurden einige Flaschen Mineralwasser gefunden und die Analyse ergab, dass es sich um Wasser aus der Mineralquelle Eglisau handelt.

Von 1942 bis Herbst 1943 kam vor allem die aus den Vorrichtungsarbeiten[44] des Bergwerks anfallende Kohle zum Verkauf. Danach wurde die Förderung gesteigert, und man erreichte im November 1943 ein erstes Maximum von 670 t pro Monat. Anschliessend fiel die Förderung aufgrund geringerer Nachfrage allmählich auf 400 t pro Monat zurück, um dann Ende 1944 auf 500–600 t pro Monat anzusteigen. 1945 stieg die Förderung mit dem sich abzeichnenden Zerfall des Deutschen Reichs auf den Rekordwert von 2400 t pro Monat (November). Bis Ende 1946 wurde das Bergwerk Riedhof noch instand gehalten, produzierte aber nur noch 42 t Kohle. Ende April 1947 wurde der Betrieb eingestellt und das Bergwerk aufgelassen.[45]

Von Januar bis Ende März 1947 neigte sich eine weitere Bergbauperiode ihrem Ende zu. Vier Männer wurden mit dem Rückbau beauftragt. Das gab einiges zu tun. Baracken mussten abgebaut und aufgeladen werden, nicht mehr gebrauchtes Bauholz lag auf dem Werkplatz herum und musste abtransportiert werden. Nachdem alles Material weggeräumt war, mussten die bereits geschlossenen Stolleneingänge und die kargen Deponien rekultiviert werden. Erst danach konnte das zurückgewonnene Kulturland seinen Besitzern übergeben werden. Bis es soweit war, sollten aber noch etwa 2 Monate vergehen.

Das Besucherbergwerk

Das Bergwerk geriet in Vergessenheit, bis in den Siebzigerjahren ein paar Teenager die Neugierde

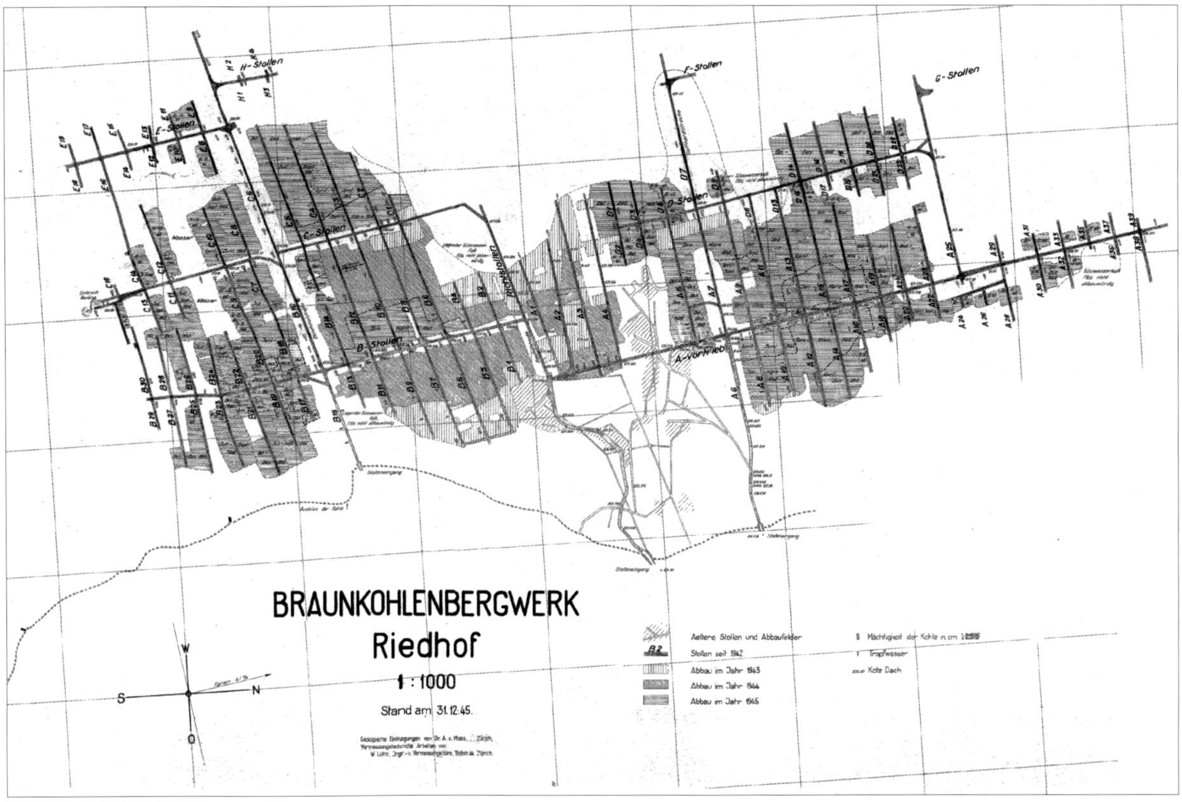

Abb. 18: Abschliessender Stollenplan des Bergwerks Riedhof. A. von Moos: Schlussbericht vom 1. Februar 1947, SGD Nr. 3650, 1947.

→ Abb. 19: Blick durch den Gottertstollen mit dem frisch geschotterten Geleise. Foto: Roger Widmer, 2015.

↘ Abb. 20: Der See im Gottertstollen kann mit einem Schlauchboot befahren werden. Foto: Roger Widmer, 2015.

packte und sie sich gemeinsam auf die Suche nach dem ehemaligen Bergwerk Riedhof machten. Die Stollen waren alle verschlossen, aber da gab es ein Fuchsloch, welches in die dunkle Tiefe des Berges führte. Nachdem die jungen Leute das enge Fuchsloch etwas vergrössert hatten, stellte sich heraus, dass sie den Zugang zum ehemaligen Lüftungsstollen II aus dem Jahr 1918 entdeckt hatten.[46]

1996 begann Ueli Wenger sich für die Geschichte des Bergwerks Riedhof zu interessieren. Er lernte die nun erwachsenen Entdecker kennen, die ihm den offenen Eingang ins Bergwerk zeigten. Er weitete das Fuchsloch zu einer Kriechstrecke aus und verschloss den Eingang mit einem Tor. Zwischen 1996 und 2000 befuhr[47] Wenger das Bergwerk über ein Dutzend Mal. Er entdeckte immer wieder neue Stollen und begann gemeinsam mit Rainer Kündig, den er bei Recherchen zum Bergwerk an der ETH Zürich kennengelernt hatte, das Bergwerk systematisch zu erforschen.

Im Jahr 2002 war es dann so weit, im Saal der Gemeinde in Aeugst wurde der «Verein Bergwerk Riedhof» gegründet. Mit viel Herzblut wurde im Laufe der Jahre aus dem «vergessenen» Bergwerk ein passables Besucherbergwerk mit einem Museum. Der Gottertstollen wurde wieder aufgewältigt und mit Verzimmerung und Gleisanlage hergerichtet. Sogar ein schiffbarer «Stollensee» mit Anlegestelle befindet sich tief im Berg. Es werden verschiedene Anlässe angeboten, ein Besuch lohnt sich auf jeden Fall.[48]

Abb. 1: Kohleauslieferung in Zürich-Albisrieden, Datum unbekannt. Baugeschichtliches Archiv Zürich

Jean-Daniel Blanc

Warme Stuben dank einheimischer Kohle?
Der Beitrag inländischer Kohleförderung während des Zweiten Weltkriegs

Während des Zweiten Weltkriegs erlebte der schweizerische Bergbau eine letzte Blütezeit. Viele Kohlengruben wurden reaktiviert, um die knappen Importkohlen zu ersetzen. In diesem Beitrag wird ausgeführt, wie der inländische Kohleabbau organisiert wurde und welchen Beitrag an die Energieversorgung der Schweiz er leisten konnte. Für eine Einordnung wird auch die Entwicklung der anderen einheimischen Energiequellen betrachtet.

Die Bedeutung der Kohle als Energieträger

In der Schweiz verbreitete sich der Einsatz von Kohle erst im grösseren Stil, als der Transport mit Eisenbahnen und später mit Rheinschiffen eine kostengünstige Einfuhr des Massengutes ermöglichte. Gegen Ende des 19. Jahrhunderts war Kohle in fast allen Bereichen vorherrschend. Kohlen wurden in Haushalt, Gewerbe und Industrie zur Heizung und für weitere thermische Prozesse verwendet. Sie kamen in Dampfmaschinen zum Einsatz, insbesondere in Dampflokomotiven. Ausserdem waren die Gaswerke auf Kohlen angewiesen, sie erzeugten aus diesem Rohstoff neben Gas auch Koks und wertvolle Teerstoffe. Vor dem Ersten Weltkrieg betrug der Anteil der Kohle am schweizerischen Energieverbrauch rund 80 %.

Abb. 2: Im Grimselgebiet entstand ab den 1930er Jahren eine alpine Wasserkraft-Landschaft. Die Postkarte von 1935 zeigt die Spitallamm-Staumauer (r.). ETH-Bibliothek, Bildarchiv.

Abb. 3: Eine Gotthardlokomotive im Bahnhof Erstfeld 1919. Ein Jahr später war ausgedampft und die Züge werden seither von Elektroloks über die Bergstrecke gezogen. ETH-Bibliothek, Bildarchiv.

Kohlen aus schweizerischen Gruben waren den Importkohlen sowohl preislich wie qualitativ unterlegen, die geringe inländische Produktion wurde deshalb weitgehend eingestellt. Die grosse Abhängigkeit von Importen führte bei kriegs- oder streikbedingten Störungen schon im 19. Jahrhundert zu Problemen, doch dramatisch wurde die Lage erst während des Ersten Weltkriegs. Die Einfuhr von Kohle wurde in der zweiten Hälfte des Krieges immer schwieriger und die Preise stiegen sehr stark an. Ab 1917 begann man alte Kohlengruben wieder in Betrieb zu nehmen. Ihr Beitrag zur Versorgung blieb allerdings gering, und der Abbau wurde nach dem Krieg wieder eingestellt. Die damit gemachten Erfahrungen sollten aber später nützlich sein.

Wasserkraft und Erdölprodukte

Während der 1920er-Jahre nahm der Kohleverbrauch rasch zu und erreichte ähnliche Werte wie vor dem Krieg. Weil aber gleichzeitig mehr Elektrizität und Erdölprodukte verbraucht wurden, be-

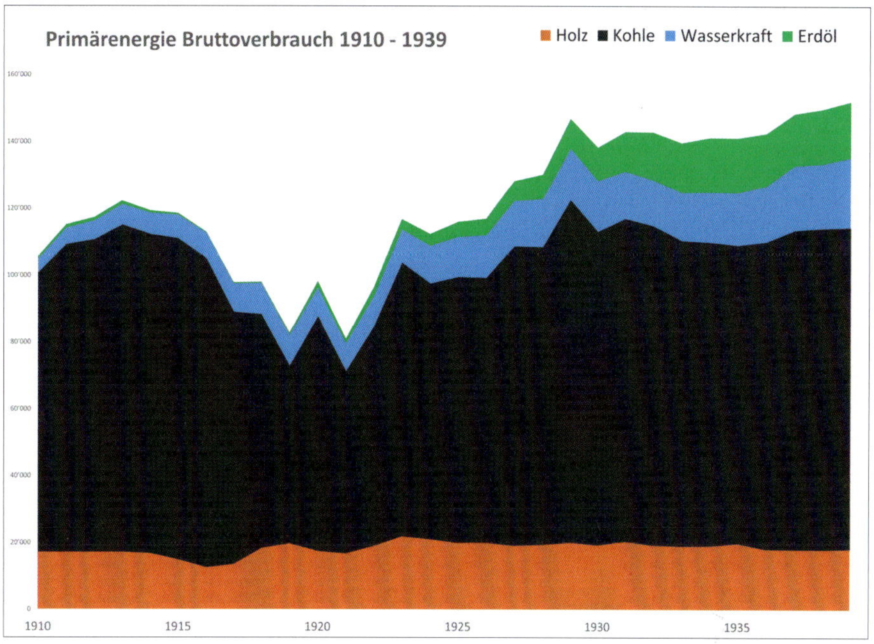

Abb. 4: Der Kohleverbrauch (in TJ) brach während des Ersten Weltkrieges stark ein und erholte sich nur langsam. Der Verbrauch von Strom aus Wasserkraft und Erdölprodukten dagegen nahm ab 1920 rasch zu. Grafik: J. D. Blanc

gann der Anteil der Kohle am Energieverbrauch zu sinken.

Die Verbreitung von Elektrizität hatte im ausgehenden 19. Jahrhundert eingesetzt und das Wachstum ging pausenlos weiter. In der Schweiz wurde Strom fast ausschliesslich aus Wasserkraft erzeugt, im Dauerbetrieb arbeitende Kohlekraftwerke gab es nicht. Industrie und Gewerbe setzten immer mehr Strom ein, oft auch anstelle von Kohlen. In den 1930er-Jahren wurde das Wachstum zwar von der Wirtschaftskrise gedämpft, dennoch trieb die Elektrowirtschaft den Bau von immer grösseren Wasserkraftwerken weiter voran. Sie versuchte, mit Geräten zum Kochen und Heizen stärker in die Privathaushalte einzudringen,[1] gleichzeitig begann sie mit dem Export grosser Strommengen.

Eine besondere Bedeutung hatte in der Schweiz die Elektrifizierung der Eisenbahnen. Angesichts der Erfahrungen mit der Kohleknappheit während des Kriegs beschleunigten die Schweizerischen Bundesbahnen (SBB) die Umstellung auf elektrische Traktion, die sie bereits früher beschlossen hatten. Die Bahnen investierten in den folgenden Jahren riesige Summen in die Elektrifizierung ihrer Netze und die Anschaffung neuer Lokomotiven. Ab 1920 wurden die Züge über die Gotthardstrecke von Elektroloks gezogen, und bis 1939 fuhren 93 % der SBB-Züge mit Strom. Die Bundesbahnen und andere Bahngesellschaften bauten eigene Kraftwerke, um sich mit Strom zu versorgen.[2]

Der massenhafte Verbrauch von Erdölprodukten begann später, aber er wuchs schnell. 1932 betrug der Anteil von Benzin und Diesel bereits 10 % des Primärenergieverbrauchs. Beim Verkehrswesen zeigte sich also ein gegenläufiger Trend: Während der Strassenverkehr wuchs und fast vollständig von globalen Lieferketten abhängig wurde, beruhte der Bahnbetrieb immer stärker auf inländischer Energieproduktion.

Start der Kriegswirtschaft

Anders als 1914 war die schweizerische Kriegswirtschaft im Vorfeld des Zweiten Weltkriegs gut vorbereitet und stand ab 1938 als Schattenorganisation bereit. Dies war möglich, weil viele Aufgaben den Verbänden der Privatwirtschaft übertragen wurden. So wurden bei Kriegsausbruch alle Kohleimporte der Kontrolle des Syndikats CARBO unterstellt, dem Zusammenschluss der wichtigsten Schweizer Kohlenimporteure und -händler. Aus den meisten Ländern konnten weiterhin Kohlen eingeführt werden, nur Polen fiel als Lieferant völlig aus. Ab November 1939 wurde die Importkohle schrittweise der Rationierung unterstellt. Die Definition von Zuteilungskriterien erwies sich

Abb. 5: 1940 drängen sich im Basler Rheinhafen die Schiffe. Der Transport von Kohle und anderen Massengütern auf dem Rhein wurde durch den Krieg stark beeinträchtigt. Staatsarchiv Basel-Stadt

als schwierig, insbesondere bei der Wirtschaft. Zunächst teilte man den Betrieben von Industrie und Gewerbe Kohle mit Kontingenten gemäss dem Vorkriegsverbrauch zu. Damit wurde aber jede Entwicklung blockiert, ausserdem wurden ausgerechnet diejenigen bestraft, die sich frühzeitig um Effizienz bemüht hatten. Es führte kein Weg daran vorbei, für die Betriebe wie schon für die Privathaushalte den Bedarf zu beurteilen und festzulegen. Dabei waren Konflikte und politische Einflussnahmen an der Tagesordnung.

Für die Energieversorgung war die Sektion Kraft und Wärme des Kriegsindustrie- und -arbeitsamtes zuständig, die vom bekannten Politiker Robert Grimm geleitet wurde. Es war die einzige wichtige Position in der Kriegswirtschaft, die von einem Sozialdemokraten besetzt wurde, und dieser stiess auf viel Widerstand. Die Elektrizitätswirtschaft konnte durchsetzen, dass sie 1941 als eigene Sektion ausgegliedert wurde.[3] Bei diesem Machtkampf spielten auch die Interessengegensätze zwischen der Versorgung der Bevölkerung und den lukrativen Stromexporten eine Rolle.[4]

Kohleförderung war nicht vorbereitet

Der inländische Kohleabbau spielte in der ersten Kriegsphase noch kaum eine Rolle, er war auch nicht vorbereitet worden. Man überliess die Förderung schweizerischer Kohle der Privatwirtschaft und verzichtete im Gegenzug darauf, ihren Absatz der Rationierung zu unterstellen. Die infolge der Knappheit steigenden Preise sollten einen Anreiz für den Ausbau der Kohleförderung liefern. Dies schien auf den ersten Blick gut zu funktionieren, insbesondere bei den Walliser Anthrazitgruben kam es zu einem eigentlichen Boom. Allerdings erwies sich dieser als Strohfeuer, das durch unrealistische Vorstellungen genährt worden war. Viele Investoren dachten gar nicht daran, in den Abbau zu investieren, sie spekulierten darauf, die Konzessionen mit Gewinn weiterverkaufen zu können.[5]

Bergtechnisches Wissen war nur wenig vorhanden, auch den eingesetzten Arbeitern fehlte die Erfahrung, denn bei Kriegsausbruch hatte nur eine einzige Grube im Wallis mit drei Angestellten in Betrieb gestanden.

An dieser Stelle sollen die in der Schweiz verfügbaren Kohlesorten erläutert werden. Der an verschiedenen Orten im Unterwallis vorkommende Anthrazit war eigentlich eine hochwertige Kohle, doch wurde seine Verwendung durch den hohen Aschegehalt beeinträchtigt. Auch die in verschie-

Abb. 6: Die Antrazitmine Grône im Unterwallis im Jahr 1939, fotografiert von Leo Wehrli. ETH-Bibliothek, Bildarchiv.

Abb. 7: Abbau von Schieferkohle in Gondiswil 1941. Foto von Werner Lüdi. ETH-Bibliothek, Bildarchiv.

denen Landesgegenden geförderte Braunkohle enthielt viel Asche, daneben auch unerwünschten Schwefel. Für den industriellen Einsatz war sie dennoch geeignet. Die in der Ost- und Zentralschweiz geförderten Schieferkohlen waren feucht und mussten aufwendig getrocknet werden. Ihr Brennwert blieb trotzdem bescheiden.

Die Förderkosten waren bei allen schweizerischen Kohlen hoch, weil der Abbau, verglichen mit ausländischen Gruben, nur mit dem doppelten bis vierfachen Arbeitsaufwand möglich war. Es war den Unternehmen erlaubt, ihre Kosten auf die Preise zu überwälzen, ihre Berechnungen unterlagen aber der Kontrolle.

Erster Anlauf für die Kohleförderung

Ab dem Sommer 1940 war die Schweiz von den Achsenmächten eingeschlossen, Kohle konnte fast nur noch aus Deutschland importiert werden. Nun erfuhr die einheimische Kohle mehr Beachtung. Im März 1941 ergänzte man die kriegswirtschaftliche Organisation durch ein Büro für Bergbau, das vom erfahrenen Geologen Hans Fehlmann geleitet wurde, der diese Aufgabe bereits im letzten Krieg wahrgenommen hatte. Die Aufgaben des Büros bestanden vorwiegend in der Beratung der Unternehmen, für die auf Wunsch Förderprogramme erstellt wurden. Für diese Aufgabe standen zahlreiche

Abb. 8: Installationen des Kohlebergwerks Boltigen 1943. Fotografiert von Leo Wehrli, koloriert von Margrit Wehrli-Frey. ETH-Bibliothek, Bildarchiv.

Abb. 9: Bergwerksarbeiter am Stolleneingang in Boltigen 1943. ETH-Bibliothek, Bildarchiv.

Abb. 10: Die Anthrazitmine Chandoline 1941 in einer handkolorierten Aufnahme. ETH-Bibliothek, Bildarchiv.

Bergbauexperten mit internationaler Erfahrung zur Verfügung, die kriegsbedingt in die Schweiz zurückgekehrt waren.

Doch viele Grubenunternehmen waren an der Beratung durch das Bergbaubüro nicht interessiert, weil sie ihre Investitionen klein halten wollten. Zwar kam der Abbau von Walliser Anthrazit nun in Fahrt und erreichte Anfang 1943 einen ersten Höhepunkt. Alle aus dem Ersten Weltkrieg bekannten Gruben waren wieder in Betrieb. Die Erschliessung der Gruben erfolgte aber oft ausgesprochen unprofessionell. Viele Investoren vernachlässigten die systematische Anlage von Stollen, sie wollten möglichst rasch zu den abbaubaren Flözen vordringen. Das Bergbaubüro kritisierte «das fast verwirrende Stollennetz der Grubenpläne mancher Anthrazitgruben»,[6] es konnte aber auf die schlecht geführten Betriebe nur wenig Einfluss nehmen. Zwar wurde in einem Bundesbeschluss die Möglichkeit einer Enteignung geschaffen, doch war dieses Instrument eher als Drohung gedacht und kam nicht zum Einsatz. In einem einzigen Fall stellte das Büro einen entsprechenden Antrag, der von den vorgesetzten Stellen abgelehnt wurde.

Viele Anthrazitgruben waren ausserdem zu klein, um wirtschaftlich arbeiten zu können. Die drei grössten Gruben, Grône I und II und Chandoline im Unterwallis, erbrachten zusammen 70 % der Förderleistung. Bei der Schieferkohle waren die Grössenverhältnisse noch ungleicher. Die im Tagbau betriebene Grube von Zell-Gondiswil im Napfgebiet erbrachte 84 % der gesamten Förderleistung. Diese Grube war bereits im Ersten Weltkrieg ausgebaut worden, ihre Verhältnisse waren bei Kriegsausbruch gut bekannt, sodass die Produktion rasch aufgenommen werden konnte.

Die Förderung von Braunkohlen entwickelte sich langsamer, weil grössere Investitionen nötig waren. Die Gruben wurden oft von mehreren Industrieunternehmen gemeinsam betrieben. Das

Abb. 11: Abgebauter Torf wird 1943 bei Les Pons-de-Martel an der Luft getrocknet. ETH-Bibliothek, Bildarchiv.

Interesse der Industrie an solchen Investitionen wuchs erst, als die Zuteilungen ab 1941 knapper wurden. Der Betrieb von Braunkohlegruben diente nun dazu, die eigene Versorgung zu sichern. Die Braunkohlebetriebe waren besser organisiert und finanziert. Allerdings erbrachten auch hier wenige Gruben einen grossen Teil der Förderleistung. Neben Gruben beim waadtländischen Oron und im bernischen Kandertal lagen die Zürcher Gruben Käpfnach-Gottshalden und Äugst-Riedhof auf den Plätzen 3 und 4.[7]

Eine unerwartete Krise

Die teuren und schlechten Inlandkohlen waren nicht beliebt und wurden nur verwendet, weil sie nicht der Rationierung unterstanden. Wie unbeliebt Anthrazit und Schieferkohle waren, zeigte sich im Sommer 1943, als es zu einem unerwarteten Einbruch des Absatzes kam. Nach der Kapitulation Italiens glaubten viele Abnehmer an ein rasches Ende des Krieges – und stellten sogleich den Kauf von Schweizer Kohlen ein. «Die Friedenspsychose bewirkte mit einem Schlage eine völlige Lähmung des Absatzes von Walliser Anthrazit.»[8]

Es rächte sich, dass sich die Unternehmen im Vertrauen auf den sicheren Absatz nicht um die Qualität ihrer Produkte gekümmert hatten. Viele Konsumenten fühlten sich nach dem Kauf von Kohlen getäuscht, weil sie erst im folgenden Winter merkten, dass sie minderwertige Anthrazitkohlen erworben hatten, die bei der Verbrennung grosse Schwierigkeiten bereiteten.

Die Absatzstockung wirkte sich unmittelbar auf die Produktion aus. Viele Gruben stellten den Betrieb ein, rund 1300 Bergarbeiter wurden entlassen, oft Kleinbauern im Nebenverdienst. Die Krise führte im Wallis zum Ruf nach Subventionen, diese Forderung stiess aber bei den Behörden auf wenig Gehör. Die Verantwortlichen des Bergbaubüros strebten vielmehr eine Steigerung von Effizienz und Qualität an.

Auch die Schieferkohlegruben waren von der Krise betroffen, bei der Förderung von Braunkohle war davon hingegen wenig zu spüren. Weil die meisten Gruben von Industrieunternehmen betrieben wurden, waren sie weniger von kurzfristigen Absatz- und Stimmungsschwankungen abhängig. Die Investitionen in die Erschliessung der Gruben hatten vielfach erst gerade eingesetzt und wurden weitergeführt.

Kohleimporte mit Gegenleistungen

In der zweiten Kriegsphase nahm zwar der Anteil inländischer Kohle zu, er blieb aber mit 6 % im Jahr 1943 bescheiden.[9] Die Schweiz war weitgehend von Kohlelieferungen aus Deutschland abhängig. Um

Abb. 12: Auf dem Luftbild vom Gaswerk Schlieren von 1946 sieht man neben Kohlen viel Brennholz.
ETH-Bibliothek, Bildarchiv.

diese musste in zähen Verhandlungen gerungen werden, wobei von deutscher Seite immer wieder mit der Einstellung der Lieferungen gedroht wurde.[10] Allerdings wurden die angekündigten Kohleembargos kaum je durchgesetzt. Dies ist wohl in erster Linie mit dem deutschen Interesse an den Gegenleistungen der Schweiz zu erklären, die ein breites Spektrum abdeckten. Die Schweizer Exportindustrie lieferte kriegswirtschaftlich wichtige Produkte an die Achsenmächte, die ohne Kohle nicht produziert werden konnten. Sehr begehrt waren auch die Stromlieferungen, die in den ersten Kriegsjahren über 20 % der schweizerischen Produktion betrugen. Sie dienten insbesondere der süddeutschen Industrie und wurden in den Verhandlungen explizit als Gegenleistung für Kohlelieferungen bezeichnet.[11] Von Bedeutung für die Achsenmächte war auch der Transitverkehr durch die Schweiz, der unter anderem dazu diente, die italienische Industrie mit grossen Mengen deutscher Kohle zu versorgen.

Bedeutung von Wasserkraft und Brennholz

Angesichts der Kohleknappheit ist nicht erstaunlich, dass die Nachfrage nach dem nicht rationierten Strom stark anstieg. Die Heizkessel vieler Betriebe konnten sowohl mit Kohle wie mit Strom betrieben werden, sodass ihnen die Umstellung leichtfiel. Auch in den Privathaushalten wurde immer mehr Strom verwendet, die Statistik zeigt einen starken Anstieg der Anzahl elektrischer Apparate in Haushalt und Gewerbe. Geräte wie Backöfen konnten neben ihrem Hauptzweck auch zum Heizen verwendet werden und fehlende Kohle ersetzen.

Die wachsende Stromnachfrage konnte gedeckt werden, weil auch die Produktion laufend ausgeweitet wurde. Grosse Kraftwerke wurden während des Krieges fertiggestellt, beispielsweise im Grimselgebiet. Allerdings kam es jeweils im Winter zu Verknappungen, die zu drastischen Einschränkungen zwangen. Bestimmte Geräte durften dann nicht betrieben werden.

Doch nicht nur der «moderne» Strom, sondern auch der traditionelle Brennstoff Holz war von grosser Bedeutung für die Kriegswirtschaft. Die Nutzung von Brennholz war in der Schweiz nie verschwunden und hatte vor dem Krieg rund 15 % des Gesamtenergieverbrauchs gedeckt. Dieser Anteil konnte kräftig gesteigert werden, weil die Behörden eine Nutzung der Wälder weit über die Nachwuchsmenge hinaus erlaubten beziehungsweise anordneten. Holz wurde im grossen Stil für die Heizung der Privathaushalte verwendet, daneben diente es auch als Rohstoff für Gaswerke und für die Herstellung von Ersatztreibstoffen. Auch der Abbau von Torf wurde während des Krieges stark gefördert. Torf war in der Schweiz seit dem 18. Jahrhundert als Brennstoff eingesetzt wor-

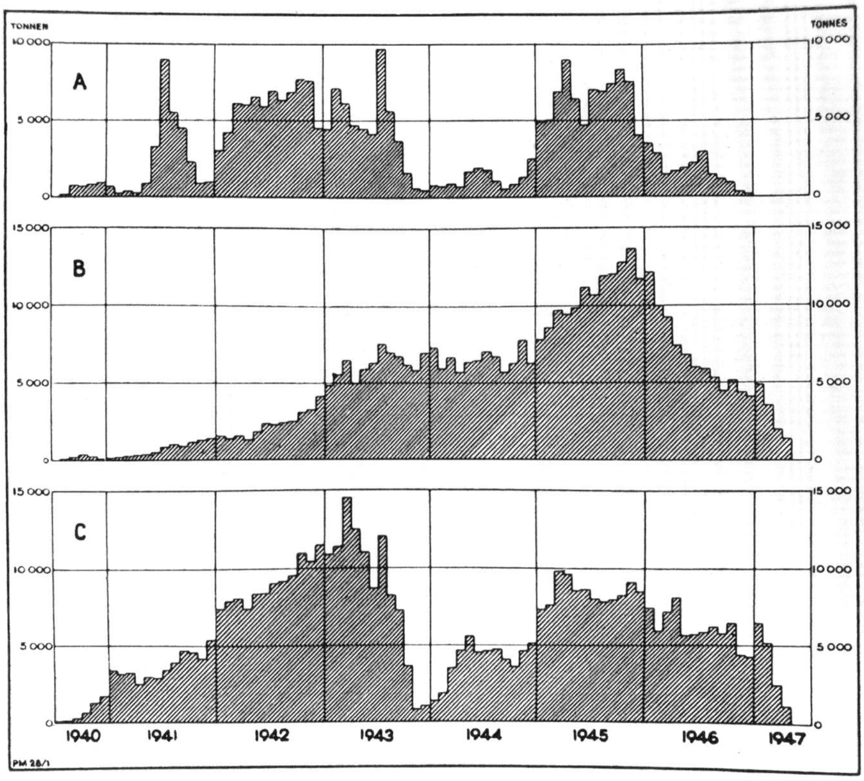

Abb. 13: Sowohl bei Schieferkohle (oben) wie bei Anthrazit (unten) erfuhr die Förderung um 1943 einen tiefen Einbruch. Die Produktion von Braunkohle (Mitte) stieg dagegen kontinuierlich an. Grafik: Eidg. Zentralstelle für Kriegswirtschaft (wie Anm. 3), S. 841.

den, hatte aber an Bedeutung verloren. Während des Krieges wurde der Torfabbau an vielen Orten wieder aufgenommen, seine Bedeutung war sogar grösser als derjenige der Inlandkohle, auch wenn er weniger Beachtung fand.[12]

Kritische Jahre am Kriegsende

Ab Mitte 1943 wurden die deutschen Kohlelieferungen immer spärlicher und blieben schliesslich ganz aus. Andere Lieferanten standen nach dem Ende des Krieges im Mai 1945 vorerst kaum zur Verfügung. Kohle war in allen europäischen Ländern knapp, und die Alliierten hatten wenig Grund, der Schweiz entgegenzukommen. Die Einfuhr von Kohle betrug gerade noch 8 % des Vorkriegswertes. Die Kohleversorgung brach nur deshalb nicht zusammen, weil umfangreiche Vorräte zur Verfügung standen, welche der Bund und Teile der Wirtschaft im letzten Jahr vor dem Krieg aufgebaut hatten. Dank einer vorsichtigen Politik waren die Vorräte lange geschont worden, sodass sie nun in der schwierigsten Zeit zur Verfügung standen.

Auch der Beitrag der Inlandkohlen erreichte 1945 den maximalen Wert, blieb mit gut 10 % des Kohleverbrauchs dennoch bescheiden. Die Zunahme war in erster Linie den Braunkohlegruben zu verdanken, die ihre Produktion kontinuierlich steigern konnten und nach Kriegsende ihre höchste Leistung erreichten. Die Walliser Anthrazitgruben und die Schieferkohlebetriebe hatten nach dem Einbruch von 1943 zwar wieder zugelegt, sie erreichten das frühere Niveau aber nicht mehr. Viele kleinere und ungünstig gelegene Gruben hatten ihren Betrieb nach der Krise 1943 nicht wieder aufgenommen.[13]

Die Ausweitung der Kohleförderung war möglich, weil der Absatz nach 1943 wieder in Fahrt gekommen war. Die Nachfrage wurde durch die grosse Knappheit gefördert, aber auch durch die Verbesserung der Qualität. Dazu trug das Büro für Bergbau bei, indem es mit der Veröffentlichung der Qualitätswerte der verschiedenen Kohlengruben begann. Damit wurden die Produzenten unter Druck gesetzt und gleichzeitig konnte das Vertrauen der Konsumenten verbessert werden. Das Bergbaubüro widmete sich auch der Information über die Verwendung der Kohlen und erarbeitete

Abb. 14: Während der Verbrauch von Importkohlen während des Kriegs laufend abnahm und Erdölprodukte fast ganz verschwanden, konnte der Einsatz der inländischen Energieträger (Holz, Kohle, Torf, Wasserkraft) stark gesteigert werden. Grafik: J. D. Blanc

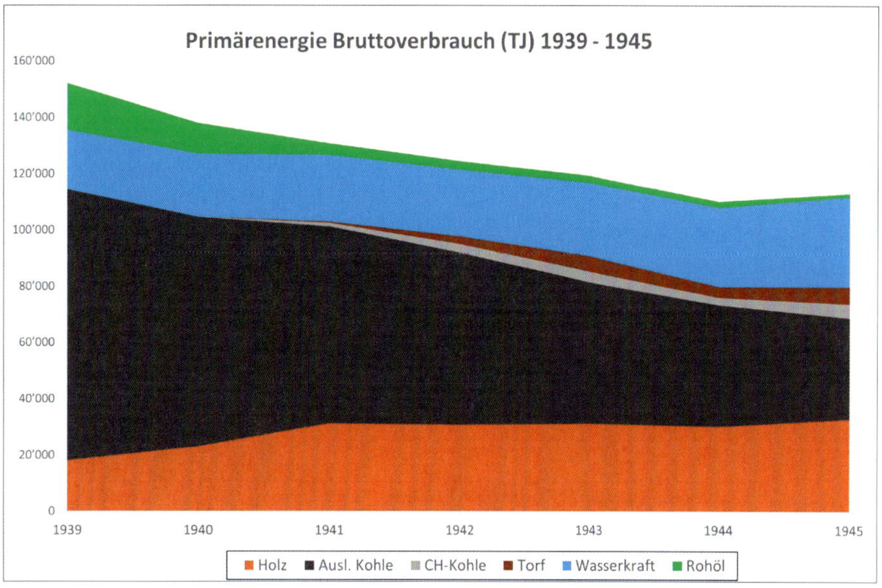

Abb. 15: Generatoren im Kraftwerk Chandoline, das 1934 den Betrieb aufnahm. In unmittelbarer Nähe befand sich im Krieg die grösste Kohlegrube der Schweiz. Diese stellte den Betrieb 1947 ein, ganz im Gegensatz zum Kraftwerk, das zur Grand Dixence ausgebaut wurde. ETH-Bibliothek, Bildarchiv.

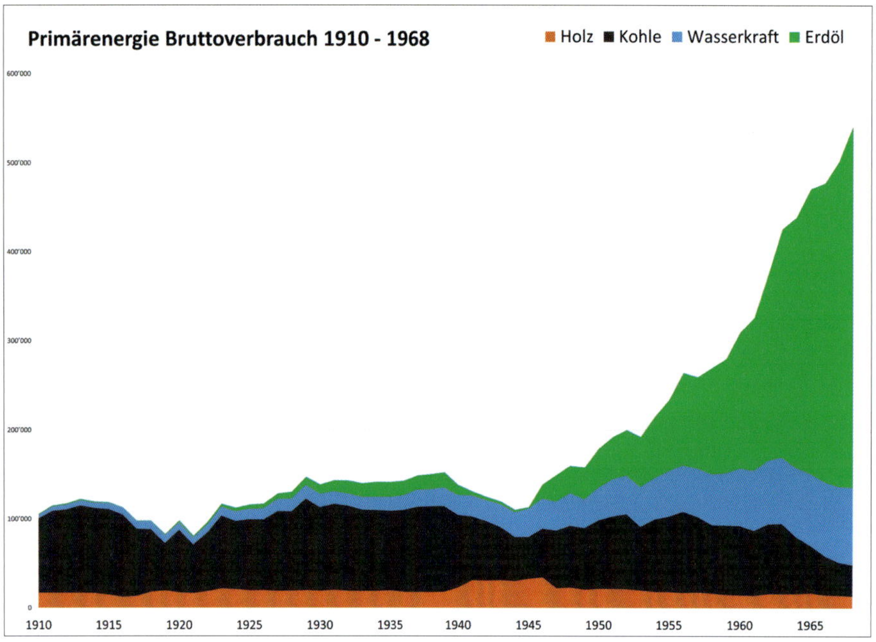

Abb. 16: Nach 1945 nahm zwar der Kohleverbrauch (in TJ) wieder zu, seine relative Bedeutung verringerte sich aber durch das Wachstum der Erdölprodukte. In den 60er Jahren begann der Abstieg der Kohle in die Bedeutungslosigkeit. Grafik: J. D. Blanc

Merkblätter mit Instruktionen, wie die verschiedenen Kohlesorten zu verfeuern waren.

Eine besondere Bedeutung hatte die Entwicklung des sogenannten Einheitsbriketts. Aufgrund ihrer einfachen Verwendung waren Briketts, genormte Stücke aus gepresster Kohle, von Anfang an beliebt gewesen. Die Unternehmen konnten dazu den bei der Förderung und Aufbereitung anfallenden Kohlegriess verwenden. Schon kurz nach Kriegsausbruch «schossen die Brikettwerke wie Pilze aus dem Boden».[14] Allerdings war auch hier die Qualität oft ungenügend, und 1943 wurde die Herstellung von Briketts einer Bewilligungspflicht unterstellt. Das Bergbaubüro entwickelte in Zusammenarbeit mit der Eidgenössischen Materialprüfungsanstalt ein Einheitsbrikett mit einer Mischung aus einheimischer und Importkohle. Die «Eierkohlen» mit einem vorgegebenen Anteil von Kohlegriess aus einheimischer Produktion erwiesen sich als erfolgreiches und beliebtes Produkt.

Dank der besseren Qualität stieg der Absatz von Inlandkohlen gegen Kriegsende so stark an, dass sie im Januar 1945 der Rationierung unterstellt wurden. Rund 4000 Beschäftigte arbeiteten in diesem Bereich. Allerdings waren die Unternehmen kaum mehr zu Investitionen bereit, da sie mit einer baldigen Wiederaufnahme der Importe rechneten. Um sie bei der Stange zu halten, beschloss der Bund im Juni 1945 eine zweijährige Absatzgarantie für im Inland geförderte Kohlen. Um diese Garantie einlösen zu können, mussten Zwangszuteilungen von Inlandkohle durchgesetzt werden, was äusserst unbeliebt war, weil unterdessen wieder Importkohle verfügbar war, und zu Konflikten und Betrügereien führte.

Erfolge und Einschränkungen

Während der Kohleverbrauch im kritischen Jahr 1945 auf weniger als die Hälfte des Vorkriegswertes sank, konnte der Ertrag der übrigen inländischen Energiequellen weiter gesteigert werden. In erster Linie ist dabei das Brennholz zu erwähnen, dessen Anteil an der eingesetzten Primärenergie nun 30 % betrug. Fast gleich viel trug mit 28 % die Wasserkraft bei. Dank einem niederschlagsreichen Winter konnten die Speicher- und Laufkraftwerke grosszügig Strom liefern. Ausserdem stand der Anteil der Stromproduktion zur Verfügung, der früher nach Deutschland exportiert worden war. Der Beitrag von inländischer Kohle und von Torf betrug dagegen zusammen nur knapp 10 %.

Nach dem Auslaufen der Garantien 1947 stellten die meisten Kohlengruben ihren Betrieb ein. Der Verbrauch von Importkohle stieg ab 1946 rasch an, erreichte das Vorkriegsniveau aber nicht mehr. Kohle wurde in der Schweiz durch andere fossile Brennstoffe wie Heizöl und später Erdgas ersetzt und sank in den 1960er-Jahren zur Bedeutungslosigkeit ab.

Die Schweiz war insgesamt recht erfolgreich bei der Mobilisierung von einheimischen Ressourcen im Bereich der Energieversorgung. Dennoch waren die Kriegsjahre mit vielen Einschränkungen verbunden, die in allen Bereichen spürbar waren, am meisten bei der Raumheizung.[15] Doch es mussten nicht alle gleich stark frieren. Die sozialen Unterschiede blieben bestehen, auch wenn mit der Rationierung ein Ausgleich angestrebt wurde. Die nicht rationierten, aber teuren Inlandkohlen waren nicht für alle erschwinglich. Ausserdem waren diejenigen häufig besser dran, die einer Erwerbsarbeit nachgingen, denn es galt das Motto: «Besser eine kalte Wohnung und einen warmen Arbeitsplatz als umgekehrt.»[16]

Fazit: Mobilisierung der eigenen Ressourcen

Die Energieversorgung war für das Überleben der Schweiz während des Zweiten Weltkriegs ein kritischer Faktor. Bis 1943 konnten hochwertige Kohlen in grossen, wenn auch abnehmenden Mengen aus Deutschland bezogen wurden. Die Schweiz war faktisch Teil des Wirtschaftsraums der Achsenmächte, sie wurde bedient, soweit es deren Interessen entsprach.

In der zweiten Hälfte des Krieges war die Schweiz immer stärker auf ihre eigenen Ressourcen angewiesen. Die kritische Phase am Ende des Krieges konnte bewältigt werden, weil man noch über grosse Kohlevorräte verfügte und weil die Produktion der einheimischen Energiequellen stark gesteigert werden konnte. Der Energieselbstversorgungsgrad der Schweiz stieg während des Kriegs von 26 auf 67 %. Am meisten trugen Brennholz und Strom aus Wasserkraft zu diesem Erfolg bei. Dass Letzterer als «weisse Kohle» propagandistisch beschworen wurde, war im Lichte dieser Fakten berechtigt. Die schwarzen und braunen Inlandkohlen leisteten dagegen nur einen kleinen Beitrag. Vielleicht hätte ihr Potenzial mit einer besseren Vorbereitung und einer konsequenteren Politik noch etwas besser ausgeschöpft werden können, aber viel wäre nicht möglich gewesen.

Die Abhängigkeit der Energieversorgung von internationalen Lieferketten ist heute infolge Pandemie und Krieg wieder zum Thema geworden. Wie könnte die Schweiz eine künftige Krise mit gestörter Einfuhr bewältigen? Es wäre auf jeden Fall schwieriger, denn der Energiekonsum ist seit dem Zweiten Weltkrieg stark gestiegen. Heute wird in der Schweiz zwar viermal mehr Strom aus Wasserkraft erzeugt als 1945, dennoch reicht dies nicht aus. Mit der raschen Entwicklung von Wind- und Sonnenenergie stehen neue Formen der Stromproduktion zur Verfügung, deren Potenzial noch lange nicht ausgeschöpft ist. Die einheimische Kohleförderung hingegen könnte im Fall einer längeren Krise höchstens eine marginale Rolle spielen.

Abb. 1: Postkarte mit dem Bauernhaus von Johannes Spühler, 1906. Unter dem Giebel steht bereits «Wirtschaft zum Bergwerk». Sammlung Myrta Wetzel.

Roger Widmer

Quarzbergbau mit Kunsthandwerk in Buchs ZH

Biegt man von der Hauptstrasse Regensdorf–Dielsdorf in Richtung Buchs ab, so gelangt man unweigerlich über die Krähstelstrasse zum Restaurant Bergwerk. Mit seiner gemütlichen «Gartenbeiz» lädt es bei sommerlichen Temperaturen zum Verweilen unter den Schatten spendenden Reben ein. Aber ausser dem Namen des Restaurants sind weit und breit keine Spuren von einem Bergwerk zu sehen, obwohl das Bergwerk in der Vergangenheit eine sehr bewegte Zeit erlebt hat. Diejenigen, die sich für eine Führung angemeldet haben, werden von Bea Kathriner freundlich empfangen und hinters Restaurant und über den Hof zum Eingang des Bergwerks geführt.

«Grüss Gott, tritt ein, beim Lampenschein»

Der unscheinbare Eingang besteht aus einer hölzernen und überdachten Doppeltür, welche von einem Bruchsteinmauerwerk eingefasst ist. Links und rechts davon stehen Utensilien des Bauernhofs und wüsste man es nicht besser, so sähe der Eingang eher wie ein in den Hang gebauter Schopf oder eine Garage aus.

Die Besucher werden durch die geöffnete Tür in den Stollen geführt, aus dem einem eine merklich kühlere Luft entgegenströmt. Während sich die

Tür hinter den Besuchern schliesst, werden diese von einem freundlichen in die Wand gearbeiteten «Grüss Gott, tritt ein, beim Lampenschein» begrüsst. Während sich Bea umdreht und ihre Gaslaterne in die Höhe hält, fällt der Schein der Lampen in die Tiefe des Stollens und gewährt den Besuchern einen ersten Blick auf die Schönheit dieser kleinen Welt unter Tage: von Hand aus dem weichen Sandstein gehauene Stollen, zahllose zur Sicherung stehen gelassene Stützpfeiler und überall gut sichtbare Bearbeitungsspuren[1] der Arbeiter. Schnell fällt der Blick auf eine Tafel an der Stollenwand mit dem Wappen der Bergleute. Ein Hammer und ein Pickel, die sich kreuzen, sind reliefartig aus dem weichen Sandstein herausgearbeitet. Durch die sanfte Kolorierung und das passende Grössenverhältnis sehen die Werkzeuge beinahe wie echt aus. Die in die Tafel gearbeiteten Wörter «Glück auf, Bergmann!» begrüssen die Besucher. Wer hat dieses Werk vollbracht?

Eine Entdeckung

Johannes Spühler kam in den 1880er-Jahren mit seiner Familie als Stationsvorstand nach Buchs und betreute die Station Buchs-Dällikon der «Schipkapass-Bahn». Die Bahnlinie Otelfingen–Bülach der damaligen Nordostbahn (NOB) war nicht besonders stark frequentiert und die Arbeit als Stationsvorstand für Spühler schon bald nicht mehr befriedigend. Er begann sich nach einem landwirtschaftlichen Betrieb umzusehen. 1884 wurde er im Krähstel fündig. Eine grosse Fläche des Landes hinter und östlich des Bauernhauses war mit Reben bepflanzt. Ebenfalls muss auf dem Grundstück der Spühlers eine grosse Anzahl Obstbäume gestanden haben.[2]

Der Anlass zur Entdeckung der Quarzsandlagerstätte soll laut Adolf Spühler[3] das Ausheben einer Grube gewesen sein. Johannes Spühler wollte auf seinem landwirtschaftlichen Betrieb einen Benzinmotor installieren. Um den Vorschriften zu entsprechen, wurde für den Treibstofftank im Hang hinter dem Bauernhaus ein kleines Gewölbe ausgehoben. Ein zufällig vorbeispazierender Mitarbeiter der Glashütte von Bülach wurde auf den Quarzsand aufmerksam, als dieser mit einem Pferdefuhrwerk abtransportiert werden sollte. Es wurde eine Probe des Aushubs zur Analyse entnommen, und wie sich zeigte, waren die Ergebnisse durchwegs positiv.[4]

Eine etwas andere Geschichte wusste Emil Spühler zu erzählen. In seiner Darstellung lieferte Johannes Spühler den Quarzsand zuerst als Ausgangsmaterial für Formsand in Giessereien. Die im Jahr 1891 gegründete Glashütte in Bülach benötigte zur Herstellung der damals noch mundgeblasenen Grünglasflaschen neben Kalk und Soda eine grosse Menge Quarzsand. Als die Hütte nach neuen Sandlieferanten in der Umgebung suchte, bewarb sich Spühler mit einer Mustersendung. Der quarzhaltige Sand und vermutlich auch die Nähe zur Eisenbahnlinie weckten das Interesse der Geschäftsleitung, sodass grössere Mengen Quarzsand bei Spühler bestellt wurden.[5]

Spühlers Quarzsand war nicht die einzige Lagerstätte in der Umgebung. Aber während in den anderen der Quarzsand im Tagbau abgebaut wurde, begann er einen horizontalen Stollen in den sanft ansteigenden Hang hinter dem Haus aufzufahren.[6] Durch diese aufwendigere Vorgehensweise blieb der Rebberg erhalten.

Obwohl der quarzhaltige Glimmersandstein durch zirkulierendes Grundwasser «entkalkt» worden war und einen Grossteil seines Bindemittels verloren hatte, erwies sich die Arbeit als anstrengend. Jeder Kubikmeter Quarzsand musste von Hand mit schmalen, messerscharf geschliffenen Pickeln herausgehauen werden. Noch heute zeugen überall in den Stollen und Kavernen die zahllosen «Prunen» der Pickel von der mühevollen Arbeit unter Tage. Anfänglich wurde mit handelsüblichen Pickeln gearbeitet, welche sich aber bald als zu schwerfällig erwiesen. Um die anfallenden Wartezeiten und Unkosten beim Dorfschmied zu vermeiden, richtete Spühler kurzerhand eine eigene Schmiede ein und begann Pickel nach eigenem Modell zu schmieden. Dieses bestand in einem Doppelpickel mit haarscharfen klingenförmigen Enden mit einer Breite von ca. 2 cm. Die Schneiden der Pickel wurden zusätzlich gehärtet, da sie sichsonst durch die harten Quarzkörner zu schnell abgenutzt hätten.

Der abgebaute Quarzsand wurde von Hand auf zweispännige Bennenwagen[7] verladen und zur Bahnstation in Buchs transportiert. Dort wurde der Quarzsand wiederum von Hand auf den bereitstehenden Eisenbahnwagon umgeladen. Zehn Bennenwagen ergaben einen vollen Eisenbahnwagen, die Tagesproduktion von drei bis vier Mann. Diese anstrengende und nicht ungefährliche Arbeit war

Abb. 2: Aufnahme des Glimmersandsteins mit fünffacher Vergrösserung. Gut sichtbar die lockere Anordnung der einzelnen Körner. Der Kalzit, welcher ursprünglich als Zement zwischen den Körnern eingelagert wurde, ist hier beinahe komplett weggelöst worden. Foto: Roger Widmer, 2017.

Abb. 3: Aufnahme eines Knauers im Glimmersandstein in fünffacher Vergrösserung. Als Knauer bezeichnen Geologen Bereiche im Sandstein, die härter sind als ihre Umgebung und damit der Verwitterung mehr widerstehen. Die Poren zwischen den einzelnen Körnern sind noch mit Kalzit ausgefüllt und das Gefüge ist bedeutend kompakter. Foto: Roger Widmer, 2017.

schlecht entlöhnt. Die Glashütte Bülach zahlte zu Beginn pro gelieferten Eisenbahnwagen 25 Franken, am Ende des Ersten Weltkriegs 70 Franken. Dies war auch zur damaligen Zeit wahrhaftig keine grosse Entschädigung für die mühsame Arbeit ohne jegliche maschinelle Unterstützung.[8]

Mit einem solch geringen Ertrag konnte nur ein Familienbetrieb rentieren; er setzte sich aus Johannes Spühler, seinem Sohn Hans und ein bis zwei Knechten vom eigenen Hof zusammen. Zu gewissen Zeiten wurden zusätzlich Tagelöhner, zum Beispiel fahrende Gesellen, die ein paar Wochen blieben und dann weiterzogen, oder sogar ehemalige Insassen der Strafanstalt Regensdorf angestellt. Ein Tagelöhner erhielt ca. 6 Franken Lohn pro Tag. Ein im Bauernbetrieb wohnhafter Knecht kam auf einen Monatslohn von ca. 60 Franken. Nach Adolf Spühler sollen nie mehr als eine Handvoll Bergleute im Bergwerk gearbeitet haben.[9]

Um die Pausen angenehmer zu verbringen, wurde das «Bergmannsstübli» aus dem Sandstein geschlagen. In dem mit Tisch und Bänken eingerichteten Raum konnte man im Winter oder bei schlechtem Wetter den «Znüni» einnehmen. Das «Bergmannsstübli» besass sogar «Fenster», die das Gefühl verliehen, man werfe einen Blick nach draussen. Ausserhalb des «Bergmannsstübli» war die Ruhebank von Spühler. An strengen Arbeitstagen legte er sich hier für drei, vier Stunden hin, um auszuruhen und danach weiterzuarbeiten.

Die Arbeit im landwirtschaftlichen Betrieb der Spühlers durfte neben der Arbeit im Bergwerk nicht vernachlässigt werden. Oft kam es vor, dass während der Erntezeit oder dem «Heuet» der zu beladende Eisenbahnwagen noch nicht voll war. An solchen Tagen musste Johannes Spühler nach dem Eindunkeln im Bergwerk weiterarbeiten und verbrachte so manche Nacht darin, wobei er seine Ruhebank zur Pause nutzte. Seine Enkelkinder brachten ihm dann manchmal um acht Uhr abends das «Mitternachtsbrot», bestehend aus eigenem Brot mit geräuchertem Fleisch und einem «Doppelliter» Most. Emil Spühler, erinnerte sich daran, wie seine damals fünfjährige Schwester Elsy dem Grossvater einmal von weitem entgegenrief: «Govate i has Glas vegesse, wots zul Gutele ussufe?»[10]

Abb. 4: Die Spühlers bei der Arbeit im Stollen. Links Johannes Spühler, rechts der Sohn Hans. Foto: Emil Spühler, 1970.

Skulpturen entstehen

Wann die ersten Skulpturen im Bergwerk entstanden sind, ist nicht überliefert. Aber laut Vermutungen von Emil Spühler war dies schon wenige Jahre nach dem ersten Abbau der Fall. Dazu boten sich genügend Möglichkeiten in der Freizeit oder während der zum Teil längeren Wartezeiten, die beim Verladen des Quarzsandes entstanden. Schnell ist da einmal aus lauter Langeweile eine Skizze in die Wand geritzt und schon wird die Idee vom Nächsten aufgegriffen. Spühler muss das Potenzial schnell erkannt und die Kreativität seiner Angestellten gefördert haben. Zu den eindrücklichsten Skulpturen, die noch erhalten geblieben sind, zählen der Erzengel Gabriel, das Pferd mit Reiter, der Baum mit Eichhörnchen und zahlreiche weitere Bilder und Skulpturen.

Wie man noch heute unschwer an qualitativen Unterschieden erkennen kann, sind nicht alle Skulpturen vom gleichen Künstler erschaffen worden. Der Erzengel Gabriel zum Beispiel unterscheidet sich in seiner Ausführung und den Proportionen stark von Adam und Eva. Gewisse Inhalte von Tafeln, Bildern und Wappen erlauben wiederum Rückschlüsse auf die Herkunft der Künstler. Myrta Wetzel, Tochter der späteren Besitzer des landwirtschaftlichen Betriebs und Führerin im Bergwerk, vermutet, dass die verschiedenen Wappen im Bergwerk Hinweise auf die Herkunft der bei Johannes Spühler angestellten Knechte geben. Es seien gelegentlich auch Personen von ausserhalb gekommen, die etwas in den Sandstein hauen wollten, und die habe Spühler «mache la». Aber in den meisten Fällen habe Spühler die grobe Vorarbeit geleistet und die weitere Ausarbeitung dem jeweiligen Arbeiter überlassen. Emil Spühler meinte dazu, das Ganze sei quasi eine Gemeinschaftsarbeit von Arbeitskräften und Auswärtigen unter der Leitung Johannes Spühlers gewesen.

In den Dreissigerjahren, einige Jahre nach der Stilllegung und dem Verkauf des Bergwerks, entstanden die Skulpturen des Zürcher Künstlers Hans Hippele.[11] Sein bekanntestes Kunstwerk im Bergwerk ist Schneewittchen und die sieben Zwerge. Bei der Farbgebung hat er sich nicht nur auf die Figuren konzentriert, sondern gleich die ganze Nische mit einem grünen Farbton versehen. Aber hier zeigt sich auch die Unerfahrenheit Hippeles mit dem Sandstein im Bergwerk. Er hat Schneewittchen in einem von Lehmfugen durchzogenen Sandstein angefertigt, was später zu Abplatzungen im Bild führte (siehe den Baum). Ebenfalls von Hippele sind das Rotkäppchen und der böse Wolf sowie das Eichhörnchen in der ehemaligen Champignonzucht. Hippele hat seine Werke mit «HH» oder «Hippele» signiert.

Das Bergwerk wird zum beliebten Ausflugsziel

Die Öffentlichkeit wurde langsam auf das Bergwerk in Buchs aufmerksam. Es begannen Besucher vorbeizukommen, erst nur einzelne, dann, besonders an Sonntagen immer mehr. So erwarb Johannes Spühler 1906 das Wirtschaftspatent und fing an,

Abb. 5: Der sterbende Löwe nach dem berühmten Löwendenkmal in Luzern. Foto: Roger Widmer, 2015.

Abb. 6: Die Figur des Erzengels Gabriel zählt zu den Highlights im Bergwerk. Foto: Roger Widmer, 2025.

Abb. 7: Pferd mit Reiter. Bei einigen Skulpturen fällt die Liebe zum Detail und die farbliche Gestaltung auf. Vermutlich stammen sie von Johannes Spühler. Foto: Roger Widmer, 2025.

Abb. 8: Schneewittchen neben einem der sieben Zwerge, eine der zahlreichen Skulpturen von Hans Hippele. Foto: Roger Widmer, 2017.

seine Besucher mit Speis und Trank zu bedienen. Es wurden hauptsächlich Wein, Schinken und Speck serviert. Im alten Bauernhaus der Spühlers gab es eine «Doppel-Stube», die Spühler als Wirtschaft zu nutzen begann. Um die Besucher bei schönem Wetter besser bewirten zu können, wurde an die Ostseite des Hauses eine überdachte «Sommerbeiz» angebaut, die später abgerissen und durch eine grosse «Trinkhalle», einen gegen die Strasse offenen Holzschuppen, ersetzt wurde.

Spühler hatte ein gutes Gespür für die Vermarktung seines Bergwerks entwickelt und erkannt, dass Werbung gut investiertes Geld ist. Schon bald liess er in den Stollen Aufnahmen mit Blitz machen, um davon Postkarten drucken zu lassen,[12] die er in seiner Wirtschaft verkaufte. Eine dieser Postkarten lässt Spühlers Sinn für Schalk und Satire ahnen. Sie zeigt eine gestellte Szene in Form eines «tableau vivant», eines lebenden Bildes. Eine schreckliche Szene mit Raub und Mord war da im Innern des Bergwerks inszeniert worden, ein wildes Saufgelage mit finsteren Räubertypen, die einen am Boden liegenden Herrn im Frack mit einem Messer und vermutlich seine Gemahlin mit einer Pistole bedrohen.

Abb. 9: Die Wirtschaft in Spühlers Doppelstube, 1910. In der Mitte steht die «Schatztruhe», die angeblich am 1. April 1910 im Bergwerk gefunden wurde. Schunck (wie Anm. 4), S. 8.

Abb. 10: Titelblatt der «Neuen Illustrirten Zeitung» vom 1. April 1910. Schunck 1977 (wie Anm. 4), S. 9.

Wie auf einer anderen Postkarte zu erkennen ist, waren die Räumlichkeiten teilweise sehr liebevoll ausgeschmückt worden. Tische und Stühle luden zum Verweilen ein und Polizeistunde gab es in Spühlers Bergwerk vermutlich keine. So wurde im Bergwerk wohl nicht nur nächtelang gearbeitet, sondern auch gefeiert, bis der nächste Tag anbrach.

Aprilscherz: Millionenfund im Bergwerk

Ende März 1910 ging in Zürich und Umgebung das Gerücht um, im Bergwerk von Buchs sei ein grosser Schatz ausgegraben worden. Am 1. April erschien in der «Neuen Illustrirten Zeitung» eine ausführliche Bildreportage zum sensationellen Fund eines von der russischen Armee im Bergwerk von Buchs vergrabenen Schatzes.[13] Das Titelblatt zeigt eine schwere eisenbeschlagene Truhe randvoll mit russischen und französischen Banknoten sowie zahllosen Münzen mit der Unterschrift «Der Millionenfund im Bergwerk Buchs bei Zürich». Der Zeitungsartikel ist mit etlichen Bildern gut dokumentiert und dem Text ist zu entnehmen, dass der Wert des gefundenen Schatzes werde auf mehrere Millionen Franken geschätzt werde. Weiter heisst es darin, Spühler wolle den Fund nicht für sich alleine behalten, sondern habe vor, einen Grossteil davon an Bedürftige zu verteilen.

Diese Meldung schlug ein wie eine Bombe. Es sollen sich zahllose Bittsteller bei Spühler gemeldet haben. Er antwortete jedem persönlich mit einem Brief und wies darin auf den Verfasser des Artikels, einen gewissen Dr. Lirpa, hin. Der Vermerk «bitte rückwärts lesen» räumte dann auch die letzten Zweifel aus und Spühler hatte die Lacher auf seiner Seite. Nach diesem Medienrummel erhöhten sich die Besucherzahlen drastisch. Spühler soll laut Schunck eine Zeitlang sogar eine «Rytschuel» auf dem Gelände seines Bauernhofs aufgestellt haben. Dies zog «Chind und Kegel» zum Bergwerk von Buchs. Eine ausgelassene Jahrmarktsstimmung herrschte damals im Krähstel. Der Preis für einen Eintritt betrug 20 Rappen.[14]

Schwere Zeiten für den Betrieb

Der Erste Weltkrieg brachte die Sandproduktion in ernsthafte Schwierigkeiten. Das Leben erfuhr eine Teuerung und die Transportkosten stiegen an. Zusätzlich wurde der eingespielte Lieferbetrieb durch die zeitweise Einstellung der Eisenbahnlinie Otelfingen–Bülach stark gestört. Einem Gesuch ans Eisenbahndepartement um Wiederaufnahme eines regelmässigen Bahnverkehrs wurde nicht stattgegeben, fünf Wagenladungen Quarzsand pro Woche

Abb. 11: Inszenierung des Überfalls einer «Zigeunerbande» auf Gäste im Bergwerk. Postkarte aus der Sammlung von Myrta Wetzel. Foto: Emil Eberhard, um 1906.

Abb. 12: Liebevoll geschmückter Stollen. Postkarte aus der Sammlung von Myrta Wetzel. Foto: Emil Eberhard, um 1906.

waren bei weitem nicht wichtig genug. Die Lieferschwierigkeiten bewogen die Glashütte in Bülach, sich nach Lieferanten in näherer Umgebung umzuschauen. Zu Beginn war die Qualität der neuen Quarzsande ungenügend, sodass sich die Glashütte bei Spühler eine Tür offen halten wollte. 1920 geriet die Glashütte Bülach selbst in finanzielle Not und musste im Herbst vorübergehend den Betrieb einstellen. In diesem Jahr ging die letzte Lieferung von Buchs nach Bülach. In den folgenden Jahren lieferte Spühler noch kleinere Mengen Formsand in Giessereien, 1923 stellte er den Betrieb des Bergwerks ein.[15]

Das Schicksal schlägt zu

Den schwersten Schlag erlitt die Familie Spühler, als 1923 das alte Riegelhaus mitsamt Anbauten bis auf die Grundmauern niederbrannte. Diese Katastrophe könnte den Ausschlag für die endgültige Einstellung des Bergwerkbetriebs gegeben haben. Ursache war eine brennende Petrollampe mit offenem Glaszylinder, die von einer Besucherin des Bergwerks am Eingang stehen gelassen worden war. Die Hitze der Flamme entzündete das Holzgestell, welches von den darauf abgestellten Lampen mit Petrol angereichert war. Die Flammen griffen rasend schnell auf die Scheune über, welche mit 1200 Zentner frisch eingebrachtem Heu genügend Nahrung für einen Grossbrand lieferte. Bald war das ganze Haus ein Flammenmeer.

Dem Sohn Hans, der gerade vom Markt in Zürich zurückkam, blieb nur ein Moment, um zu überlegen, wie er am besten den im Haus gelagerten Sprengstoff herausholen konnte. Ohne zu zögern, holte er Kiste um Kiste und kämpfte sich mühsam atmend durch den quälenden Rauch. Mit dieser selbstlosen Aktion bewahrte er zahlreiche Schaulustige und die vor Ort im Einsatz stehenden Feuerwehrleute vor einer noch grösseren Gefahr. Hans barg bei dieser Aktion 125 kg Sprengstoff, 50 kg Schwarzpulver und etwa 1000 Sprengkapseln. Der Vater Johannes Spühler war zur Zeit des Brandes auf der Rietwiese, um Turben (Torfwürfel) für den nahenden Winter zu stechen.[16] Der Anblick seines Heims, das in Schutt und Asche lag, als er zurückkehrte, muss erschütternd gewesen sein.

Bis für alle im alten Restaurant Frohsinn eine Wohnung gefunden wurde, fanden die Mitglieder der Familie Spühler nach der Schicksalsnacht bei verschiedenen hilfsbereiten Buchsern Unterschlupf. Nur Vater Johannes Spühler liess sich nicht bewegen, den Unglücksort zu verlassen. Er richtete sich unter dem Dach der Trinkhalle, von welcher ein grosser Teil stehen geblieben war, eine Schlafstelle ein. Er meinte, solange er ein Dach über dem Kopf habe, brauche er kein Bett zum Schlafen. Er wollte sein Lager erst wieder verlassen, wenn in den Trümmern seiner Wohnstätte wieder neues Leben erwachte.

Bereits Ende 1924 konnte das neu erstellte Wohnhaus mit Scheune und Restaurant bezogen werden. Aber schon fünf Jahre später, im Jahr 1929, musste Spühler die Liegenschaft schweren Herzens verkaufen. Das alte Haus, Geräte und Maschinen waren ungenügend versichert gewesen. So riss der Neubau Spühler in eine finanzielle Krise und er sah sich gezwungen, das Anwesen zu verkaufen.

Familie Wetzel übernimmt

Nun stand also ein landwirtschaftlicher Betrieb mit Restaurant und einem Bergwerk zum Verkauf, das mit seinen Skulpturen nach wie vor viele Besucher anzog. Als Käufer trat die Familie Wetzel auf, welche die Geschicke des Bergwerks für Jahrzehnte prägen sollte. Aber eigentlich wollten die Wetzels nur einen Bauernhof kaufen und nicht eine Wirtschaft mit Bergwerk, «sie händ ja schliesslich welle buure».[17] Doch es stand kein anderer Betrieb zum Verkauf, und so entschlossen sich die Wetzels trotz einiger Bedenken, Spühlers Anwesen zu übernehmen.

Acht Jahre nach dem Kauf, am 16. Februar 1937, kam Myrta im Chrästel als Tochter von Walter Karl Wetzel und Maria Wetzel zur Welt. Myrta wird den Betrieb des Restaurants mit dem Besucherbergwerk bis ins Jahr 2010 führen. Weil ihre Mutter niemanden hatte, der auf die Kinder aufpasste, nahm sie sie auf die Bergwerksführungen mit. Sobald Myrta und Walti den Weg durch die dunklen Stollen des Bergwerks ohne Hilfe der Mutter fanden, mussten sie selbst Führungen machen. Mit sechzehn absolvierte Myrta eine KV-Lehre, anschliessend besuchte sie die Bäuerinnenschule im Kloster Fahr.

Nach der Ausbildung blieb sie zehn Jahre zu Hause und half mit, den elterlichen Betrieb zu führen. Dieser bestand neben dem landwirtschaftlichen Betrieb ja noch in einer Wirtschaft, wo an den Wochenenden Gäste verpflegt wurden, die

↖ Abb. 13: Wetzels beim Heuen, um 1955. Oben auf dem Wagen steht Walti, der Bruder von Myrta. Sammlung von Myrta Wetzel.

← Abb. 14: Eine Besucherin vor dem Simplonportal, 1970. Heute ist das Bergwerk dahinter verstürzt. Sammlung Myrta Wetzel.

Abb. 15: Baum mit Schlange vis à vis von Adam und Eva. Foto: Roger Widmer, 2015.

Abb. 16: Stollen mit Baum und «Fuchshörnchen». Foto: Roger Widmer, 2015.

Abb. 17: Blick in den Teil der Stollen, welcher heute den Besuchern verschlossen bleibt. Foto: Roger Widmer, 2025.

das damals einzige Besucherbergwerk im Kanton Zürich besichtigen wollten.

1965 wurde auf der Gemeinde Buchs eine Stelle frei. Myrta war sich nicht sicher, ob sie sich bewerben sollte, wurde sie doch auf dem Bauernhof benötigt, half über Mittag und am Wochenende im Restaurant mit und machte Führungen. Aber ihre Mutter legte ihr nahe, den Schritt zu wagen. Wie sich Myrta erinnert, war sie zur damaligen Zeit immer sehr angespannt und unter Druck.[18] Aber sie bekam die Stelle.

Auch die Liebe liess nicht auf sich warten und so kam 1969 Martin zur Welt. Mit der Geburt ihres Sohnes gab Myrta ihre Anstellung bei der Gemeindeverwaltung von Buchs auf und begann zusammen mit ihrer Mutter die Wirtschaft zum Bergwerk zu führen. Die Erziehung ihres Kindes und der Betrieb der Wirtschaft nahmen sie gänzlich in Beschlag. Gemeinsam mit ihrem Bruder Walti und ihrer Schwägerin Susanne führte sie die Wirtschaft ohne Unterbruch bis ins Jahr 2010, als ihre Schwägerin pensioniert wurde und nicht mehr in der Wirtschaft mithalf. Walti stand neben der Arbeit auf dem Bauernhof jeden Tag über Mittag in der Küche. Myrta meinte dazu nur: «Dä hät au krampft wie verruckt und wänn er mal nöd hät chöne hälfe, dänn hät i de Chuchi 's Chaos gherrscht.»[19]

Alleine wollte und konnte Myrta die Wirtschaft nicht weiterführen, und so kam es, dass sie am 30. September 2010 mit 74 Jahren den Betrieb aufgeben musste. Obwohl es ein immer grösserer «Chrampf» wurde, hat sie die Arbeit doch sehr geliebt und ihr ganzes Herzblut hineingesteckt. Wer damals im Restaurant Bergwerk ein Stück von den weithin bekannten Wähen Myrtas bestellt hat, weiss, was diese Arbeit für sie bedeutet hat.

Heute ist das Restaurant Bergwerk verpachtet, und eine traditionell-moderne Küche lädt zum Verweilen ein, bei schönem Wetter in der Gartenwirtschaft, im schmucken Restaurant oder dem vom restlichen Bergwerk abgetrennten, etwas intimeren Gewölbe.[20]

Im hinteren Teil, wo eine Strasse über das Bergwerk führt, hat es im Winter 2024/25 einen Tagbruch gegeben. Schon seit längerer Zeit waren dort wegen der Erschütterungen durch vorbeifahrende Fahrzeuge einige Stützpfeiler eingestürzt. Es musste dort jederzeit mit einem solchen Ereignis gerechnet werden, weshalb der Bereich schon seit längerem bei Führungen nicht mehr gezeigt wurde. Zum Glück ist der Besucherteil von diesem Tagbruch nicht betroffen. Bea Kathriner, die Mutter von Sandra Wetzel, der Ehefrau des heutigen Besitzers des landwirtschaftlichen Betriebs, hat, nachdem die Situation von einem Geologiebüro als als sicher beurteilt worden war, die Führungen im Besucherteil wieder aufgenommen.[21]

Abb. 17: Die verstürzten Gewölbe im hinteren Bereich des Bergwerks, welche den Besuchern nicht mehr zugänglich sind. Foto: Roger Widmer, 2025.

Abb. 18: Luftaufnahme mit dem georeferenziert dargestellten Stollenplan des Quarzsandbergwerks Buchs. Stollenplan Mirjam Widmer et al, 2017

Abb. 1: Haus in Stein am Rhein, Wohnhaus von Felix Schmid, 1724.
Stadtarchiv Stein am Rhein, Fa 364, Foto: Roman Sigg.

Rudolf Gamper

Bergbau und Alchemie um 1590

Im späten 16. Jahrhundert gingen im Zürcher Hoheitsgebiet Bergbau und Alchemie eine unheilvolle Verbindung ein. Der Kaufmann Felix Schmid aus Stein am Rhein (1539–1597) und Johann Heinrich Haintzel aus Augsburg (1553–1609) besassen oder betrieben Bergwerke am Ettenberg bei Jestetten, in Eisenbach im Schwarzwald, in Flums und am Calanda bei Chur. In den 1590er-Jahren investierten sie beträchtliche Summen in alchemische Experimente zur Goldherstellung. Zwölf Jahre lang arbeiteten Schmid und Haintzel eng, wenn auch nicht konfliktfrei zusammen, zerstritten sich aber 1596. Die Geschäfte endeten 1598 in einem aufwendigen Konkursverfahren, in dem zahlreiche Gläubiger Ansprüche von über 100 000 Gulden anmeldeten.[1]

Felix Schmid aus Stein am Rhein und das Bergwerk Ettenberg bei Jestetten

Der gut vernetzte Kaufmann Felix Schmid sass seit 1567 im städtischen Rat von Stein am Rhein, leitete das Bauwesen, war später Säckelmeister und Stadthauptmann und vertrat seine Stadt in diplomatischen Verhandlungen. Er lebte im stattlichen Haus zum schwarzen Horn, besass aber auch Güter in Klingenried bei Wagenhausen und erwarb später einen Hof in Oberstammheim. 1564 heiratete er Maria Gutenson, Tochter von Hans Guten-

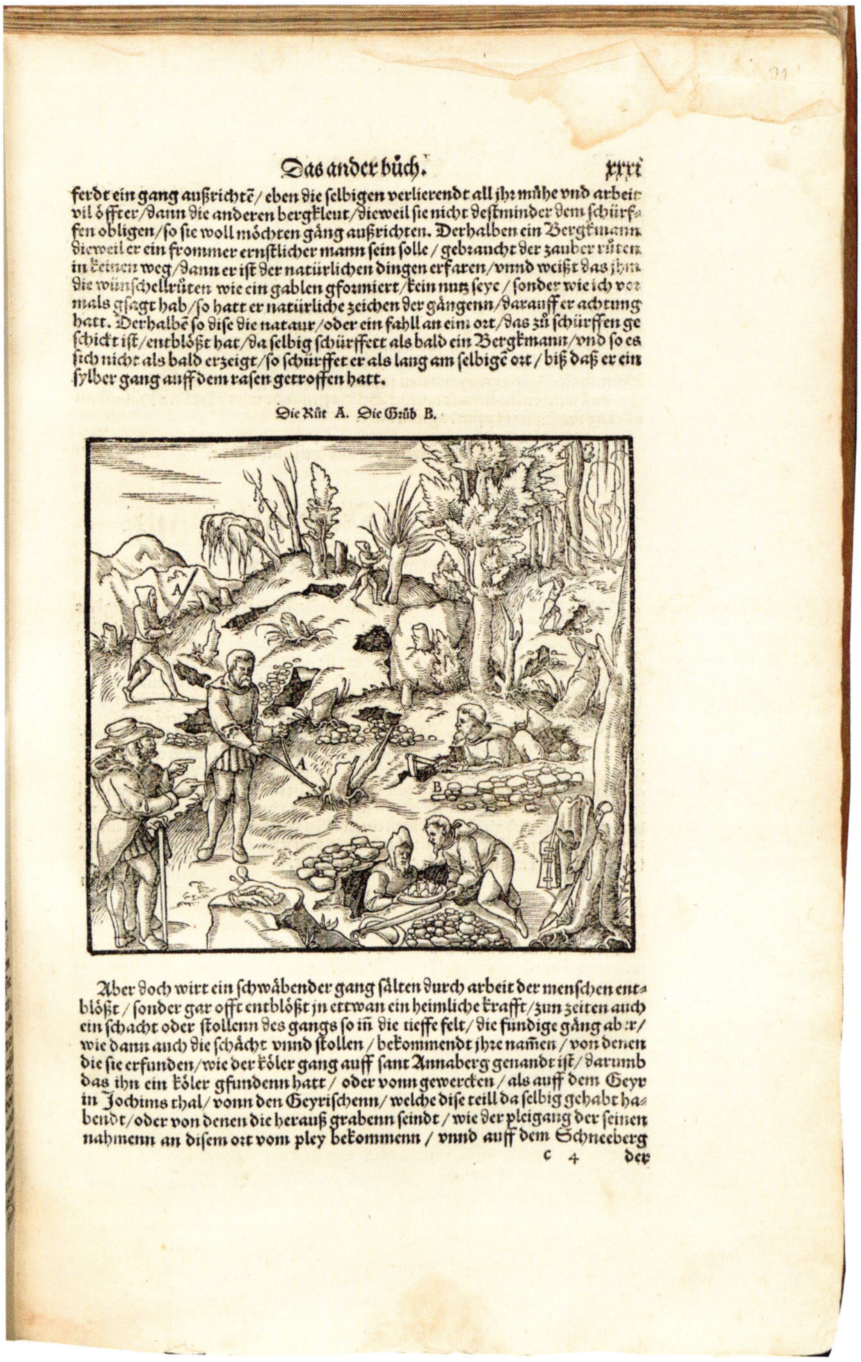

Das ander büch. xxxi

ferdt ein gang außrichte / eben die selbigen verlierendt all jhr mühe vnd arbeit vil öffter / dann die anderen bergkleut / dieweil sie nicht destminder dem schürffen obligen / so sie woll möchten gäng außrichten. Derhalben ein Bergkmann dieweil er ein frommer ernstlicher mann sein solle / gebraucht der zauber rüten in keinen weg / dann er ist der natürlichen dingen erfaren / vnnd weißt das jhm die wünschellrüten wie ein gablen gformiert / kein nutz seye / sonder wie ich vormals gsagt hab / so hatt er natürliche zeichen der gängenn / darauff er achtung hatt. Derhalbē so dise die nataur / oder ein fahll an eim ort / das zů schürffen geschickt ist / entblößt hat / da selbig schürffert als bald ein Bergkmann / vnd so es sich nicht als bald erzeigt / so schürffet er als lang am selbigē ort / biß daß er ein sylber gang auff dem rasen getroffen hatt.

Die Rūt A. Die Grůb B.

Aber doch wirt ein schwäbender gang sälten durch arbeit der menschen entblößt / sonder gar offt entblößt jn ettwan ein heimliche krafft / zun zeiten auch ein schacht oder stollenn des gangs so iñ die tieffe felt / die fündige gäng ab :r / wie dann auch die schächt vnnd stollen / bekommendt jhre namen / von denen die sie erfunden / wie der köler gang auff sant Annaberg genandt ist / darumb das ihn ein köler gfundenn hatt / oder vonn gewercken / als auff dem Geyr in Jochims thal / vonn den Geyrischenn / welche dise teill da selbig gehabt habendt / oder von denen die herauß grabenn seindt / wie der pleigang der seinen nahmenn an disem ort vom pley bekommenn / vnnd auff dem Schneeberg

c 4 der

Abb. 2: Prospektion mit der Wünschelrute. Georg Agricola: Berckwerck Buch, Frankfurt am Main 1580, S. xxxi.

son, «Kretzwäscher» (Silberverarbeiter) in St. Gallen, später Münzmeister in Zürich, Besitzer des Schlosses Sonnenberg im Thurgau. Marias Bruder Thomas leitete seit den 1570er-Jahren das Berg- und Schmelzwerk in Eisenbach und Hammereisenbach nördlich des Titisees im Schwarzwald. Auch Felix Schmid befasste sich mit Bergbau. 1583/84 besuchte er die Tiroler Bergwerke, die reichen Gewinn erwirtschafteten, und arbeitete dort mehrere Monate, um den Bergbau auch praktisch kennenzulernen. Er galt nun als Bergbauspezialist.[2]

Graf Rudolf IV. von Sulz, der «Schuldenmacher», war seit 1583 Landgraf im Klettgau. Die Überschuldung der Landgrafschaft hatte er von seinem Vater geerbt. Er hoffte, zusätzliche Einkünfte aus den Bohnerzvorkommen bei Jestetten generieren zu können. Deshalb wandte er sich an Felix Schmid. Dieser legte dem Grafen ein fundiertes Gutachten vor, in dem er die Bedeutung von qualifiziertem und gut entlöhntem Personal sowie von modernen Schmelzöfen für einen rentablen Betrieb betonte. Die Prospektion wies eine gute

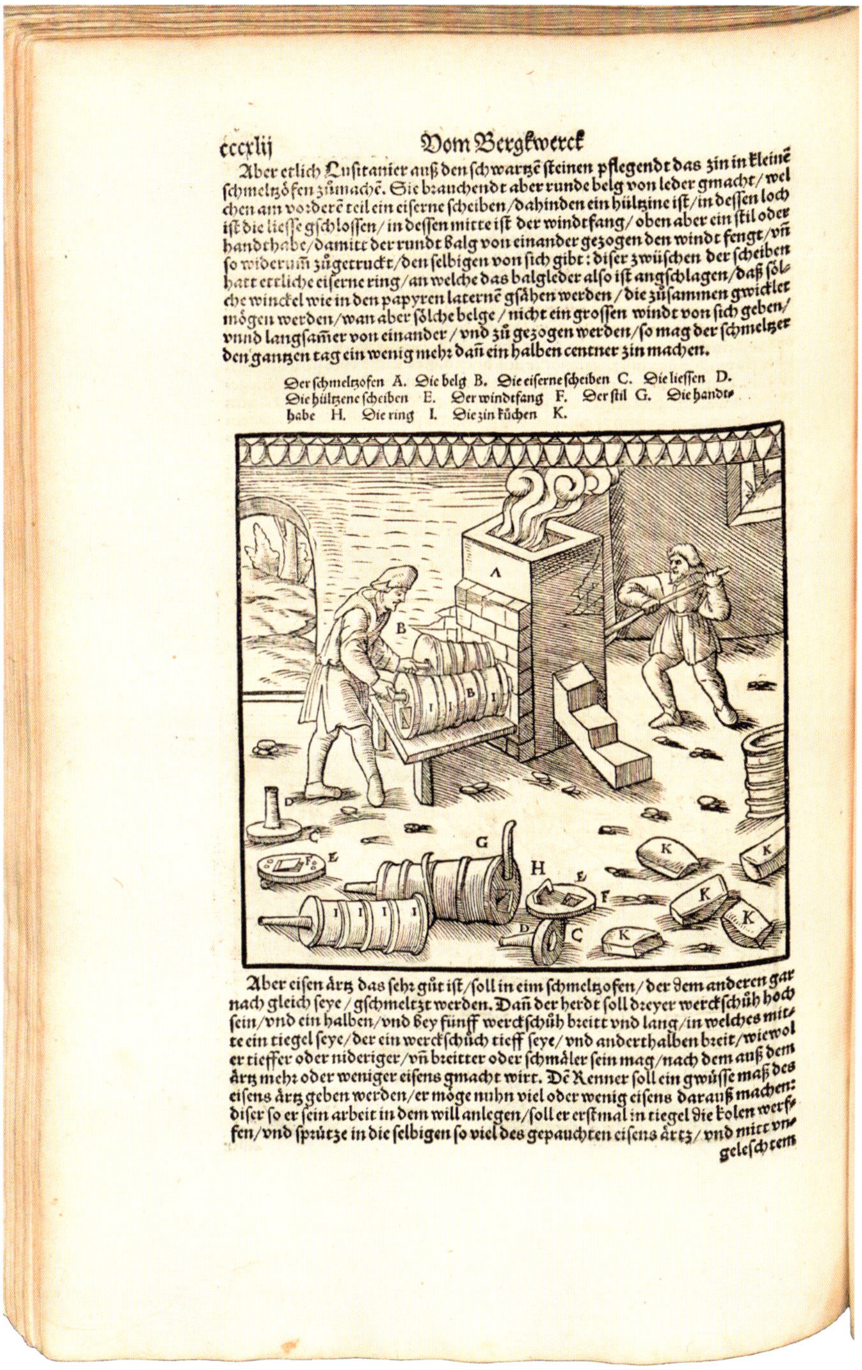

cccxlij Vom Bergkwerck

Aber etlich Lusitanier auß den schwartzē steinen pflegendt das zin in kleinē schmeltzöfen zůmachē. Sie brauchendt aber runde belg von leder gmacht/ welchen am vorderē teil ein eiserne scheiben/dahinden ein hültzine ist/in dessen loch ist die liesse gschlossen/ in dessen mitte ist der windtfang/ oben aber ein stil oder handthabe/damitt der rundt Balg von einander gezogen den windt fengt/vn so widerumb zůgetruckt/den selbigen von sich gibt: diser zwüschen der scheiben hatt etliche eiserne ring/an welche das balgleder also ist angschlagen/daß sölche winckel wie in den papyren laternē gsähen werden / die zůsammen gwicklet mögen werden/wan aber sölche belge / nicht ein grossen windt von sich geben/ vnnd langsamer von einander / vnd zů gezogen werden/so mag der schmeltzer den gantzen tag ein wenig mehr dan ein halben centner zin machen.

Der schmeltzofen A. Die belg B. Die eiserne scheiben C. Die liessen D. Die hültzene scheiben E. Der windtfang F. Der stil G. Die handthabe H. Die ring I. Die zin küchen K.

Aber eisen ärtz das sehr gůt ist/soll in eim schmeltzofen/ der dem anderen gar nach gleich seye / gschmeltzt werden. Dan der herdt soll dreyer werckschůh hoch sein/vnd ein halben/vnd bey fünff werckschůh breitt vnd lang/in welches mitte ein tiegel seye/der ein werckschůch tieff seye/ vnd anderthalben breit/wiewol er tieffer oder nideriger/vn breitter oder schmäler sein mag/nach dem auß dem ärtz mehr oder weniger eisens gmacht wirt. Dē Renner soll ein gwüsse maß des eisens ärtz geben werden/er möge nuhn viel oder wenig eisens darauß machen: diser so er sein arbeit in dem will anlegen/soll er erstmal in tiegel die kolen werffen/vnd sprütze in die selbigen so viel des gepauchten eisens ärtz/ vnd mitt vngeleschtem

Abb. 3: Schmelzofen mit Blasbälgen und ihren Bestandteilen. Georg Agricola: Berckwerck Buch, Frankfurt am Main 1580, S. cccxlii.

Qualität der Eisenerze am Ettenberg bei Jestetten aus; die Ausbeutung schien lohnend. Der hoch verschuldete Graf konnte die nötigen Investitionen aber nicht aus eigenen Mitteln finanzieren. Zwei Schaffhauser Gläubiger des Grafen, Benedikt Stockar und der Bürgermeister Johann Konrad Meyer, sowie Felix Schmid investierten 1586 zusammen 16 000 Gulden in den neuen Betrieb und die Anschaffung eines geeigneten Schmelzofens; der Graf versprach die Rückzahlung nach drei Jahren. Felix Schmid übernahm die Leitung des Betriebs und rekrutierte geeignete Werkführer und Knappen in Tirol. Das Unternehmen florierte nicht. Als die Arbeits- und Fuhrlöhne nicht ausbezahlt wurden, streikten die Arbeiter. 1591 verliess Schmid den Ettenberg und forderte vom Grafen die Rückerstattung der 4000 Gulden für die Anschaffung des Schmelzofens – vergeblich. Auch die anderen Schulden wurden nicht beglichen.[3]

Junker Johann Heinrich Haintzel aus Augsburg in Stein und in Zürich

Im Jahr 1585, noch bevor Schmid die Leitung des Ettenberger Eisenwerks übernahm, suchte Ende März ein Flüchtling aus Augsburg bei ihm Unterschlupf. Es war Junker Johann Heinrich Haintzel von Tegerstein, ein entfernter Verwandter von Schmid. Haintzel gehörte dem Augsburger Patriziat an, das seinen Reichtum dem Fernhandel, Bankgeschäften und dem Bergbau verdankte und sich im 16. Jahrhundert durch humanistische Bildung und politisches Engagement auszeichnete. Die Familie Haintzel gehörte zu den Repräsentanten der evangelischen Bevölkerungsmehrheit. Johann Heinrich hatte in Basel und Tübingen studiert. Seit 1575 war er mit Barbara, einer Tochter des reichen Ulmer Kaufmanns Gabriel Neidhardt, verheiratet. In Augsburg gehörte er als einer der drei Kirchenpfleger der evangelischen Kirchenleitung an. Als 1583/84 der Streit um die Einführung des gregorianischen Kalenders die Bürgerschaft spaltete, hielten Haintzel und seine zwei Amtskollegen gegen den Bürgermeister und die Ratsmehrheit am alten Kalender fest. Der Konflikt eskalierte zum offenen Aufruhr, der von der Obrigkeit rasch niedergeschlagen wurde. Johann Heinrich Haintzel floh nach Ulm und verunglimpfte von dort aus in einer Schmähschrift die politische Führung seiner Vaterstadt. Diese veranlasste einen kaiserlichen Haftbefehl. Haintzel wurde in Günzburg inhaftiert, konnte aber fliehen und sich in der Eidgenossenschaft in Sicherheit bringen. Er fand «erschöpft und halb verhungert» in Stein am Rhein Unterschlupf bei Felix Schmid.[4]

Abb. 4: Johann Heinrich Haintzel im Alter von 26 Jahren (1579) am Anfang seiner Ämterlaufbahn in Augsburg.

Zentralbibliothek Zürich, Graphische Sammlung, GRA 4.125.

Schmid gewährte ihm volle Unterstützung: «Als bekanntem Handelsmann gelang es mir, unter eigener Lebensgefahr seine Frau und [die Tochter] Veronika nebst so viel Kleinodien, Kupfer und Zinngeschirr, als ich in den mit meinem Handelszeichen versehenen Ballen versorgen konnte, nach Stein zu bringen.» Auch die Barschaft von Haintzel gelangte nach Stein. Bald zogen auch sein jüngerer Bruder Johann Ludwig und die reiche Schwiegermutter Magdalena Neidhardt aus Ulm nach Stein. Dies ermöglichte ihren Schwiegersöhnen ein standesgemässes Leben; auch für geschäftliche Unternehmen stand Kapital zur Verfügung.[5]

In der neuen eidgenössischen Umgebung baute Haintzel rasch ein Beziehungsnetz auf. Wie selbstbewusst, ja überheblich er dabei auftrat, zeigt ein Mitte 1585 verfasster Brief an den Berner Münsterpfarrer Abraham Musculus. Dessen Vater Wolfgang Musculus hatte Augsburg 1548 als Religionsflüchtling verlassen. An alte Verbindungen anknüpfend schilderte Haintzel im Brief die Einzelheiten seiner Flucht aus Augsburg. Als Grund für sein Schreiben nannte er den Auftrag eines reichen und mächtigen Bekannten, der erwäge, die Grafschaft Neuenburg und Valangin zu kaufen. Den Namen des Auftraggebers dürfe er nicht preisgeben. Die Auskünfte, um die er bat, waren recht allgemein; die Geschichte diente ihm wohl dazu, sich ins rechte Licht zu rücken.[6]

Felix Schmid vermittelte einen Besuch Haintzels beim 85-jährigen St. Galler Alchemisten Bartlome Schobinger, der im Metallhandel und als Bergwerksteilhaber zum reichsten Bürger der Stadt St. Gallen aufgestiegen war. Schobinger besass eine grosse alchemische Bibliothek, riet aber zur Vorsicht. Haintzel liess sich nicht abschrecken und baute zusammen mit Thomas Gutenson, dem Schwager Schmids, heimlich ein alchemisches Laborato-

Abb. 5: Schloss Elgg, um 1760. Stich von David Herrliberger, Zentralbibliothek Zürich, Graphische Sammlung, ZH, Elgg I, 5.

rium auf. In Klingenried, einem Gut im Besitz von Schmid unweit von Stein am Rhein, experimentierten die beiden und brachten, wie später ein Knecht aussagte, falsche Münzen in Umlauf.[7]

In der weiteren Umgebung freundete sich Haintzel mit dem Schaffhauser Bürgermeister, dem Juristen Johann Konrad Meyer, an. Dieser lud seine gelehrten Freunde zu Treffen ein, an denen wie in den lateinisch geführten Briefwechseln über philosophische, historische und naturkundliche Themen diskutiert wurde. Auch die Stadt Schaffhausen profitierte: 1586 nahm sie von den Haintzels ein Darlehen von 6000 Talern auf.[8] Zur Sicherung ihres Lebensunterhalts gründeten die Haintzels mit Felix Schmid eine Kommanditgesellschaft, in der Schmid die Geschäfte führen würde. Die Schwiegermutter war zu einer Einlage von 12 000 Gulden bereit, wenn Schmid ihr Vermögen auf seinen Reisen in die Eidgenossenschaft transferieren könne, was dieser auch tat. Die Brüder Haintzel steuerten selbst nur 500 Gulden bei, die sie aus dem Verkauf eines Schmuckstücks lösten. Die Geschäfte, die neben Textilien auch den Handel mit Zink, Kupfer und Draht umfassten, gingen schlecht; nach grösseren Verlusten wurde die Gesellschaft aufgelöst. Wer die Verluste übernehmen musste, blieb lange umstritten.[9]

Bereits Mitte 1585 war Johann Heinrich Haintzel nach Zürich gezogen. Dort verstand er es nach dem Bericht von Felix Schmid, «mit seiner Gelehrsamkeit für ihn günstige Beziehungen zu knüpfen; er erfreute sich dadurch weitgehender Protektion».[10] Seit 1587 gehörte er der Constaffel an und gewährte der Stadt Zürich ein Darlehen von 26 400 Pfund. 1592 wurde auch Johann Ludwig Haintzel, ein jüngerer Bruder, in die «Adelige Gesellschaft» zur Constaffel aufgenommen und spendete als Einstand einen Pokal mit vergoldeten Zürcher Löwen.[11] Auf die adlige Qualität ihrer Familie legten die Haintzels auch später grossen Wert. Johann Heinrich freundete sich mit Amtmann Heinrich Thomann und mit Säckelmeister Gerold Escher an, die auch zu Schmids Freunden zählten. Er stand auch mit auswärtigen Gelehrten in Kontakt. Über Zürich hinaus bekannt wurde Haintzel durch seinen Kontakt mit Giordano Bruno, der sich 1590 in Zürich aufhielt und das letzte Werk, das er zum Druck brachte, «Nobilissimo illustrique D. Heinrico Eincellio [Haintzel] Elcovie Domino» widmete.[12] Mit den kulturellen Aktivitäten und dem gesellschaftlichen Netzwerk hatte Haintzel in Zürich um 1590 so viel Goodwill aufgebaut, dass der Rat den Kauf des Schlosses Elgg, das nach dem Tod von Hans Heinrich Lochmann zum Verkauf stand, bewilligte. Den Kauf finanzierte Haintzel durch Darlehen bei Zürcher, Schaffhauser und Basler Geldgebern.[13]

Johann Heinrich und Johann Ludwig Haintzel und die Alchemie

Hans Heinrich Lochmann hatte sich als vielseitiger Unternehmer in Finanzgeschäften, in der Textilproduktion sowie im Liegenschaften-, Salz- und Textilhandel ein Vermögen erworben, das ihm den Erwerb der Herrschaft Elgg und der Freiherrschaft Aubonne in der bernischen Waadt ermöglicht hatte.[14] Lochmann hatte das Schloss Elgg zum repräsentativen Landsitz umbauen lassen, was den Ansprüchen der Brüder Haintzel und ihrer Schwiegermutter entsprach. Von ihnen ist im Schloss nichts erhalten; bekannt ist nur der Auftrag für eine Wappenscheibe. Die Briefunterschrift lautete in offiziellen Dokumenten von nun an: «Haintzel von Tegerstain, herr zů Elgkgöw».[15]

An der Verwaltung der Herrschaft Elgg zeigten die Brüder Haintzel wenig Interesse. Sie überliessen dies den bisherigen Amtsinhabern. Auch als sie drei Jahre später das Schloss Haldenstein mit einem Goldbergwerk am Calanda erwarben und sich am Bergwerk Flums beteiligten, scheinen sie sich wenig um die Verwaltung gekümmert zu haben.[16] Wichtiger waren ihnen die alchemischen Forschungen, die die Umwandlung von Blei in Gold zum Ziel hatten. Nach der naturwissenschaftlichen Kenntnis der Zeit war eine derartige Umwandlung oder Transmutation durchaus möglich. Die sieben bekannten Metalle (Gold, Silber, Quecksilber, Zinn, Eisen, Kupfer und Blei) zeichneten sich nach gängiger Lehre dadurch aus, dass ihnen eine gemeinsame Materie («materia prima») zugrunde lag; ihre unterschiedlichen Eigenschaften verdankten sie ihrer je spezifischen «Einfärbung» oder Durchdringung durch eine von aussen kommende Kraft. In der angestrebten Umwandlung galt es also, zuerst aus einem Metall, in der Regel Blei, die spezifischen Eigenschaften zu entfernen und es auf die «materia prima» zu reduzieren, dann den metallspezifischen Stoff beziehungsweise die Kraft zu erzeugen und damit die «materia prima» zur Umwandlung in Gold zu veranlassen. Andreas Libavius, der als Mitbegründer der modernen Chemie gilt, beschrieb diesen Vorgang in seinem sonst weitgehend erfahrungsbasierten Grundlagenwerk «Alchemia» von 1597 folgendermassen: «Erreichen kann man die Transmutation zu Gold oder Silber usw. allgemein bei allen Metallen, sogar auch bei Hydrargyrus [Quecksilber] und dem, was in diesen ‹reduziert› werden kann, wenn man sie in die gemeinsame Materie, den merkurialischen Liquor nämlich, überführen und, wie es in der Natur geschieht, durch Anhauchen mit der Seele des Sulphurs ‹koaguliert› und ‹fixiert› [verfestigt und stabilisiert]. Diesen Sulphur muss man für Gold aus Gold ‹produzieren› und ihn mit aktiven Kräften zu erzeugender Kraft und wirksamer Natur erhöhen, damit er so der Materie eine Bewegung zu etwas Ähnlichem verleiht».[17] In Briefen an den Zürcher Theologen Kaspar Waser und an den französischen Arzt Joseph Duchesne (Quercetanus) verwendete Haintzel einige Jahre zuvor ähnliche Formulierungen.[18] Ausserdem laborierte er, wie oben erwähnt, mit Thomas Gutenson und anderen, studierte die neuste Literatur über Alchemie, reiste mehrmals nach Frankreich und in die Niederlande und suchte nach Metallurgen, die sich anheischig machten, die Transformation durchführen zu können.[19] Er war darin keineswegs allein. International bekannt wurde der Alchemist Marco Bragadino, ein nach Venedig geflüchteter Zypriot, der sich seine Kunst in Venedig und Padua, später am Hof des bayerischen Herzogs Wilhelm V. reichlich bezahlen liess, bis er in München als Betrüger verurteilt und dort im April 1591 geköpft wurde.[20]

Felix Schmid wurde 1588 in die Pläne zur Herstellung von Gold einbezogen. Der jüngere Bruder, Johann Ludwig Haintzel, verlangte in einem Brief vom 3. Mai strengste Geheimhaltung. Danach eröffnete er ihm, der Wiler Schultheiss Sayler, ein früherer Kaufmann, solle aus Quecksilber gutes Silber herstellen können, und er forderte ihn auf, Sayler einzuladen, ihn gut und mit reichlich Wein zu bewirten, ihn dabei in Gespräche über Alchemie zu verwickeln und ihm so das Geheimnis zu entlocken. Schmid liess sich auf die Zusammenarbeit mit den Haintzelbrüdern ein, hatte bei Sayler aber keinen Erfolg.[21] Zwei Alchemisten, Anton Hinterhoff aus Ravensburg und Albinius Weiss aus Sulgen, die im Haus von Schmid eine Probe ihrer Kunst zeigen sollten, erwiesen sich als Betrüger. Grosse Hoffnung setzt Johann Heinrich Haintzel auf Ludwig Ryffel (oder Apfel), der ihm in Basel verhiess, er werde über die Unkosten hinaus im Jahr viele Tausende Gulden erwirtschaften und als Beweis ein im Beisein von Schmid gewonnenes Metall «pars cum parte» (halb Gold, halb Silber) herzeigte. Sie wurden handelseinig: Ryffel sollte 40 000 Gulden erhalten und in Schmids Haus in Stein eine

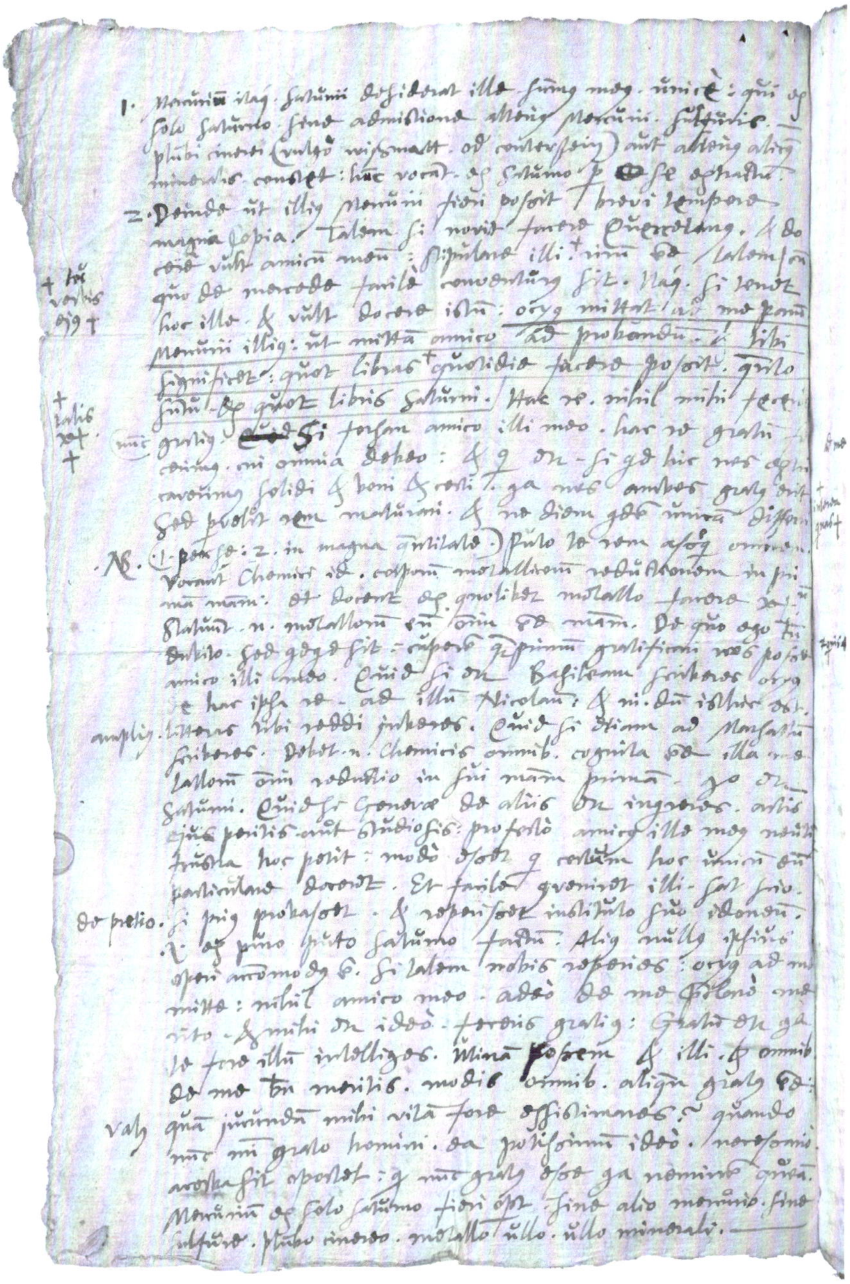

Abb. 6: Theoretische Grundlagen der Transmutation von Metallen. Johann Heinrich Haintzel an Kaspar Waser, 26. 5. 1589, Zentralbibliothek Zürich, Ms S 279, Brief 57.

Probe ablegen. In euphorischer Stimmung verzichteten Haintzel und Schmid auf dem Heimweg auf die Rückzahlung grosser Schuldbeträge. Ryffel wurde im «Schwarzen Horn» fürstlich bewirtet. Die Trinkgelage mit «bey nacht schreyen, singen und jauchzen» erregten den Unwillen der Mitbürger und die Obrigkeit schritt ein. Schmid stellte darauf seinen Hof in Stammheim zur Verfügung, wo die Alchemisten fast eineinhalb Jahre laborierten und die Vorräte verzehrten. Gold herstellen konnten sie nicht.[22]

Schmid wandte sich wieder dem Bergbau zu. 1594 pachtete er das Bergwerk in Eisenbach, das sein Schwager Thomas Gutenson vernachlässigt und überschuldet verlassen hatte, von Graf Heinrich von Fürstenberg und zog mit seiner Familie in den Schwarzwald. Dort leitete er den Betrieb mit mehreren Dutzend Arbeitern, die in den Stollen, der Holzbereitung, der Köhlerei und der Schmelzhütte arbeiteten und im Laboratorium die Qualität prüften. 1582/83 hatte Gutenson für das produzierte Eisen rund 7900 Gulden gelöst, über die Jahre hinweg als Bergherr aber kaum Gewinn erwirtschaftet. Schmid leitete die Produktion und den Eisenhandel, war aber finanziell nicht erfolgreicher als sein Schwager.[23]

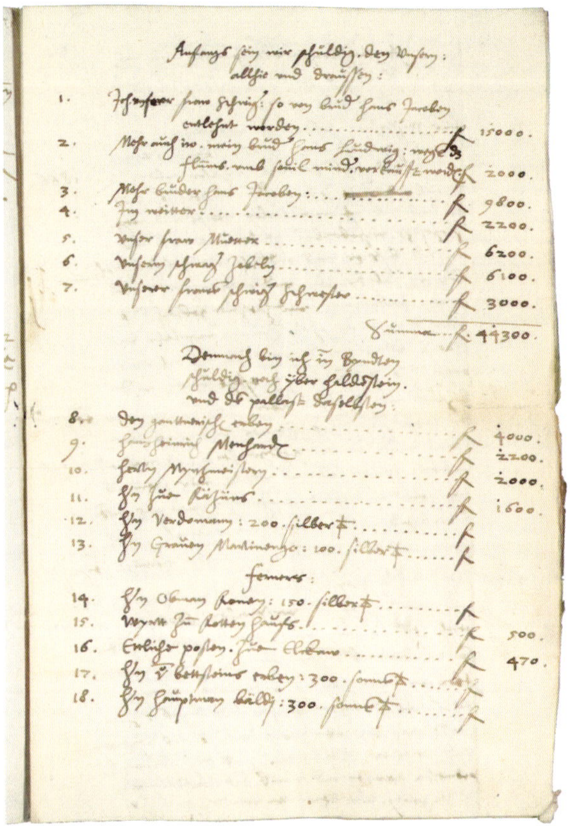

Abb. 7: Aufstellung der Schulden von Johann Heinrich Haintzel für den Zürcher Rat, November 1596. StAZH, A 116.2, Nr. 19.

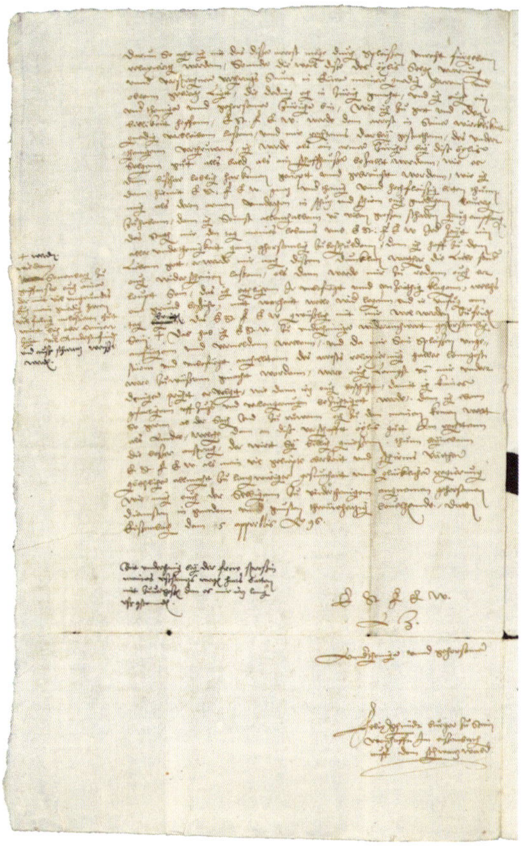

Abb. 8: Brief von Felix Schmid wegen seiner Schulden an den Zürcher Rat, 5. April 1596. StAZH, A 116.2, Nr. 26.

Auch nach dem Umzug nach Eisenbach blieb die Verbindung zu den Haintzelbrüdern erhalten. 1595 sahen sich diese im Besitz eines neuen, angeblich zuverlässigen Rezepts: In zehn bis zwölf Tagen wird «Mercurius Saturni», die aus Blei gewonnene metallische Grundmaterie, zubereitet, danach braucht es weitere zehn bis zwölf Tage zur Herstellung des Goldes. Schmid kam die Aufgabe zu, finanzkräftige Investoren zu suchen. Erfolg hatte er bei Herzog Karl von Lothringen, der Anfang 1596 bereit war, den Haintzelbrüdern 100 000 Sonnentaler zu bezahlen oder ihnen die Grafschaft, Stadt und Schloss Homburg mit der Stadt Saint-Nabord und den dazugehörigen Flecken und Dörfern zu übertragen, falls die Transmutation wie versprochen durchgeführt werden könne. Schmid sollte mit 30 000 Sonnentalern honoriert werden.[24]

Als die Erfolge in bei der Suche nach dem Verfahren der Transmutation ausblieben, drängten Gläubiger auf die Rückzahlung der Darlehen. Bereits 1591 hatte Johann Heinrich Haintzel geklagt, es sei schwierig, neue Darlehen aufzunehmen. Die Schuldenlast nahm laufend zu, Ende 1596 schritt die Zürcher Obrigkeit ein. Für die Basler Gläubiger setzte sich der städtische Rat ein. Nun verlangte der Zürcher Rat von Haintzel eine Zusammenstellung seiner Schulden.[25] Magdalena Neidhardt bestand gegenüber Felix Schmid auf der Rückzahlung ihrer Einlage in die Kommanditgesellschaft von 1586; weitere Gläubiger bedrängten ihn, da Haintzel sie ohne ihr Wissen als Bürgen eingesetzt hatte. Schmid verfasste nun in Eisenbach eine ausführliche Rechtfertigungsschrift, in der er seine langjährige Zusammenarbeit mit Johann Heinrich und Johann Ludwig Haintzel schilderte und mit

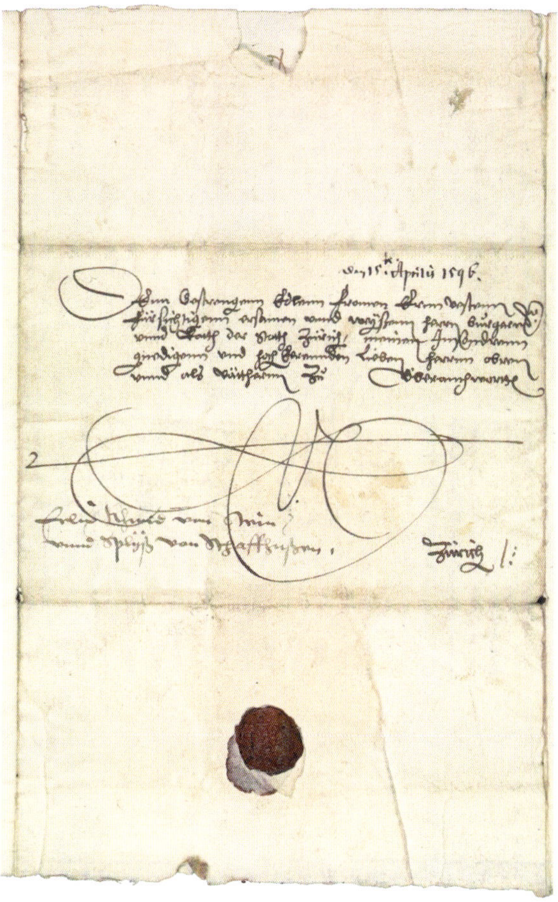

Abb. 10: Siegel von Felix Schmid, StAZH, A 116.2, Nr. 26, Brief vom 5. April 1596.

Dokumenten beglaubigte.[26] Die Brüder verliessen das Zürcher Hoheitsgebiet. Felix Schmid starb am 26. Dezember 1597. So wurde das komplexe Rechtsverfahren, das am 8. März 1598 begann, ohne die direkt Beteiligten durchgeführt. Die Liquidation der Besitztümer übernahm der jüngere Bruder Johann Jakob Haintzel, der wie Johann Heinrich und Johann Ludwig mit einer Tochter von Magdalena Neidhardt verheiratet war und die Interessen seiner Schwiegermutter wahrnahm. Das Schloss Elgg kaufte Bonaventura von Bodeneck, das Schloss Haldenstein ging an Thomas von Schauenstein, der darin eine Münzstätte einrichtete. Das Bergwerk Flums hatte der Churer Münzmeister Hans Jakob Wegerich von Chur bereits Ende 1596 gekauft, das Bergwerk Eisenbach wurde von der Witwe Felix Schmids erfolgreich weitergeführt.[27]

Abb. 9: Siegel von HHH (Hans Heinrich Haintzel), Zentralbibliothek Zürich, Ms S 279, Nr. 191, Brief vom 27. März 1598.

Abb. 1: Blick in den Stollen im Dägelsberg, 1993.
ETH-Bibliothek Zürich, Bildarchiv, SIK 01-042015.

Peter Niederhäuser

Das Goldloch am Dägelsberg

Was war zuerst – das Loch oder das Gold? Wer sich mit der Geschichte des Goldlochs im Tösser Bergland beschäftigt, hat manchmal das Gefühl, sich im Kreis zu drehen. Nur wenige bergmännische Stollen scheinen die Fantasie so angeregt zu haben wie der am Dägelsberg. Letztlich ist fast nichts bekannt, vielmehr prägt ein Durcheinander von Legenden und Hörensagen unser bescheidenes Wissen. Und doch: Obwohl ein paar Meter von der Kantonsgrenze entfernt auf sankt-gallischem Boden liegend, ist das Goldloch südlich des Schnebelhorns zu einem Erinnerungsort der Zürcher (Bergbau-)Geschichte geworden, wo sich Fakten und Fiktionen zu einer faszinierenden Mischung vermengen.

Was wissen wir?

Der einzige sichere zeitliche Fixpunkt der Überlieferung ist das Jahr 1890.[1] Damals wurde der Stollen von der Sektion Bachtel des Schweizerischen Alpenclubs aus Privatbesitz erworben, freigelegt, gereinigt, mit Leitern zugänglich gemacht und mit einer Eisentüre verschlossen, welche die Aufschrift «S. A. C. 1890» trägt. Wann genau dieser auf rund 1250 m über Meer befindliche, gegen 60 m lange Gang in den Berg getrieben wurde, bleibt jedoch

Abb. 2: Der alte Schlüssel zum Goldloch, heute wohlverwahrt im Staatsarchiv des Kantons Zürich.

Abb. 3: Der Stollenausgang am Dägelsberg, 1993. ETH-Bibliothek Zürich, Bildarchiv, SIK 01-042013.

Spekulation. Der zweifellos mit bergmännischen Kenntnissen und unter Einsatz von Sprengpulver erstellte Stollen führt zuerst 20 m in den Berg und dann 12 m senkrecht nach unten, um dann mit einem weiteren horizontalen Gang von knapp 12 m Länge und einem senkrechten Stollen von rund 6 m Tiefe zu enden; der Grund ist mit Wasser gefüllt. Gold wurde offensichtlich keines gefunden, eine andere Motivation für diese doch sehr aufwendige Anlage fehlt. Liessen sich die Ersteller des Stollens von Goldfunden in der nahen Töss verleiten, wo tatsächlich bis heute Gold – allerdings in kleinsten Mengen – gewaschen wird?

Da schriftliche, vor allem staatliche Quellen zum Goldloch fehlen, muss von Privatpersonen ausgegangen werden, die an dieser schwer zugänglichen Stelle im Grenzgebiet der Grafschaften Grüningen, Uznach und Toggenburg wohl möglichst heimlich vorgingen und irgendwann ernüchtert und enttäuscht das Unternehmen abbrachen. Die Lücken der Überlieferung lassen auf eine Erstellung in vormoderner Zeit schliessen; ab dem 19. Jahrhundert wären solche Grabungen für die kantonale Verwaltung sicher ein Thema gewesen. Meist wird für die Datierung auf einen Bergsturz 1757 hingewiesen, der mit dem Grubenbau im Goldingertal zusammenhängen könnte (siehe Kasten). Tatsächlich finden sich in der Region mehrere «Goldlöcher», die angeblich zum Einsturz von Bergpartien geführt haben sollen; eine weitere Verschüttung erfolgte 1847, wohl als Folge der Unterspülung von Nagelfluhbänken.[2] Bezeichnenderweise finden sich im Bericht des Grüninger Landvogts von 1757 aber keine Hinweise auf Goldsucher, vielmehr wird der Bergsturz als unerklärliches Naturphänomen dargestellt.

Eine Chronik der Grafschaft Uznach aus dem 18. Jahrhundert führte den Ortsnamen «Goldingen» auf die Goldsuche zurück, denn ursprünglich hiess das Dorf «Oblinden». Ein Erdbeben habe 1756 zu Verschüttungen und zur Zerstörung einer weitläufigen Höhle geführt.[3] Dieser heute nicht mehr auffindbaren Chronik ist aber mit Vorsicht zu begegnen, die Bezeichnung «Goldingen» findet sich nämlich bereits im Mittelalter. Und doch dient diese Aufzeichnung bis heute gemeinhin als Indiz für die Datierung des Dägelsberger Goldlochs. Dieses sei nach dem Bergsturz neu errichtet worden, um die Suche nach

Abb. 4: Querschnitt durch den Stollen, Zustand vor der Ausräumung 1890. Wenger (wie Anm. 1), S. 9.

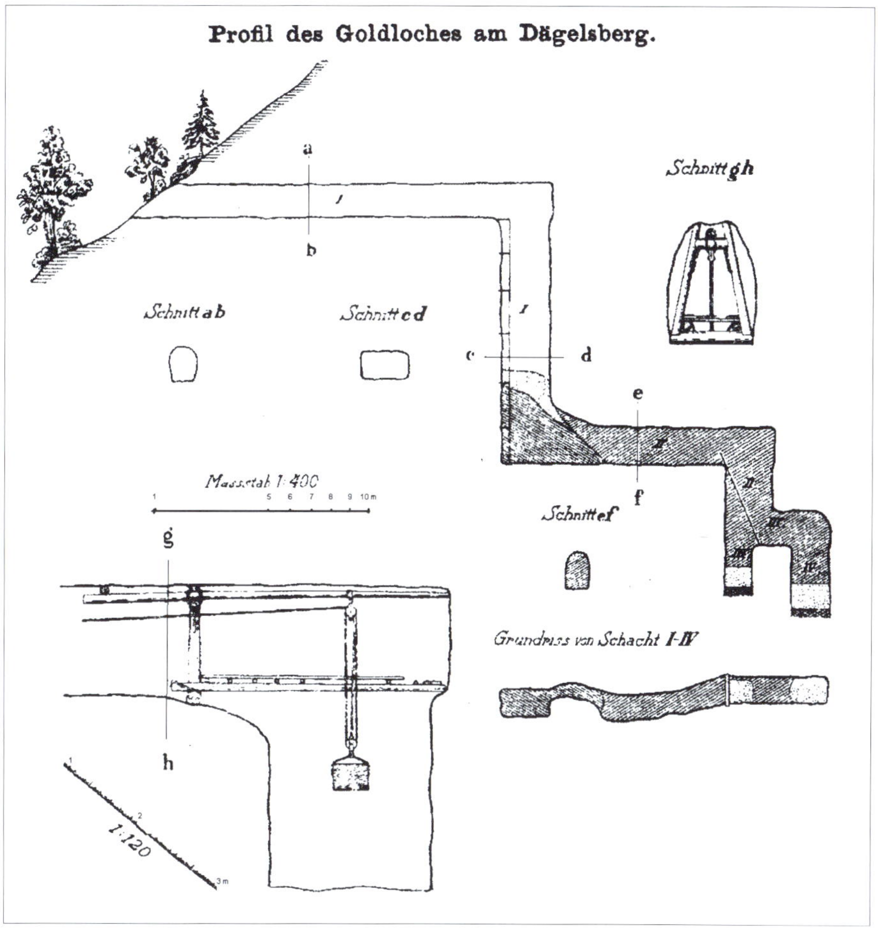

Bergsturz im Zürcher Bergland – ein Bericht vom 22. Juli 1757
(StAZH, A 124.8, Nr. 87)

Schreiben des Grüninger Landvogts Hans Felix Grebel an Zürich (Auszüge):
Grebel berichtet über den Bergsturz «auf dem Uznachischen Territorio», ohne aber selbst einen Augenschein vorgenommen zu haben.
Jacob Knecht aus dem Aathal besitzt die Alp Chrüzegg, rund eine halbe Stunde von dem eingesunkenen Berg entfernt. Er habe am Dienstag, 28. Juni, morgens um 2 Uhr ein «unerhörtes, etwan 3 Tag lang angehaltenes und einem beständigen Donnerwetter gleichendes Raßlen gehört». Als er nachschaute, entdeckte er auf der erwähnten Alp «den Sturz gewaltiger Felsen und Baümen an disem Chrüzeggberg». Durch das Sinken und Fallen seien auch die anstossenden Gebiete am Fuss des Berges «angefüllt und unbrauchbahr gemacht worden». Der Berggrat, der die Grafschaften Toggenburg und Uznach trennte, sei gegen das Goldingertal zusammengesunken und sei «mehr als 2 Kirchenthürn [Kirchentürme] tieff gefallen», sodass der Weg weder befahren noch gebraucht werden könne.
Weibel Honegger von Wernetshausen berichtet, dass im «guldenen Thal» (Goldingertal) der Berg genannt Chrüzegg «ganz überfallen, dardurch auch die grössten Tannen und auch Felsen gesunken, und seye ein Riß zu sehen, welcher mehr als Kirchenthurms Tieffe».

Gold an anderer Stelle weiterzuführen. Entsprechend wird der Bau des Stollens für die zweite Hälfte des 18. Jahrhunderts angesetzt, auch wenn eindeutige Belege und Hinweise dafür fehlen.

Die zahlreichen Texte zum Goldloch, die einander mehr oder weniger abschreiben, verweisen auf die Faszination eines Stollens, der für Höhlenforscher wie für Schulklassen, für Wandergruppen wie für Industriearchäologen gleichermassen attraktiv ist. Dazu trägt eine Überlieferung bei, die eine neue, zusätzliche Dimension in die Bergwerksgeschichte einbringt: Sagen und Legenden.

Im Reich der Sagen

Zwar ist über die Goldlöcher im Tössgebirge wenig bekannt, dafür haben sich zahlreiche Sagen erhalten, welche ihrerseits dieses Nichtwissen mit Erklärungen ausfüllen und eine auffallend breit angelegte Geschichte skizzieren, die von Schatzjägern bis zu exotischen venezianischen Goldsuchern reicht. In seinen Zürcher Sagen hat Karl Werner Glättli diese Erzählungen zusammengetragen.[4] Die Männer sollen in Flüssen Gold gesucht und später Sand aus Höhlen gewonnen haben; untergebracht seien sie im Gasthaus zur Sonne in Hintergoldingen gewesen. Einzelne machten den Mädchen schöne Augen und wurden deswegen von den Burschen verprügelt, andere hätten Milch gezaubert und liessen ihre Eisen im Dorf Wald nachschleifen. Schliesslich soll der Landvogt von Grüningen die Goldgräber verhaftet und nach Zürich gebracht haben, wo sie den Ratsherren eine goldene Kette versprachen. Eine andere Sage berichtet von einem Bauern, der bei einem Unwetter im Goldloch Schutz suchte und dort auf den Teufel traf, der ihn bis zum Schnebelhorn verfolgte. Zweifellos waren Venezianer als Handelsleute wie auch als berühmte Glashersteller im Bergbau tätig und verfügten über besondere Kenntnisse und Fähigkeiten.[5] Ob sie aber wirklich den Weg ins Zürcher Oberland gefunden haben, bleibt zweifelhaft. So finden sich keine historischen Belege für die Anwesenheit von Venezianern oder «Welschen» im Oberland, deren Auftreten im übrigen den anderswo bekannten Bergmännchen auffallend ähneln.

Von der Sagenwelt fanden diese Geschichten Eingang in die Literatur und in die Volkskultur. Emil Zopfi verknüpfte in seinem Buch «Mondmilchsteine» die Legende vom Mondmilchgubel mit der Goldsuche im Stollen, während Otto Schaufelberger in seinem «Tagebuch des Schulmeisters

Abb. 5: Der Venediger überzeugt den Bauern vom Goldschatz, Zeichnung von Hans Witzig. Meinrad Lienert: Zürcher Sagen. Der Jugend erzählt, Zürich 1919, S. 40.

von Strahlegg» seinen Besuch im Goldloch schilderte und dabei die Entdeckerfreude selbstironisch dem Unbehagen beim Abstieg im Stollen gegenüberstellte.[6] Als er endlich auf der untersten Plattform angekommen war, musste er nicht ganz überraschend feststellen, dass von Gold keine Spur war: «In dieser Tiefe also muss endlich der Geduldsfaden der Goldsucher gerissen haben. Hier unten zerstob einst ein Wahn, eine grosse Hoffnung, ein Traum nach Glück und Reichtum! Mit den letzten dumpf verhallenden Pickelhieben zerspritzte alles in lauter Ärger und Enttäuschung. Wer mochte die guten Leute nur auf den absurden Gedanken gebracht haben –?»[7] Und Schaufelberger, eine Art Tösstaler Existenzialist, schloss seine Ausführungen mit dem Heimweg zurück in die Strahlegg, in der Abendsonne, die für ihn einen leuchtenden Gegensatz zum imaginären Gold aus dem Erdinnern darstellte.

Die Wanderung auf den Dägelsberg bietet unabhängig von Montanwissenschaft und Regionalliteratur eine spannende Grenzerfahrung. Das «Goldloch» war und ist ein Ort, der weniger von Gold als von Träumen und falschen Erwartungen erzählt und vielleicht gerade deshalb ein beliebtes Ausflugsziel ist.

Anmerkungen

Bettina Schöller: Die heilige Barbara

1 Helmut Eberhart: Hl. Barbara. Legende, Darstellung und Tradition einer populären Heiligen, Graz 1988, S. 13 f., 22.

2 Ebd., S. 17–21; Hiltgard L. Keller: Lexikon der Heiligen und biblischen Gestalten. Legende und Darstellung in der bildenden Kunst, 10. Auflage, Stuttgart 2005, S. 74 f.

3 Eberhart (wie Anm. 1), S. 27; Rolfroderich Nemitz, Dieter Thierse: St. Barbara. Weg einer Heiligen durch die Zeit, 2. Auflage, Essen 1996, S. 189 f.

4 Dagmar Kift: «Die Bergmannsheilige schlechthin». Die Heilige Barbara im Ruhrgebiet der 1950er-Jahre, in: Der Anschnitt 58/6 (2006), S. 254–263, hier S. 254 f.; Nemitz/Thierse (wie Anm. 3), S. 191.

5 Keller (wie Anm. 2), S. 469 f.

6 Eberhart (wie Anm. 1), S. 48; Keller (wie Anm. 2), S. 75.

7 Reinhard Abeln: Die heilige Barbara. Leben – Legenden – Bedeutung, Kevelaer 2011, S. 62 f.

8 Die Bibel, Daniel 2, 31–44.

9 Eberhart (wie Anm. 1), S. 35–38. Zu den regionalen Bergbaupatronaten vgl. Nemitz/Thierse (wie Anm. 3), S. 191–197.

10 Kift (wie Anm. 4), S. 255, 258 f.; Klaus Tenfelde: Mining Festivals in the Nineteenth Century, in: Journal of Contemporary History 13/2 (1978), S. 377–412, hier S. 380.

11 Kift (wie Anm. 4), S. 261.

12 Eberhart (wie Anm. 1), S. 45 f.

13 Elisabeth Joris, Katrin Rieder, Béatrice Ziegler: Tunnelbau und Geschlecht – eine Einleitung, in: dies. (Hg.): Tiefenbohrungen. Frauen und Männer auf den grossen Tunnelbaustellen der Schweiz 1870–2005, Baden 2006, S. 8–17, hier S. 10.

14 Vgl. die Filmaufnahmen des Durchschlags auf der Website der Marti-Gruppe, www.marti.com/ch_de/stories/meldungen/2024-12-16_Entlastungsstollen-Thalwil.php, 10. 9. 2025.

15 Marco Maracci: Der Umgang mit Fremden am Gotthard-Südportal. Soziale Verhältnisse in Airolo zur Zeit des Gotthardbahntunnelbaus 1872–1882, in: Joris/Rieder/Ziegler (wie Anm. 13), S. 22–34, hier S. 24 f.

16 Nicole Dahinden: Fremde Nachbarn. Kontakte zwischen lokaler Bevölkerung und Tunnelarbeitern auf der NEAT-Baustelle Mitholz, in: Joris/Rieder/Ziegler (wie Anm. 13), S. 234–242, hier S. 239.

17 Joris/Rieder/Ziegler (wie Anm. 13), S. 10.

18 Vgl. zum Beispiel die Begleitpublikation einer Ausstellung des Deutschen Bergbau-Museums: Evelyn Kroker (Hg.): Frauen und Bergbau. Zeugnisse aus fünf Jahrhunderten, Bochum 1989; ausserdem Jaclyn J. Gier, Laurie Mercier (Hg.): Mining Women. Gender in the Development of a Global Industry 1670 to the Present, New York 2006; Gabriele Meissner: Frauen im Bergbau hat es nie gegeben? Teil 1 – Über Freiwilligkeit und Zwang im Bergbau der SBZ/DDR 1945–1950, in: Der Anschnitt 65/3 (2013), S. 105–111; dies.: Unter Tage waren keine ...? Frauenarbeit im DDR Bergbau Teil 2 – Bergbau ist kein Blumenladen, in: Der Anschnitt 65/4 (2013); Ilse Schütte, Gudrun Richter, Bärbel Minx: Frauenarbeit im ostdeutschen Braunkohlebergbau. Perspektiven von Frauen in einer «Männerbranche», Dortmund 1995.

19 Elisabeth Joris, Heidi Witzig (Hg.): Frauengeschichte(n). Dokumente aus zwei Jahrhunderten zur Situation der Frauen in der Schweiz, 5. Auflage, Zürich 2021, S. 25 f.

20 Christine Vanja: Frauenarbeit im Bergbau – ein Überblick, in: Kroker (wie Anm. 18), S. 11–29, hier S. 11–14.

21 Vanja (wie Anm. 20), S. 11.

22 Chris Wrigley: Women in British Coal Mining, in: Dagmar Kift, Eckhard Schinkel, Stefan Berger, Hanneliese Palm (Hg.): Bergbaukulturen in interdisziplinärer Perspektive. Diskurse und Imaginationen, Essen 2018, S. 103–113, hier S. 109

23 Vanja (wie Anm. 20), S. 16.

24 Michael Mitterauer: Produktionsweise, Siedlungsstruktur und Sozialformen im österreichischen Montanwesen des Mittelalters und der frühen Neuzeit, in: ders. (Hg.): Österreichisches Montanwesen, München 1974, S. 234–315, hier S. 305 f.; Vanja (wie Anm. 20), S. 14 f.

25 Vanja (wie Anm. 20), S. 14 f.

26 Wrigley (wie Anm. 22), S. 109.

27 Siehe Wild/Widmer in diesem Band sowie Ursula Maurer-Walter: Die Bergwerke im Kanton Zürich. Unter anderem das Quarzsandbergwerk Buchs, in: Mitteilungen der Heimatkundlichen Vereinigung Furttal 21 (1992), S. 6.

28 Wrigley (wie Anm. 22), S. 107–110; vgl. auch Christine Vanja: Bergarbeiterinnen. Zur Geschichte der Frauenarbeit im Bergbau, Hütten- und Salinenwesen, Teil II: Die Entwicklung im 19. und 20. Jahrhundert, in: Der Anschnitt 40/4 (1988), S. 128–143, hier S. 128.

29 Vanja (wie Anm. 28), S. 134.

30 Maria Magdalena Müller: Frauenarbeit in Belgien, in: Arbeit und Alltag. Soziale Wirklichkeit in der belgischen Kunst 1830–1914, Berlin 1979, S. 230–240, hier S. 239; Vanja (wie Anm. 20), S. 23; dies. (wie Anm. 28), S. 128–136; Wrigley, S. 109.

31 Vanja (wie Anm. 28), S. 129, 132, 134.

32 Joris/Witzig (wie Anm. 19), S. 26.

33 Wrigley (wie Anm. 24), S. 110 f.

34 Vanja (wie Anm. 20), S. 19 f.

35 Ebd., S. 25–28; Wrigley (wie Anm. 24), S. 111 f.

36 Wegleitung zur Verordnung 1 zum Arbeitsgesetz, SECO 2014, www.seco.admin.ch/seco/de/home/Arbeit/Arbeitsbedingun-

gen/Arbeitsgesetz-und-Verordnungen/Wegleitungen/Wegleitung-zur-ArGV-1.html, 14. 9. 2025.

37 Bundesgesetz über die Arbeit in Industrie, Gewerbe und Handel (ArG), Art. 66, erlassen am 13. 3. 1964.

38 ArG, Stand 1. 9. 2023.

39 Vgl. zum Beispiel Griselda Carr: Pit Women. Coal Communities in Northern England in the Early Twentieth Century, Balbriggan 2002; Angela V. John: Coalmining Women. Victorian Lives and Campaigns, 4. Auflage, Cambridge 1989; Joris/Rieder/Ziegler (wie Anm. 13); Schütte/Richter/Minx (wie Anm. 18).

Dölf Wild, Roger Widmer: Bergbau im Kanton Zürich

1 Emil Letsch: Die schweizerischen Molassekohlen östlich der Reuss. Beiträge zur Geologie der Schweiz, hg. von der Geologischen Kommission der Schweizerischen Naturforschenden Gesellschaft, Bern 1899. Dazu Wild, Käpfnach, in diesem Band.

2 Die Aufstellung der Fundstellen ist keineswegs erschöpfend. Aufgeführt sind nur diejenigen, welche in der Literatur eine gewisse Relevanz erhalten haben. Emil Letsch meinte, dass «wir die Kohlenvorkommnisse unserer Gegend geradezu als zahlreich bezeichnen müssen, zahlreicher als man geneigt ist, sie gewöhnlich anzunehmen», und dass bei ihrer Erfassung keine Vollständigkeit zu erreichen sei. Letsch (wie Anm. 1), S. 235. Ursula Maurer-Waller spricht in ihrer Zusammenstellung zum Bergbau im Kanton Zürich von «an die 140 Stellen nachweisbarer Kohlenflöze im Kanton Zürich». Ursula Maurer-Waller: Die Bergwerke im Kanton Zürich, Heimatkundliche Vereinigung Furttal, Buchs 1992, S. 6. Aufgeführt hat sie aber nur 23 Fundstellen.

3 Wir folgen hier in etwa dem ersten kantonalen Bergbaugesetz von 1805: «§ 1: Alle im Schosse der Erde anstehenden Mineralien, als Metalle, brennbare Mineralien und Salze (worunter dann mithin Steine, Gips, Mergel, Torf und Tongruben nicht verstanden werden) sind Eigentum des Staates und können nicht ohne bestimmte Belehnung von der Regierung abgebaut werden.» «Alle, im Schooße der Erde anstehende, nutzbare Mineralien, als Metalle, brennbare Mineralien, und Salze (worunter dann mithin Steine, Jps (Gips; D. Wild), Mergel, Torf, und Thon-Gruben nicht verstanden werden) sind Eigenthum des Staats, und können nicht ohne bestimmte Belehnung von der Regierung, abgebaut werden». StAZH, OS AF 3, Gesetz, betreffend den Bergbau im Kanton Zürich, 18. 12. 1805, S. 99–101, hier § 1, S. 99. Siehe Beitrag Brändli in diesem Band.

4 Dazu mehr bei Altorfer in diesem Band.

5 E. Baumberger: Bohnerz. Die Eisen- und Manganerze der Schweiz (Beiträge zur Geologie der Schweiz, Geotechnische Serie, XIII. Lieferung, Bd. 1), Bern 1923, S. 46; W. Epprecht: Unbekannte schweizerische Eisenerzgruben sowie Inventar und Karte aller Eisenerz- und Manganerz-Vorkommen der Schweiz (Beiträge zur Geologie der Schweiz, Geotechnische Serie, Kleinere Mitteilungen 19), Bern 1958, S. 218 f.

6 Gregor Bossard: Der Schnabeltaler – ein Stück Zürcher Münzgeschichte, in: Schweizer Münzblätter 297 (2025), S. 6–15.

7 Dazu Michael von Ledebur: Wie sich unglückliche Goldsucher in einem Züricher Berg verloren, in: NZZ online, 7. 9. 2018.

8 Benjamin Jost zur Geologie der Käpfner Kohle in: Das Bergwerk Käpfnach/Horgen, im Druck.

9 Vgl. dazu Letsch (wie Anm. 1), S. 31–37, 230–235. Steinkohle respektive Anthrazit gibt es in der Schweiz nur im Wallis.

10 Zu Clais und Ginsberg siehe Wild, Käpfnach, und Gamper, Ziegler, in diesem Band.

11 Hans Fehlmann: Der schweizerische Bergbau während des Weltkrieges, Bern 1919, S. 135.

12 Letsch (wie Anm. 1), S. 100–104; Hans Fehlmann: Der schweizerische Bergbau während des Zweiten Weltkrieges, unveröffentlichtes Manuskript des Büros für Bergbau (Original unter anderem in der Schweizerischen Nationalbibliothek, Kopie unter anderem im Archiv Bergwerkverein Käpfnach), Bern 1947, S. 147.

13 Vgl dazu Letsch (wie Anm. 1), S. 104, besonders Anm. 1.

14 Letsch (wie Anm. 1), S. 107.

15 Ebd., S. 109; Fehlmann (wie Anm. 11), S. 134; Fehlmann (wie Anm. 12), S. 126.

16 Letsch (wie Anm. 1), S. 110.

17 Fehlmann (wie Anm. 12), S. 127.

18 Letsch (wie Anm. 1), S. 112.

19 Ebd., S. 113–115.

20 Fehlmann (wie Anm. 12), S. 127.

21 https://ortsnamen.ch. Dazu auch: Maurer-Waller (wie Anm. 2), S. 20.

22 Letsch (wie Anm. 1), S. 142 f.

23 Ebd., S. 122.

24 Ebd., S. 139.

25 Johann Conrad Troll: Geschichte der Stadt Winterthur, Bd. III, Winterthur 1840, S. 206.

26 Letsch (wie Anm. 1), S. 136.

27 Ebd., S. 131.

28 Ebd., S. 125.

29 Bericht Ginsberg von 1792, nach Letsch (wie Anm. 1), S. 130.

30 Zu den Schieferkohlen Ed. Baumberger, Ed. Gerber, Alph. Jeannet, J. Weber: Die diluvialen Schieferkohlen der Schweiz (Beiträge zur Geologie der Schweiz, Geotechnische Serie, VIII. Lieferung), Bern 1923, zu Uznach S. 106–448, besonders S. 381–386; zusammenfassend Fehlmann (wie Anm. 11), S. 160–178.

31 Letsch (wie Anm. 1), S. 51, besonders Anm. 4.

32 Baumberger (wie Anm. 30), S. 473.

33 Thomas Bolliger: Bei Dürnten – Schieferkohlen und weitere Eiszeitzeugen, in: Geologische Leckerbissen im Kanton Zürich. Ein Querschnitt verschiedener Zeitreisen, Neujahrsblatt der Naturforschenden Gesellschaft in Zürich, 225. Stück (2023), S. 93–97.

34 Fehlmann (wie Anm. 12), 171 f.

35 Baumberger (wie Anm. 30), S. 487.

36 Fehlmann (wie Anm. 11), S. 172; Fehlmann (wie Anm. 12), S. 148.

37 Nagra, Technischer Bericht Weiach 86/01.

38 Botschaft über eine Bundeshilfe an die Swisspetrol Holding AG vom 2. Juni 1982.

39 Fehlmann (wie Anm. 12), S. 191, Maurer-Waller (wie Anm. 2), S. 31.

40 Fehlmann (wie Anm. 12), S. 188–192; Maurer-Waller (wie Anm. 2); S. 31; vgl. auch www.benken-zh.ch/dorfleben/kultur-und-sehenswuerdigkeiten/quarzsandwerk.html/129, 20. 7. 2025.

Sebastian Brändli: Baumaterial und Energie

1 Ferdinand Keller: Der Grossmünster in Zürich, Bd. 2: Architectur, Zürich 1841, S. 3.
2 Vgl. Elisabeth Suter: Wasser und Brunnen im alten Zürich, Zürich 1981.
3 Siehe dazu Wild, Käpfnach, in diesem Band.
4 Memorabilia Tigurina 1742, S. 417.
5 Max Weber: Wirtschaft und Gesellschaft, Tübingen 1985, S. 126.
6 Vgl. Rudolf Braun: Das ausgehende Ancien Régime in der Schweiz, Göttingen 1984; David von Wyss: Politisches Handbuch für die erwachsene Jugend der Stadt und Landschaft Zürich, Zürich 1796.
7 Die entsprechenden Artikel im «Historischen Lexikon der Schweiz» sind für Zürich zu pauschal, um hier verwendet zu werden.
8 Vgl. zur Verwaltung im alten Zürich Hans Hüssy: Der Staatshaushalt Zürichs im 16. Jahrhundert, in: Zürcher Taschenbuch, Zürich 1952, S. 32–57. Die Infrastrukturaufgaben interessierten Hüssy allerdings kaum. Vgl. auch Otto Sigg: Zürcher Finanzverwaltung im Spannungsfeld von Reformation und Frührationalismus, in: Zürcher Taschenbuch, Zürich 1975, S. 1–13.
9 François Guex: Bruchstein, Kalk und Subventionen. Das Zürcher Baumeisterbuch als Quelle zum Bauwesen des 16. Jahrhunderts (Mitteilungen der Antiquarischen Gesellschaft in Zürich 53), Zürich 1986; Baumeisterbuch, StAZH, B III 117 a und b. Vgl. auch Hüssy (wie Anm. 8), S. 38.
10 Conrad Ulrich: Das 18. Jahrhundert, in: Geschichte des Kantons Zürich, Bd. 2, Zürich 1996, S. 364–505, hier S. 408 f.
11 Johann Jakob Scheuchzer: Natur-Histori des Schweitzerlandes, Bd. 6: Beschreibung der Lufft-Geschichte, Steinen, Metallen und anderen Mineralien, Zürich 1718.
12 Ferdinand Rudio: Festschrift der Naturforschenden Gesellschaft, Zürich 1896.
13 Vgl. etwa Eduard Osenbrüggen: Deutsche Rechtsaltertümer, Heft 1 (1858), S. 99. Die Texte des Richtebriefs stammen aus dem frühen 14. Jahrhundert.
14 Jakob H. Labhart-Labhart: Die Steinbrüche. Und: Wie die Stadt in den Besitz von Steinbrüchen gelangt ist, in: Neue Zürcher Zeitung, 19. 12. 1897, S. 5. Labhart war Zürcher Staatsarchivar; in mehreren NZZ-Beiträgen zum Bauen im alten Zürich war er mit präzisen Quellenhinweisen aber geizig.
15 Conrad Escher: Bürgermeister Georg Müller (1504–1567), in: Zürcher Taschenbuch 1904, S. 77–120, hier S. 88.
16 H. F. Hirzel, Sekretär Bergwerkskommission, an Finanzminister Finsler im Sommer 1798, zitiert nach Labhart-Labhart (wie Anm. 14), S. 5.
17 Nach Labhart-Labhart (wie Anm. 14). Der einzige verbliebene Steinbruch in Bollingen wird heute von der Firma Kuster, Freienbach, betrieben.
18 Weisses Register, StAZH, KAT 34, S. 317.
19 StAZH, C III 4, Nr. 237 (1501).
20 StAZH, C I Nr. 868 (1579). Im Februar 1847 verkaufte die Stadt Zürich den Steinbruch «Bruchweidli» in Bäch (bei Seestrasse 212). Es ist sehr wahrscheinlich, dass es sich dabei um den 1577/79 erworbenen Steinbruch handelte. Zürcherische Freitagszeitung, 12. 2. 1847. Zur lokalen Situation der Steinbrüche in Freienbach vgl. Claudia Nötzli, Maturaarbeit 1997, in den Staatsarchiven Schwyz und Zürich.
21 Etwa «Verzeichnis des Werkzeügs im Steinbruch», 1627, oder «Versorg- und Versicherung des Werkzeügs in dem Steinbruch zu Bäch», 1664, StAZH, Trucken 368, Bauwambt, Nr. 13 und 23.
22 Zum Beispiel «Costens-Verzeichnus über den Steinbruch. Ao. 1617». Alle Zitate zum Steinbruch Bäch aus StAZH, Weisses Register (wie Anm. 18), Trucken 368, Bauwambt.
23 StAZH, C III 4, Nr. 224 (1628); als «schuldig» stellte sich der Werkmeister Wäber heraus.
24 StAZH, C III 4, Nr. 204 (1715).
25 StAZH, C III 4, Nr. 212, 213.
26 Memorabilia 1820, S. 200.
27 StAZH, C III 4, Nr. 239 (1748).
28 Vgl. etwa die Normierung der Baumaterialien in Wyss (wie Anm. 6), S. 338 f.
29 Karl Dändliker: Stadtzürcherische Zustände im XIII. Jahrhundert, in: Zürcher Taschenbuch 1906, S. 1–14, hier S. 13.
30 StAZH, C IV 6.9, Nr. 11 (1421).
31 Gemäss dem Weissen Register lagen die «Schriften betreffende ab Anno 1519 ad Annum 1706», unter denen das Dokument genannt wird, im StAZH in der Trucken 368 (wie Anm. 18).
32 Bekannt sind etwa Ziegelhütten in Berg am Irchel, Embrach, Flaach, Kappel (auf dem Klosterareal), Lufingen, Männedorf, Rüti, Schwamendingen, Steinmaur und Uster. Es wurden auch Hütten im Schaffhausischen berücksichtigt.
33 Vgl. Anm. 21. Auch diese weist auf die grosse Bedeutung einer ordentlichen Geschäftsführung durch den Lehensnehmer hin.
34 StAZH, C III 4, Nr. 127 (Lehensbrief um die Ziegelhütte beim Selnau, die an Kaspar Bosshard auf sechs Jahre verliehen worden, um den jährlichen Lehenszins von 120 Pfund).
35 Margrit Irniger: Der Sihlwald und sein Umland, Zürich 1991, S. 45.
36 Offnung der Gemeinde Wollishofen (1531). Rechtsquellen auf der Website des StAZH.
37 Mandat der Stadt Zürich betreffend Brennholzhandel (1741) und Mandat der Stadt Zürich betreffend Unterhalt der Wälder, Harzgewinnung und Nutzung des Holzes (1773). Rechtsquellen auf der Website des StAZH.
38 Ratsmanuale StAZH, B II 605, S. 65 (1684); B II 587, S. 24 (1679); B II 623, S. 10 (1688).
39 StAZH, B II 689, S. 33, 47 (1705).
40 StAZH, B II 689, S. 47 f. (1705). Vgl. Irniger (wie Anm. 33). Dass Schiffleute immer wieder ins Licht der Holzpolitik gezogen wurden, zeigen die Protokolle der Holzkommission (StAZH, B III 163).
41 StAZH, B II 689, S. 48 f. (1705). Holztraktate sind nicht zwingend Erlasse wie Holzordnungen, vielmehr werden auch Holzkaufverträge Traktate genannt; um solche dürfte es sich gehandelt haben.
42 Offnung (wie Anm. 35), letzter Artikel.
43 StAZH, B II 595 a, S. 226 (1679) und B II 595, S. 49 f. (1681).
44 StAZH, B II 912, S. 139 (1761).
45 StAZH, B II 587, S. 114 (1679).
46 Wyss (wie Anm. 6), S. 337.
47 Siehe Wild, Bergbau in Käpfnach, in diesem Band.
48 Zitiert nach Labhart-Labhart (wie Anm. 13).
49 StAZH, OS AF 3, S. 99–101. Gesetz, betreffend den Bergbau im Kanton Zürich (18. 12. 1805).
50 Zitiert nach Irniger (wie Anm. 32), S. 47; Urbar: StadtarchivZ, III C 20, 1r und 3r (1680–1756).
51 Irniger (wie Anm. 32), S. 46.

52 Wyss (wie Anm. 6), S. 334 und 337.
53 Ebd., S. 334.
54 Ebd., S. 282–287.
55 Ebd., S. 285.
56 Ebd., S. 338 f.
57 Dazu dürfte auch das Fehlen neuzeitlichen Beamtentums beigetragen haben. Vgl. Hüssy 1953, S. 38; differenzierter Sigg 1975, S. 8.
58 Vgl. Hüssy (wie Anm. 8), S. 46; Sigg (wie Anm. 8), S. 10.
59 Eide als verpflichtende Grundlage für korrekte Aufgabenerfüllung habe ich nur beim Ziegler angetroffen, nicht aber bei den Steinbruchmeistern. Vgl. Sigg (wie Anm. 8), S. 11 f.
60 Vgl. Collegium der Feuerwerker beziehungsweise «Artillerie-Collegium», 1686 gegründet.
61 Eine Ausnahme bildeten die Medizin und die Kartografie, Letztere spätestens seit Jos Murers Stadtplan 1576. Vgl. Sebastian Brändli: «Die Retter der leidenden Menschheit». Sozialgeschichte der Chirurgen und Ärzte auf der Zürcher Landschaft (1700–1850), Zürich 1990. Zur Frage der Wissenschaft vgl. Urs B. Leu: Johann Jakob Scheuchzer (1672–1733). Pionier der Alpen- und Klimaforschung, Zürich 2022.

Kurt Altorfer: Die Anfänge des Bergbaus im Kanton Zürich

1 Jacques Pelegrin, Pierre-Jean Texier: Les techniques de taille de la pierre préhistorique, in: Dossiers d'archéologie 290, 2004, S. 26–33.
2 Sabine Gayck: Urgeschichtlicher Silexbergbau in Europa. Eine kritische Analyse zum gegenwärtigen Forschungsstand (Beiträge zu Ur- und Frühgeschichte Mitteleuropas 15), Weissbach 2000.
3 Pierre M. Vermeersch et al.: 33 000-yr old chert mining site and related Homo in the Egyptian Nile Valley, in: Nature 309/5967 (1984), S. 342–344.
4 Detlef Gronenborn, Thomas Terberger: Vom Jäger und Sammler zum Bauern: Die Neolithische Revolution. Stuttgart 2014.
5 Detlef Gronenborn: A variation on a basic theme: The transition to farming in southern central Europe, in: Journal of World Prehistory 13/2 (1999), S. 123–210.
6 Kurt Altorfer: Silizitversorgung vom 5. bis 3. Jahrtausend v. Chr. Werkstofftechnologie und Kommunikationsnetze in Zürcher Feuchtbodensiedlungen (Monographien der Kantonsarchäologie Zürich 58), Zürich, Basel 2023. Bd. 1, Kapitel IV.
7 Pieter J. Felder: Feuersteinbergbau in Ryckholt-St. Gertruid (NL 1) und Grime's Graves (GB 13) – Ein Vergleich, in: Gerd Weisgerber, Jürgen Weiner, Rainer Slotta (Hg.): 5000 Jahre Feuersteinbergbau. Die Suche nach dem Stahl der Steinzeit (Veröffentlichungen aus dem DBM Bochum 77), 3. Auflage, Bochum 1999, S. 120–123.
8 Jehanne Affolter: Provenance des silex préhistoriques du Jura et des régions limitrophes (Archéologie neuchâteloise 28), Neuchâtel 2002.
9 Jürg Sedlmeier: 3 / Vom Homo Erectus geschaffen – Der altpaläolithische Faustkeil von Pratteln, Hohle Gasse, in: Reto Marti, Andreas Fischer: 50 Jahre – 50 Funde, Archäologie im Kanton Baselland, Basel 2018, S. 18 f.
10 Anna Kienholz: Alt gereist oder neu verlagert?, in: Jahrbuch Archäologie Schweiz 99 (2016), S. 153–156.
11 Laure-Isaline Stahl Gretsch, Jean Detrey: Le Site moustérien d'Alle, Pré Monsieur (Jura, Suisse) (Cahiers d'archéologie jurassienne 9), Porrentruy 1999.
12 Affolter (wie Anm. 8).
13 Kurt Altorfer, Jehanne Affolter: Schaffhauser Silex – Vorkommen und Nutzung. Wirtschaftsarchäologische Untersuchungen an den Silices der jungneolithischen Stationen Büttenhardt-Zelg, Schaffhausen (Herblingen)-Grüthalde und Lohn-Setzi (Beiträge zur Schaffhauser Archäologie 5), Schaffhausen 2011; Kurt Altorfer, Chantal Hartmann: Frühe Bauern im Klettgau. Der alt- und mittelneolithische Siedlungsplatz Gächlingen-Goldäcker (Schaffhauser Archäologie 10), Schaffhausen 2018.
14 Altorfer (wie Anm. 6).
15 Affolter (wie Anm. 8).
16 Altorfer/Hartmann (wie Anm. 13).
17 Gayck (wie Anm. 2).
18 Christian Birchmeier: Bohnerzbergau im Südranden (Neujahrsblatt der Naturforschenden Gesellschaft Schaffhausen 38/1986), Thayngen, Schaffhausen 1985.
19 Hélène Collet, François Hubert, Claude Robert, Jean-Pierre Joris: The flint mines of Petit-Spiennes, in: Gabriele Körlin, Gerd Weisgerber (Hg.): Stone Age – Mining Age. Der Anschnitt (Veröffentlichungen aus dem Deutschen Bergbau-Museum Bochum 148, Beiheft 19), Bochum 2006.
20 Felder (wie Anm. 7).
21 Affolter (wie Anm. 8).
22 Altorfer (wie Anm. 6).

Johann Savary: Eisen vom Nordhang der Lägern?

1 Mein besonderer Dank gilt Patrick Nagy, der mir den Impuls für neue Recherchen im Kanton Zürich gab und sein Wissen mit mir teilte. Weiter bedanke ich mich bei Vincent Serneels, Rouven Turck, Beat Meier, Richard Waite, Ulla Wingenfelder, Dölf Wild und Andreas Schuler, die zur Entstehung dieses Artikels beigetragen haben.
2 Johann Jacob Scheuchzer: Beschreibung der Natur-Geschichten des Schweizerlandes 2, Zürich 1707, S. 29 f.
3 Martin Leonhardt: Historische Recherchen, in: Kurt Altorfer: Silizitversorgung vom 5. bis 3. Jahrtausend v. Chr. Werkstofftechnologie und Kommunikationsnetze in Zürcher Feuchtbodensiedlungen (Monographien der Kantonsarchäologie Zürich), Zürich, Basel 2023, S. 72–74.
4 Gerold Meyer von Knonau: Der Kanton Zürich, historisch, geographisch, statistisch geschildert. Gemälde der Schweiz 1, St. Gallen, Bern 1834, insbesondere S. 46; Ernst Baumberger: Bohnerz. Die Eisen- und Manganerze der Schweiz (Beiträge zur Geologie der Schweiz, geotechnische Serie XIII.1), Bern 1923, S. 46; Willfried Epprecht: Unbekannte schweizerische Eisenerzgruben sowie Inventar und Karte aller Eisen- und Manganerz-Vorkommen der Schweiz (Beiträge zur Geologie der Schweiz, geotechnische Serie – Kleinere Mitteilungen 19), Bern 1958, S. 217–247, insbesondere S. 219 und S. 235, Nr. 36.
5 Vincent Serneels: Die Eisenerze / Les minerais de fer, in: Cornel Doswald et al.: Grabungstechnik. Erze, Schlacken, Eisen. Einführungskurs zum Studium der frühen Eisenmetallurgie und der Bestimmung der Abfälle dieser Industrie, Basel 1997, S. 13–16.
6 Peter Bitterli-Dreher et al.: Geologischer Atlas der Schweiz, Blatt 1070: Baden (Atlasblatt 120). Erläuterungen, Wabern 2007.

7 Epprecht (wie Anm. 4), S. 218 f.
8 Vorarbeiten von Patrick Nagy im Bericht 2022/030 (unpubliziert, Archiv der Kantonsarchäologie Zürich).
9 Luc Braillard, Quentin Vonlanthen: Terrils des mines de charbon de la vallée de la Mionna (Nr. 29), in: Inventaire des géotypes d'importance cantonale, 2022, www.fr.ch/energie-agriculture-et-environnement/faune-aquatique-et-faune-terrestre/section-nature-et-paysage/geotopes-dimportance-cantonale/geotopes-dimportance-cantonale-fiches-dobjet, 22. 7. 2025.
10 Zur Geologie des Lägernmassivs siehe Jehanne Affolter, Kurt Altorfer: Eine kurze Geologie des Lägerngebiets, in: Altorfer (wie Anm. 3), S. 60 f.; Patrick Nagy: Geologische Kartierung, in: Altorfer (wie Anm. 3), S. 74 f.
11 So in Saint-Maurice (2566 940/1119 628) oder in Basel-Bruderholz (2611 492/1264 297).
12 Salomon Hess: Mergelgruben an der Lägern. Abhandlungen der Naturforschenden Gesellschaft Zürich 1757 (Staatsarchiv des Kantons Zürich, B IX 244, S. 76–98). Für weitere Quellen siehe den Bericht 2022.030 Lägern, Mergelgruben/PR von Patrick Nagy (unpubliziert, Archiv der Kantonsarchäologie Zürich), und Patrick Nagy: Niederweningen/Oberweningen/Schleinikon/Steinmaur, Lägernnordhang. Archäologie im Kanton Zürich – Kurzberichte zu den Projekten, 2022, S. 36.
13 Unter anderem Otelfingen und Dietikon, Doswald Cornel: Räumliche und wirtschaftliche Rahmenbedingungen, in: Doswald et al. (wie Anm. 5), S. 49–57, insbesondere S. 51, Abb. 19.
14 Paolo Forlin, Hervé Laurent: Exploiting local resources in a new economic frame: Iron ores and bloomeries in Franche-Comté (F) during the Early Middle Ages, in: Jacquo Silvertant (Hg.): Research and Preservation of Ancient Mining Areas, Proceeding of the 9th International Symposium on Archaeological Mining History (Trento, 5–8th June 2014) (Yearbook of the Institute Europa Subterranea), Gulpen 2014, S. 197–217; Marion Berranger et al.: Les zones de production du fer en Bourgogne-Franche-Comté: une approche sur la longue durée par le radiocarbone, (Gallia 80/2) 2023, S. 15–48.
15 Zahlreiche Pingen befinden sich in unbewaldetem Gebiet. Offen bleibt, ob der tonige Boden die Strahlungskraft der Geräte beeinträchtigen könnte. Zu den Methoden siehe Patrick Nagy: Geophysikalische Methoden, in: Altorfer (wie Anm. 3), S. 76–79.
16 Diese Methode hat sich beispielsweise im Falle der Studie des Bergwerks vom Mont d'Or als ergiebig erwiesen: Vincent Serneels et al.: Mining and Metallurgical Heritage in the Mont d'Or Area (Swiss-French Border). 1st International Conference of Paleosiderurgy and Industrial Heritage Recovery. Iron, History and Heritage, San Sebastián 2005, S. 157–167.

Peter Niederhäuser: Zürcher Eisenherren im Sarganserland

1 Bernhard Stettler: Die Eidgenossenschaft im 15. Jahrhundert. Die Suche nach einem gemeinsamen Nenner, Zürich 2004; Christian Sieber: Die Reichsstadt Zürich zwischen der Herrschaft Österreich und der werdenden Eidgenossenschaft, in: Geschichte des Kantons Zürich, Bd. 1: Frühzeit bis Spätmittelalter, Zürich 1995, S. 471–498; Alois Niederstätter: Der Alte Zürichkrieg. Studien zum österreichisch-eidgenössischen Konflikt sowie zur Politik König Friedrichs III. in den Jahren 1440 bis 1446 (Forschungen zur Kaiser- und Papstgeschichte des Mittelalters. Beihefte zu J. F. Böhmer, Regesta Imperii 14), Wien etc. 1995; Peter Niederhäuser, Christian Sieber (Hg.): Ein «Bruderkrieg» macht Geschichte. Neue Zugänge zum Alten Zürichkrieg (Mitteilungen der Antiquarischen Gesellschaft in Zürich 73), Zürich 2006.
2 Zur Herrschaftsgeschichte von Flums und Sargans mit Angaben zum Bergbau siehe Anton Müller: Geschichte der Herrschaft und Gemeinde Flums, zugleich ein Beitrag zur Geschichte des Sarganserlandes, Gossau 1916; Fritz Rigendinger: Handwerker, Schiffsleute, Eisenherren, in: Sankt-Galler Geschichte 2003, Bd. 2: Hochmittelalter und Spätmittelalter, St. Gallen 2003, S. 181–202; ders.: Das Sarganserland im Spätmittelalter. Lokale Herrschaften, die Grafschaft Sargans und die Grafen von Werdenberg-Sargans, Zürich 2007; Sibylle Malamud, Pascale Sutter: Die Rechtsquellen des Kantons St. Gallen, III.2: Die Rechtsquellen des Sarganserlandes, Basel 2013. Das Urbar ist ediert von Rudolf Thommen: Urbar der Grafschaft Sargans, in: Mitteilungen zur vaterländischen Geschichte 27 (1900), S. 681–690, hier S. 689.
3 Rigendinger, Handwerker (wie Anm. 2), S. 198 f.
4 Zum Bergbau am Gonzen siehe Paul Hugger: Der Gonzen. 2000 Jahre Bergbau. Das Buch der Erinnerungen, Sargans 1991; Eisenbergwerk Gonzen AG (Hg.): Gonzen. Der Berg und sein Eisen, Zürich 2010. Vgl. auch die Unterlagen und Verzeichnisse im Archiv der Eisenbibliothek Paradies (Georg Fischer AG), EBA 2.
5 Für die folgenden Ausführungen siehe die Literatur in Anm. 2.
6 Werner Schnyder: Der Zürcher Handel mit Eisen und Stahl im Spätmittelalter, in: Zürcher Taschenbuch 1937, S. 81–112.
7 Vgl. Malamud/Sutter (wie Anm. 2), S. 443 und Literatur in Anm. 4.
8 Vgl. Martin Illi: Die Constaffel. Von Bürgermeister Rudolf Brun bis in 20. Jahrhundert, Zürich 2003; Emil Usteri: Die Schildnerschaft zum Schneggen. Geschichte der 65 Schilde seit 1559, Zürich 1969.
9 StAZH, B VI 257, S. 293; Werner Wild, Peter Niederhäuser: Vom Steinhaus und Adelssitz zum «Bauhof». Ein Gebäudekomplex an der Technikumstrasse 66 und 68 in Winterthur, in: Mittelalter 16/4 (2011), S. 121–154, hier S. 140.
10 Malamud/Sutter (wie Anm. 2), Nr. 153, S. 546–556. Vgl. dazu auch Bergwerk Gonzen AG (wie Anm. 4), S. 48 f.
11 Schnyder (wie Anm. 6); vgl. auch Rigendinger, Handwerker (wie Anm. 2), S. 196–201.
12 Neuerdings Roland Böhmer, Peter Niederhäuser: Die Sust in Horgen (Schweizerischer Kunstführer GSK 1112 f.), Bern 2022; siehe auch Paul Kläui: Geschichte der Gemeinde Horgen, Horgen 1952; Sustordnung: StAZH, A 127.1, Nr. 6.
13 Urkundenbuch von Stadt und Amt Zug vom Eintritt in den Bund bis zum Ausgang des Mittelalters 1352–1529, 2 Bände, Zug 1964, Nr. 313 (1399) und Nr. 1558 (1491), StAZH, B III 264; die Regelung von 1668 wurde 1777 erneuert, ohne jedoch Flums namentlich zu erwähnen.
14 Für die folgenden Ausführungen Hans Conrad Peyer: Von Handel und Bank im alten Zürich, Zürich 1968, hier S. 17–31; Hans Schulthess: Hans Heinrich Lochmann, in: Neue Zürcher Zeitung, 9. 6. 1940; vgl. auch Illi (wie Anm. 8), S. 69 f.; Usteri (wie Anm. 8), S. 44, 229.
15 StAZH, C I, Nr. 3700.
16 Siehe der Beitrag von Rudolf Gamper, Bergbau und Alchemie, im vorliegenden Band.
17 StAZH, F II a 391c; noch 1634 standen Guthaben Lochmanns zur Diskussion, siehe StAZH, C I, Nr. 979q.

18 Malamud/Sutter (wie Anm. 2), S. 571.
19 Peyer (wie Anm. 14), S. 28.

Dölf Wild: Käpfnach, Lüttich

1 Dargestellt ist diese Forschungsgeschichte in Christoph Bartels: Europa vor 1750: Keine «Welt (fast) ohne Kohle». Zur Geschichte des europäischen Bergbaus in vorindustrieller Zeit, insbesondere auf Steinkohle, in: Der Anschnitt. Zeitschrift für Montangeschichte des Deutschen Bergbaumuseums Bochum 72/1–2 (2020), S. 24–44, www.bergbaumuseum.de/fileadmin/forschung/zeitschriften/der-anschnitt/2020/2020-01-02/anschnitt-1-2-2020-bartels-europa-vor-1750.pdf, 15. 7. 2025. Siehe auch: Rolf Peter Sieferles: Der unterirdische Wald. Energiekrise und Industrielle Revolution. München 1982. Neudruck Lüdinghausen und Neuruppin 2021.

2 Dieser Aufsatz befasst sich nur mit der Kohle und lässt Torf, Erdöl und Erdgas weg. Gerade der unscheinbare Torf ist aber ebenfalls «fossile Energie» und seine Entstehung kann mehrere Tausend Jahre gedauert haben. Zudem ist seine Bedeutung als Energielieferant nicht zu unterschätzen und wenig erforscht. Vgl. dazu Dietrich Lohrmann: Energieressourcen Westeuropas vor 1500. Eine Anthologie von Text- und Bildzeugnissen, Bd. 2: Wärmeressourcen und Suche nach neuen Energien, Aachen 2022, S. 88–104. Dazu auch Historisches Lexikon der Schweiz, Art. Torfstecherei, 15. 7. 2025.

3 Johannes Stumpf: Gemeiner loblicher Eydgnoschafft Stetten, Landen und Völckeren Chronick wirdiger Thaaten Beschreybung: hierinn wirt auch die Gelegenheit der gantzen Europe, jtem ein kurtzvergriffne Chronica Germaniae oder Teütschlands, in sonders aber ein fleyssige Histori [...]. Getruckt Zürych in der Eydgnoschafft: bey Christoffel Froschouer, 1548, S. 339 f. (online S. 681 f., www.e-rara.ch/zuz/content/zoom/1527342, 4. 9. 2025). Zu dieser frühen Nennung auch Wild, Käpfnach, in diesem Band. Zu Johannes Stumpf auch die Würdigung seiner Schweizer Chronik: Urs B. Leu: Die Eidgenössische Chronik von Johannes Stumpf, in: Librarium. Zeitschrift der Schweizerischen Bibliophilen-Gesellschaft (2022), Heft 1, S. 67–83, hier besonders S. 72–74.

4 Sebastian Münster: Cosmographia: Beschreibung aller Lender durch Sebastianum Munsterum in welcher begriffen, Aller völker Herrschafften, Stetten, und namhafftiger flecken, herkommen: Sitten, gebreüch, ordnung, glouben, secten, und hantierung, durch die gantze welt, und fürnemlich Teütscher nation: Was auch besunders in iedem landt gefunden unnd darin beschehen sey: Alles mit figuren und schönen landt taflen erklert, und für augen gestelt. Gedruckt zu Basel anno 1544, S. 361 (online S. 477, www.e-rara.ch/bau_1/content/zoom/8522359, 4. 9. 2025). Mit «Ach» ist Aachen gemeint, vgl. seine Ausführungen zu dieser Stadt S. 346–348 (online S. 462–464).

5 Sebastian Münster: Cosmographei oder Beschreibung aller Länder, Herrschafften, fürnemsten Stetten, Geschichten, Gebreüchen, Hantierungen etc., Basel 1550. Basel 1550, Das dritt Buoch, p. ccccliii. Herausgegeben von: Theatrum Orbis Terrarum, Amsterdam 1968.

6 Leo Wehrli: Das produktive Karbon der Schweizeralpen. Geologie der Schweiz. Geotechnische Serie, Teil 1: Übersicht und Geschichte des Bergbaus von seinen Anfängen bis Mitte 1917, mit besonderer Berücksichtigung der Anthrazite des Wallis, Bern 1925, S. 42. Bei Wehrli sind alle in der Zeit des Ersten Weltkriegs bekannten Walliser Bergwerke aufgeführt und mit historischen Angaben versehen. Nur bei den hier beschriebenen gehen die Quellen bis ins frühe 19. oder im Fall von Bremis ins 16. Jahrhundert zurück.

7 Wehrli (wie Anm. 6), S. 31, 42. Zum Bergregal und zur Unterstellung der Kohle darunter vgl. Bartels (wie Anm. 1), S. 28.

8 In Zürich ist die Kohle bereits vom Beginn der systematischen Nennungen 1663 an ein staatliches Regal.

9 Hermann Escher: Reisebericht des Chronisten Johannes Stumpf aus dem Jahr 1544 (Quellen zur Schweizer Geschichte 6), Basel 1884.

10 Anders als Münster ist Stumpf in Sitten nicht vom Bischof beherbergt worden, sondern wurde von diesem an einen «Meister Christian» verwiesen. Dazu Escher (wie Anm. 9), S. 260, 306 f. Zur Konkurrenz der beiden Gelehrten Leu (wie Anm. 3), S. 72–74. Sebastian Münster hatte grossen Respekt vor der Arbeit von Stumpf und er hat ihn richtiggehend ausspioniert. Dies wohl auch deswegen, weil die Chronik Stumpfs nicht nur die schweizerische, sondern auch europäische Geschichte bringt und damit Münsters «Cosmographia» direkt konkurrenziert. Zusammengearbeitet haben die beiden nicht.

11 Nur im Kapitel über Schottland bringt er «fast schweflige Erde», die zum Feuern gebraucht werde, «besunder die wyl, wenig holtz do gefunden wird». Weiter beschreibt er dort den Gagat, einen aus Kohle bestehenden Stein, der seit prähistorischer Zeit für Schmuck verwendet wurde. Münster (wie Anm. 4), S. 39 (online S. 155).

12 Münster (wie Anm. 4), S. 355 (online S. 471). Der Bischof von Sitten trug den Titel eines Reichsfürsten und war nicht nur geistliches Oberhaupt der Diözese, sondern auch weltlicher Herrscher des Fürstbistums Sitten. Vgl. Historisches Lexikon der Schweiz, Art. Riedmatten und Art. Fürstbistum Sitten. Im Weiteren nennt Münster als Informanten auch Johannes Kalbermatten, Burgermeister von Sitten, Hofmeister des Bischofs und Verwalter des Landesarchivs.

13 Münster (wie Anm. 4), Vorrede. Dazu auch Historisches Lexikon der Schweiz, Art. «Cosmographia» und Art. Sebastian Münster. Johannes Stumpf stammt aus dem süddeutschen Bruchsal, studierte in Heidelberg und stand danach im Dienst des bischöflichen Notars von Speyer. Anschliessend trat er in den Johanniterorden ein und war unter anderem Prior und Leutpriester in der Komturei Bubikon im Zürcher Oberland. 1528 schloss er sich der Reformation an und wurde ein enger Mitarbeiter Zwinglis. In den Jahren 1543–1548, in welchen die Hauptarbeit an seiner Schweizer Chronik geleistet wurde, war er Pfarrer in Stammheim. Vgl. Leu (wie Anm. 3), S. 67 f.

14 Dazu Lohrmann (wie Anm. 2), S. 88–90, insbesondere S. 89.

15 Horst Kranz: Lütticher Steinkohlenbergbau im Mittelalter (Aachener Studien zur älteren Bergbaugeschichte. Veröffentlichung des Historischen Instituts der RWTH Aachen 6), Aachen 2000, S. 128–130.

16 Wolfgang Stumme: Flößerei auf dem Rhein, www.regionalgeschichte.net, 15. 7. 2025; www.regionalgeschichte.net/bibliothek/aufsaetze/stumme-floesserei-rhein.html, 15. 7. 2025; Joachim Hamberger: Der Holländerholzhandel, in: LWF aktuell 131 (2021), S. 34–36, www.waldwissen.net/de/lernen-und-vermitteln/der-hollaenderholzhandel, 15. 7. 2025.

17 Dazu Lohrmann (wie Anm. 2), S. 105–136.

18 Notker war zuvor Propst in St. Gallen und Mitglied der Hofkapelle Kaiser Ottos des Grossen. Dazu und zu Lüttich generell Kranz (wie Anm. 15), S. 77–82. Dazu auch Lohrmann (wie Anm. 2), S. 120–126.
19 Kranz (wie Anm. 15), S. 80–82.
20 Ebd., S. 94.
21 Ebd., S. 105–108.
22 Ebd., S. 124.
23 Ebd., S. 31; Bartels (wie Anm. 1), S. 29, Anm. 55; Lohrmann (wie Anm. 2), S. 121.
24 Zu den Zisterziensern als Unternehmer vgl. Bartels (wie Anm. 1), S. 29–31.
25 Kranz (wie Anm. 15), S. 108, 141–152.
26 Zur wirtschaftlichen Bedeutung der Kohle für Lüttich vgl. ebd., S. 86–90.
27 Ebd., S. 351. Das «Bon Métier des Houilleurs de Liège» war eine von 32 «Zünften». Vgl. dazu Claude Gaier: Huit siècles de Houillerie Liégeoise, Liège 1988, S. 121.
28 Kranz (wie Anm. 15), S. 383.
29 Vgl Horst Kranz: Bergbau und Wasser im mittelalterlichen Lüttich. Eine wechselseitige Abhängigkeit, 30. 1. 2022, https://zenodo.org/records/5920475, 20. 7. 2025.
30 Kranz (wie Anm. 15), S. 383.
31 Malte Helfer: Der Steinkohlenbergbau im Revier von Lüttich, Université du Luxembourg, https://gr-atlas.uni.lu/index.php/de/articles/wi55/st71/li94, 15. 7. 2025. Vgl. dazu auch Bartels (wie Anm. 1), S. 31–33.
32 Lohrmann (wie Anm. 2), S. 107.
33 Kranz (wie Anm. 15), S. 183 f., 381. Dazu auch Lohrmann (wie Anm. 2), S. 88–136.
34 Kranz (wie Anm. 15), S. 381.
35 Barbara Freese: Coal. A Human History, London 2003, S. 1. Ebenfalls Bartels (wie Anm. 1), S. 24 f. Die entsprechenden Quellen in Lohrmann (wie Anm. 2), S. 107–112.
36 John Hatcher: The History of the British Coal Industry, Oxford 1993, S. 16–18.
37 Kranz (wie Anm. 15), S. 123.
38 Vgl. die Archäologische Zone HORG-AZ005 der Kantonsarchäologie Zürich.
39 Regula Ackermann, Pirmin Koch: Römische Kalkbrennereien im Vicus von Kempraten (Rapperswil-Jona SG), in: Minaria Helvetica 36 (2015), S. 55–89, Holzkohle («Brennholz»), S. 68–72.

Rudolf Gamper: Das Kohlebergwerk Birmenstall bei Elgg

1 Staatsarchiv Zürich (StAZH), K III 218,1, Nr. 67; Leo Weisz: Studien zur Handels- und Industrie-Geschichte der Schweiz, Bd. 1, Zürich 1938, S. 201.
2 StAZH, K III 218,1, Nr. 68; Weisz (wie Anm. 1), S. 202 f.
3 StAZH, K III 218,1, Nr. 69; Weisz (wie Anm. 1), S. 203.
4 Kopie von 1805 in: StAZH, K III 218,1, Nr. 69.
5 StAZH, OS AF 3, S. 99–101, https://suche.staatsarchiv.djiktzh.ch/Dateien/113/D568832.pdf, 26. 7. 2025.
6 StAZH, K III 218,1, Nr. 67; Weisz (wie Anm. 1), S. 201.
7 Max Triet et al. (Hg.): Die Matrikel der Universität Basel, Bd. 5: 1726/27–1817/18, Basel 1980, S. 313; Heinz Balmer: Winterthurer Naturforscher und Techniker vor 1850, in: Jahrbuch der Schweizerischen Naturforschenden Gesellschaft. Wissenschaftlicher und administrativer Teil 160 (1980), S. 19–41, hier S. 35; Urs Leo Gantenbein: Schwitzkur und Angstschweiss. Praktische Medizin in Winterthur seit 1300, Winterthur 1996, S. 163–166, 213–215, 397; Gertraud und Rudolf Gamper: Johann Sebastian Clais (1742–1809). Ein vielseitiger Unternehmer der industriellen Frühzeit, Meilen 1990, S. 29–34, 42–44.
8 Dazu zählen Titel wie «The analogy of religion, natural and revealed», «Physico-Theologie», «Astrotheologie», «Testaceo-theologia» (Winterthurer Bibliotheken, Sammlung Winterthur, B 46, B 259. B 260, B 444) wie auch zwei mehrbändige Werke Samuel Clarkes, des Freundes von Isaac Newton (B 223 und B 224). Die neuesten Bände der theologischen Bibliothek stammen aus dem Jahr 1758. Über die Intensität der Benutzung geben die Bücher keine Auskunft; handschriftliche Notizen brachte Ziegler nicht an. Die übrigen rund 140 Bände gehören zu verschiedenen Fachbereichen, den grössten Anteil haben die lateinischen und griechischen Klassiker. Nur vierzehn Werke wurden 1760–1770 gedruckt, ein einziges später. Wohin der Rest der Bibliothek gelangt ist, ist nicht bekannt. Die Erfassung von Zieglers Bibliothek stützt sich auf Vorarbeiten von Hanspeter und Karin Marti-Weissenbach in der Sammlung Winterthur.
9 Johann Heinrich Ziegler: Vorläufige Anzeige eines neuen Schöpfrades, erfunden und verfertigt von Herrn Andreas Wirz [...], mit Vorwissen und gütiger Bewilligung des Erfinders beschrieben, in: Abhandlungen der Naturforschenden Gesellschaft in Zürich 3 (1766), S. 431–463. Zieglers Exemplar (Winterthurer Bibliotheken, Sammlung Winterthur, E 1) enthält eine eigenhändige Textergänzung.
10 Die Abwesenheit um 1763/64 wird durch die Winterthurer Steuerbücher bestätigt: Für diese Jahre ist Ziegler dort nicht eingetragen. Zu den Steuerbüchern siehe Anm. 18. Anfang 1764 war Ziegler in Winterthur, siehe unten, Anm. 21.
11 Willhelm Lewis: Der Zusammenhang der Künste philosophisch-practisch abgehandelt ..., 2 Bände, Zürich 1764–1766. Die Seiten 61–370 erschienen 1764 separat unter dem Titel «Historie des Goldes und der verschiedenen Künste und Gewerbe, welche davon abhangen». Dieser Auszug wurde mehrfach nachgedruckt. Willhelm Lewis: Historie der Farben. Erste Abtheilung, von den schwarzen Farben, Zürich 1766.
12 Johann Heinrich Ziegler: Specimen physico-chemicum de digestore Papini ..., Basel 1769.
13 Catherine Phillips: Rodolphe Valltravers (1723–1815?), Swiss Gentleman, and the Promotion of Useful Knowledge, in: Век Просвещения / Le siècle der Lumières, Bd. 3, Moskau 2011, S. 96–121.
14 StAZH, B III 127cc, S. 26–30.
15 1776 war das Bergwerk zerfallen. StAZH, B III 127cc, S. 34.
16 Gamper (wie Anm. 7), S. 9–21.
17 Ebd., S. 21–28.
18 Stadtarchiv Winterthur, B3f: 100, fol. 36v sowie 101, fol. 37v und 9v (Biedermann). Die Vermögensangaben beruhten auf Selbstdeklaration. Zum Winterthurer Steuerwesen Werner Ganz: Winterthur. Einführung in seine Geschichte von den Anfängen bis 1798, Winterthur 1960, S. 148–151, zur Vermögensverteilung S. 295–298.
19 Zentralbibliothek Zürich, Ms Car XV 154a, Nr 4; Gamper (wie Anm. 7), S. 29–34.
20 StAZH, B III 127cc, S. 41; Zentralbibliothek Zürich, Ms Z I, 377, Nr. 14 (unvollständig).
21 StAZH, B III 127cc, S. 41 f.

22 Johann Georg Krunitz et al. (Hg.): Ökonomische Encyklopädie oder allgemeines System der Staats- Stadt- Haus- und Landwirthschaft, Bd. 96, Berlin 1804, Art. Mulm, www.kruenitz1.uni-trier.de, 26. 7. 2025.
23 StAZH, B III 127cc, S. 42.
24 StAZH, B III 127cc, S. 49 f.
25 Emil Letsch: Die schweizerischen Molassekohlen östlich der Reuss, Bern 1899, S. 118, Beschreibung des Bergwerks, der Kohle und der gefundenen Versteinerungen, S. 115–120 und Karte F.
26 Anton Werdmüller: Memorabilia Tigurina, Bd. 2, Zürich 1790, S. 143.
27 Heinz Bächinger: Spinnerei Hard, www.winterthur-glossar.ch/hard-spinnerei, 26. 7. 2025.
28 Johann Heinrich Ziegler: Anleitung zu den Carton-Arbeiten ..., Winterthur 1813.
29 Gamper (wie Anm. 7), S. 45–82.
30 Lesch (wie Anm. 25), S. 119; Ursula Maurer-Waller: Die Bergwerke im Kanton Zürich, Buch ZH 1992, S. 14–16; Luisa Karrer: Die Elgger Kohlebergwerke, https://blog.ateliereisen.ch/?p=2725, 14. 6. 2025.

Roger Widmer: Bergbau in Elgg

1 Zu diesem Laboratorium und den Initiatoren Ziegler und Clais ausführlich Gamper, Ziegler, in diesem Band.
2 Gertraud und Rudolf Gamper: Johann Sebastian Clais. Ein vielseitiger Unternehmer der industriellen Frühzeit, hg. vom Verein für wirtschaftshistorische Studien, Meilen 1990, S. 29.
3 Gamper (wie Anm. 2), S. 30.
4 Emil Letsch: Die schweizerischen Molassekohlen östlich der Reuss (Beiträge zur Geologie der Schweiz, Geotechnische Serie, I. Lieferung, hg. von der Geotechnischen Kommission der Schweizerischen Naturforschenden Gesellschaft), Bern 1899, S. 115.
5 Letsch (wie Anm. 4), S. 115.
6 Siehe Gamper, Ziegler, in diesem Band.
7 Gegen Westen.
8 Letsch (wie Anm. 4), S. 115.
9 Ebd., S. 115.
10 Ebd., S. 116.
11 Gamper-Schlund (wie Anm. 2), S. 43.
12 Das Flöz wird dünner und verschwindet schlussendlich.
13 Nagelfluh, auch bekannt als Konglomerat, entsteht durch die Ablagerung und Verfestigung von gerundeten Flussgeröllen.
14 Letsch (wie Anm. 4), S. 118.
15 Mit dem ebenfalls zeitweise in Elgg (im Fennental) lebenden Ginsberg: Markus Schär: Von der «Glashütte» Elgg, hg. von der Gemeindeverwaltung Elgg, Elgg 2014, S. 9.
16 Ebd., S. 9.
17 Ebd.
18 Ebd.
19 Ebd.
20 Zu dieser Bank vgl. Historisches Lexikon der Schweiz, Art. Hans Kaspar Schulthess.
21 Schär (wie Anm. 15), S. 12.
22 Ebd., S. 10.
23 Ebd.
24 Letsch (wie Anm. 4), S. 118 f.
25 Ebd., S. 119.
26 Ebd.
27 Schär (wie Anm. 15), S. 15 f.
28 Schär (wie Anm. 15), S. 15.
29 Ebd.
30 Letsch (wie Anm. 4), S. 119.
31 Das Bergwerk Elgg: Armin von Moos: Kursorische Begehung der Kohlenvorkommen von Riedhof-Aeugst, Sellenbüren-Stallikon, Elgg, alle Kt. Zürich, und Littenheid Kanton Thurgau, Bericht Nr. 3080, hg. vom Kriegs-Industrie und Arbeitsamt Bergbaubüro, Zürich 1942, S. 6–8.

Dölf Wild: Bergbau in Käpfnach

1 Johannes Stumpf: Gemeiner loblicher Eydgnoschafft Stetten, Landen und Völckeren Chronick wirdiger Thaaten Beschreybung: hierinn wirt auch die Gelegenheit der gantzen Europe, jtem ein kurtzvergriffne Chronica Germaniae oder Teütschlands, in sonders aber ein fleyssige Histori [...]. Getruckt Zürych in der Eydgnoschafft: bey Christoffel Froschouer, 1548, 11. Buch, Kapitel I, S. 339 f. (online S. 680 f., www.e-rara.ch/zuz/content/zoom/1527342, 4. 9. 2025).
2 Zur Käpfner Kohle Emil Letsch: Die schweizerischen Molassekohlen östlich der Reuss (Beiträge zur Geologie der Schweiz, hg. von der Geologischen Kommission der Schweizerischen Naturforschenden Gesellschaft), Bern 1899, S. 27–42.
3 Dazu ausführlich Wild, Lüttich, in diesem Band.
4 Anthonicus Werdmüller: Memorabilia Tigurina oder Merkwürdigkeiten der Stadt und Landschaft Zürich, 1. Teil, Zürich 1780, 2. Teil, Zürich 1790.
5 Protokoll der Steinkohle-Kommission, StAZH, B III 127 cc; dazu auch Letsch (wie Anm. 2), S. 43.
6 Im Wallis wurde dies erst 1828 geregelt, siehe Wild, Lüttich, in diesem Band.
7 Hans Erhard Escher: Beschreibung des Zürichsees, Zürich 1692, S. 246.
8 StAZH, B III 127 cc, S. 3 f. Johann Jakob Scheuchzer: Beschreibung der Naturgeschichten des Schweizerlandes, Zürich 1706, hg. von Johann Georg Sulzer, Zürich 1746. Scheuchzer war um eine Vernetzung mit der europäischen Wissenschaft bemüht. Ab 1703 war er Mitglied der Royal Society in London. Urs B. Leu: Johann Jakob Scheuchzer (1672–1733). Pionier der Alpen- und Klimaforschung, Zürich 2022, S. 42, 111–113, und Historisches Lexikon der Schweiz, Art. Scheuchzer.
9 Dazu ausführlich Wild, Lüttich, in diesem Band.
10 Weisung an die gnädigen Herren und Burger betreffend Steinkohlen und Turben vom 7. Januar 1709, unterzeichnet von der bestellten Kommission. StAZH, B III 127 cc, S. 4 f. Dazu auch Letsch (wie Anm. 2), S. 44 f.
11 Letsch (wie Anm. 2), S. 46.
12 Ebd., S. 48 f. Dieser «Bergmann Köhler» war auf Geheiss der Obrigkeit auch im Gebiet der Lägern aktiv. Siehe Wild/Widmer in diesem Band.
13 Auch Vautravers, https://hls-dhs-dss.ch/de/articles/026257/2013-02-21, 2. 9. 2025; www.britishmuseum.org/collection/term/BIOG257297, 2. 9. 2025, gibt als Todesjahr 1814/15 an.
14 StAZH, B III 127 cc, S. 4 f. Das ist insofern von einer gewissen Brisanz, als England ab 1750 begann, den Export von Know-how in der Form von Werkzeugen und Maschinen, aber bald auch

von Fachleuten unter Strafandrohung zu unterbinden. Dazu Gertraud und Rudolf Gamper: Johann Sebastian Clais (1742–1809). Ein vielseitiger Unternehmer der industriellen Frühzeit (Schweizer Pioniere der Wirtschaft und Technik), Meilen 1990, S. 11.

15 Protokoll der Steinkohle-Kommission, StAZH, B III 127 cc, S. 24–26. Dazu auch Memorabilia Tigurina, von A. Werdmüller, 2. Teil 1790, S. 142.

16 Anders in Winterthur, wo man bald deutlich mutiger war.

17 Letsch (wie Anm. 2), S. 50.

18 Ebd., S. 52.

19 Ebd., S. 51 f., da auch ein Bericht dieses «Berg-Prakticus». Siehe Wild/Widmer in diesem Band.

20 Letsch (wie Anm. 2), S. 53–55; Gamper (wie Anm. 14), S. 42–44.

21 Gamper (wie Anm. 14), S. 14. Zu Valltravers, Ziegler und Clais ausführlich Gamper-Schlund, Ziegler, in diesem Band.

22 Gamper (wie Anm. 14), S. 30, vgl. Auch Memorabilia Tigurina, von Werdmüller, Teil 2, 1790.

23 Gamper (wie Anm. 14), S. 29. In der claisschen Villa befindet sich heute das «Museum Lindengut». Er ist in Winterthur gestorben und liegt dort begraben.

24 StAZH, B III 127 cc, S. 56–58; Letsch (wie Anm. 2), S. 53. Die Verordneten der Kommission erhielten den Auftrag, einen fähigen Mann in der Gegend von Horgen ausfindig zu machen und ihn Clais auf seine geplante Reise nach Lothringen mitzugeben, damit er sich unter dessen Leitung die nötigen Kenntnisse erwerbe.

25 Der Ofen war 1785 fertiggestellt. Zu den Versuchen damit Letsch (wie Anm. 2), S. 34.

26 Ebd., S. 59–61.

27 Ginsberg hatte fünf Söhne, die alle ebenfalls im Bergbau tätig waren, ebenso teilweise deren Kinder. Vgl. Pierre-Yves Pièce, Marc Weidmann: Albert Ginsberg (1782–1837), mineur, ingénieur des mines et géologue, in: Minaria Helvetica 34 (2014), S. 26–53. Friedrich Albert Ginsberg erhielt 1795 das Landrecht geschenkt und starb bereits 1796. Sein ältester Sohn Friedrich Ginsberg trat an seine Stelle. 1827 wird Kaspar Ginsberg als Obersteiger erwähnt und wegen Veruntreuungen abgesetzt. Letsch (wie Anm. 2), S. 58, Anm. 1. Mitglieder der Familie Ginsberg betrieben noch lange privat einen Abbau im Käpfner Aabachtobel und in Elgg.

28 Letsch (wie Anm. 2), S. 61–64. Der Begriff Lore kommt bezeichnenderweise vom englischen «Lorry».

29 Um 1860 wurde im Berg der Querstollen zwischen den Stollen II und III fertig, was den Abtransport nochmals erleichterte. Letsch (wie Anm. 2), S. 56.

30 Letsch (wie Anm. 2), S. 61.

31 Ebd., S. 48

32 Zum Tambora: Tambora und das «Jahr ohne Sommer» 1816. Klima, Mensch und Gesellschaft, in: Geographica Bernensia 2016, besonders S. 28–31.

33 Memoriale an die Steinkohle-Kommission vom 16. März 1797, StAZH, BB III 127 cc, S. 24.

34 Mergel ist ein feinkörniges Sedimentgestein, das einen mehr oder weniger hohen Kalkgehalt aufweist. Lange Zeit wurde Mergel zum Düngen landwirtschaftlicher Böden benutzt. Dieses «Mergeln» brachte zwar in den ersten Jahren sichtbare Ertragssteigerungen, da es jedoch dem Boden ausser Kalk keine Nährstoffe zuführte, wurden beim Ausbleiben anderer Düngergaben (Kompost, Mist) die Felder bald unfruchtbar und ausgelaugt – eben «ausgemergelt». Die Bauernregel «Mergel macht reiche Väter und arme Söhne» deutet die Schwierigkeit mit Mergel an. Mündliche Mitteilung von Peter Löble, Bergwerkverein Käpfnach, und Wikipedia, Art. Mergel.

35 Zum «Strassberg-Mergel», vgl. Letsch (wie Anm. 2), S. 29.

36 Wikipedia «Hauensteinlinie», 20. 5. 2025.

37 Wolfgang Taubert: 125 Jahre Zementi z' Käpfnach. Vom Brennofengebäude zum Clubhaus des Yacht-Clubs Horgen, Horgen 2000.

38 Siehe dazu Blanc in diesem Band.

39 Daniel Marek: Kohle. Die Industrialisierung der Schweiz aus der Energieperspektive 1850–1900, Diss. Bern 1992, S. 34.

40 Zuerst nur für das Hochgebirge, ab 1897 für die ganze Schweiz. Vgl. Historisches Lexikon der Schweiz, Art. Holz, besonders die Beiträge 3.2 und 3.3 von Anton Schuler. Dazu auch das Magazin «Umwelt» des Bundesamtes für Umwelt von 2001 zum Thema Wald.

41 Marek (wie Anm. 37), S. 36.

42 David Gugerli: Redeströme. Zur Elektrifizierung der Schweiz 1880–1914, Zürich 1996. Dazu auch Historisches Lexikon der Schweiz, Art. Elektrifizierung; Niklaus Schnitter: Die Geschichte des Wasserbaus in der Schweiz, Oberbözberg 1992.

43 Paul Kläui: Geschichte der Gemeinde Horgen, Horgen 1952, S. 506.

44 Hier vielfach zitiert als Letsch (wie Anm. 2). Zu Emil Letsch vgl. www.ortsgeschichte-kuesnacht.ch/pdf/2015-2020/Kuesnachter-Jahrheft-2016-Emil-Letsch-Ein-Aufstieg-aus-tiefer-Armut.pdf, 11. 6. 2025.

45 Hans Stünzi: Kohleförderung in Käpfnach – vierhundert Jahre Horgner Geschichte, in: Horgner Jahrheft 1982, S. 18–22, sowie Archiv Bergwerkverein Käpfnach.

46 Max Zschokke, Adolf Schneider: Das Bergwerk «Gottshalden» bei Käpfnach-Horgen, in: Zürichsee-Schreibmappe 1942, Horgen, in: Chronik der Gemeinde Horgen (1941), S. 171–180, hier S. 173.

47 Hans Stünzi (wie Anm. 45), S. 22–34, sowie Archiv Bergwerkverein Käpfnach.

48 Vgl. Jean-Francois Bergier et al.: Die Schweiz, der Nationalsozialismus und der Zweite Weltkrieg. Schlussbericht der Unabhängigen Expertenkommission Schweiz – Zweiter Weltkrieg, Zürich 2002, besonders S. 189, www.uek.ch/de/schlussbericht/synthese/uekd.pdf, 4. 6. 2025; Hans Schuhmacher: 50 Jahre schweizerische Sodafabrik Zurzach, Zürich 1964.

49 Stünzi (wie Anm. 45), S. 24.

50 H. Fehlmann: Der schweizerische Bergbau während des Zweiten Weltkriegs, hg. vom Bureau für Bergbau des Eidg. Kriegs- Industrie- und Arbeits-Amtes, Manuskript in der Landesbibliothek Bern (und im Archiv des Bergwerkvereins Käpfnach), S. 127.

51 Fehlmann (wie Anm. 50), S. 67.

52 Ebd., S. 15.

53 Stünzi (wie Anm. 45).

54 25 Jahre Bergwerkverein Käpfnach, Horgen 2007, sowie Archiv Bergwerkverein Horgen.

55 Zum Rollmaterial vgl. www.bergwerk-kaepfnach.ch, 4. 9. 2025.

Roger Widmer: Bergbau im Reppischtal

1 Zur Geschichte des Bergwerks Riedhof Rainer Kündig, Ueli Wenger: Bergwerk Riedhof, Egg 2023, S. 9.
2 Bergrücken nördlich Müliberg im Aeugstertal. Auffahren: einen Grubenbau erstellen.
3 Um die Kohle besser abbauen zu können, musste der Bergmann die Spannung im Flöz lösen und den «inneren» Zusammenhalt reduzieren. Dazu wurde in den meisten Fällen ein möglichst schmaler Schlitz (Schram) horizontal unter dem Flöz angebracht. Für dieses manuelle «Schrämen» brauchte der Bergmann sehr viel Erfahrung.
4 Bituminöser Süsswasserkalk, welcher beim «Anschlagen» ölig riecht.
5 Gesteinsschichten ober- und unterhalb des Flözes.
6 Emil Letsch: Die schweizerischen Molassekohlen östlich der Reuss (Beiträge zur Geologie der Schweiz. Geotechnische Serie, I. Lieferung, hg. von der Geotechnischen Kommission der Schweizerischen Naturforschenden Gesellschaft), Bern 1899, S. 100–106.
7 Zu Clais siehe Wild, Käpfnach, und Gamper, Ziegler, in diesem Band.
8 Vorschlag von Clais 1793, zitiert nach Letsch (wie Anm. 6), S. 100.
9 Über die Vitriolfabrik in Winterthur Gertraud und Rudolf Gamper: Johann Sebastian Clais. Ein vielseitiger Unternehmer der industriellen Frühzeit, hg. vom Verein für wirtschaftshistorische Studien, Meilen 1950, S. 30 f.
10 Kündig/Wenger (wie Anm. 2), S. 10.
11 Letsch (wie Anm. 6), S. 101.
12 Als Wetter wird die Luft im Bergwerk bezeichnet.
13 Beim Strebbau wird in der Regel ein rechteckiger Flözbereich zwischen zwei Abbaustrecken abgebaut. Den dabei entstehenden Hohlraum bezeichnen die Bergmänner als «alten Mann»; er wird zur Sicherung des Bergwerks wieder mit Versatz (taubem Gestein, Bergen) aufgefüllt.
14 Letsch (wie Anm. 6), S. 101.
15 Als Berge wird das taube Nebengestein bezeichnet.
16 J. Meyer: Situationsplan. Staatsarchiv des Kantons Zürich, 02-PLAN_J_146_Ref.
17 Letsch (wie Anm. 6), S. 101.
18 Ebd.
19 Bezeichnung aus der Kalkindustrie. Eine Röhre war ein Holzfass, das 12 kg gebrannten Kalk fasste.
20 Letsch (wie Anm. 6), S. 102.
21 Ebd.
22 Kündig/Wenger (wie Anm. 2), S. 11.
23 Letsch (wie Anm. 6), S. 102.
24 Ebd.
25 Ebd.
26 Dieser Schürfstollen könnte in der Nähe des heutigen Gottertstollens gewesen sein.
27 Letsch (wie Anm. 6), S. 104.
28 Emil Letsch, Ernst Ritter: Die schweizerischen Molassekohlen II (Beiträge zur Geologie der Schweiz. Geotechnische Serie, XII. Lieferung, hg. von der Geotechnischen Kommission der Schweizerischen Naturforschenden Gesellschaft), Bern 1925, S. 21–25.
29 Letsch/Ritter (wie Anm. 28), S. 21.
30 Ebd.
31 Ebd., S. 22.
32 Ebd.
33 Ebd., S. 23.
34 Ebd., S. 24.
35 Ebd., S. 25.
36 Ebd., S. 24.
37 Kündig/Wenger (wie Anm. 2), S. 21.
38 Ebd., S. 22 f.
39 Ebd., S. 31.
40 Ebd., S. 31.
41 Ebd., S. 31–34.
42 Ebd., S. 34 f.
43 Zur Verwendung der Kohle Hans Fehlmann: Der schweizerische Bergbau während des Zweiten Weltkrieges, Bern 1947, S. 66.
44 Vorrichtung = Auffahren von Stollen zur Vorbereitung des Abbaus der Kohle.
45 Kündig/Wenger (wie Anm. 2), S. 36 f.
46 Ebd., S. 40–43.
47 Auch wenn man kriecht, nennt man dies in der Bergmannssprache «befahren».
48 www.bergwerk-riedhof.ch.

Jean-Daniel Blanc: Warme Stuben dank einheimischer Kohle?

1 Patrick Kupper: Energieregime in der Schweiz seit 1800, Innsbruck 2026, S. 44.
2 Kilian Elsasser: Bahnen unter Strom. Die Elektrifizierung der Schweizer Bahnen, Bern 2020.
3 Eidgenössische Zentralstelle für Kriegswirtschaft: Die schweizerische Kriegswirtschaft 1939/1948. Bericht des eidgenössischen Volkswirtschaftsdepartementes, Bern 1950.
4 Jean-Daniel Kleisl: Die Schweizerische Elektrizitätswirtschaft und das «Dritte Reich» (Veröffentlichungen der Unabhängigen Expertenkommission Schweiz – Zweiter Weltkrieg 5), deutsche Zusammenfassung, Zürich 2001, S. 1.
5 Bureau für Bergbau des Eidg. Kriegs-Industrie- und Arbeits-Amtes: Die Schweizer Kohlen, Bern 1944, S. 7.
6 Bureau für Bergbau des Eidg. Kriegs-Industrie- und Arbeits-Amtes: Der schweizerische Bergbau während des Zweiten Weltkriegs, Bern 1947, S. 9.
7 Siehe Wild, Käpfnach, und Widmer, Riedhof, in diesem Band.
8 Bureau für Bergbau (wie Anm. 5), S. 9.
9 Die statistischen Angaben beruhen auf der schweizerischen Gesamtenergiestatistik (www.worldenergy.ch). Die Werte der einheimischen Kohleförderung werden dort nicht gesonder-Rodeer Widmer: t ausgewiesen. Ich habe sie aus den im Bericht über die Kriegswirtschaft ausgewiesenen Fördermengen mit den jeweiligen Brennwerten berechnet.
10 Robert Vogler: Die Wirtschaftsverhandlungen zwischen der Schweiz und Deutschland 1941 und 1942, Basel 1997, S. 46–49.
11 Kleisl (wie Anmerkung 4), S. 2.
12 Die Förderung des Torfabbaus war der kriegswirtschaftlichen Sektion für Holz angegliedert. In der Energiestatistik wurde Torf dagegen der Inlandkohle zugerechnet und nicht gesondert ausgewiesen.
13 Bureau für Bergbau (wie Anm. 6), S. 8.
14 Bureau für Bergbau (wie Anm. 5), S. 7.
15 Zentralstelle für Kriegswirtschaft: Die Kriegswirtschaft der Stadt Zürich 1939–1948, Zürich 1950, S. 115.
16 Eidg. Zentralstelle für Kriegswirtschaft (wie Anm. 3), S. 735.

Roger Widmer: Quarzbergbau mit Kunsthandwerk in Buchs ZH

1 Beim Stollenvortrieb mit dem Bergeisen und dem Schlägel, der Keilhaue oder dem Spitzeisen entstehen typische Muster im Felsen die Prunen (auch Brunen oder Brunnen) genannt werden.
2 Zum Bergwerk im Krähstel Roger Widmer: Das Bergwerk im Krähstel (Minaria Helvetica, hg. von der Schweizerischen Gesellschaft für historische Bergbauforschung), Egg 2017, S. 14 f.
3 Elsy, Adolf und Emil Spühler sind Enkelkinder von Johannes Spühler.
4 Glück auf, Bergmann. Volker Schunck über Arbeitskunst im Quarzsandbergwerk von Buchs, in: Tages-Anzeiger, 1977, S. 8 f.
5 Die Glashütte Bülach sucht Sandlieferanten: Emil Spühler: Zur Geschichte des Bergwerks im Krähstel in Buchs, in: Regan Zunftblatt, hg. von der Landzunft Regan, Regensdorf 1970, S. 18–22, hier S. 18.
6 Auffahren: einen Grubenbau erstellen, einen Stollen oder einer Strecke vortreiben.
7 Als «Bänne» oder «Benne» wird ein ein- oder zweirädriges Transportgerät bezeichnet. Es handelt sich um eines der wenigen keltischen Wörter, die in unserem Dialekt überdauert haben, eine Erinnerung an die hohe Professionalität der Kelten im Wagenbau (www.idiotikon.ch).
8 Der Abraum wurde auf Zweispänner verladen. Schunck (wie Anm. 4), S. 9.
9 Gelegentlich wurden Tagelöhner eingestellt. Ebd., S. 9 f.
10 Spühler (wie Anm. 4), S. 18.
11 Zu Hans Hippele vgl. Wikipedia.
12 Bei Emil Eberhard, Fotograf und «Photochemigraph» in Zürich und Druckerei Aschmann & Scheller, Zürich.
13 Schunck (wie Anm. 4), S. 9–12.
14 Spühler (wie Anm. 5), S. 16.
15 Ebd., S. 20.
16 Ebd., S. 21.
17 Widmer (wie Anm. 3), S. 39.
18 Ebd., S. 42.
19 Ebd., S. 43.
20 www.restaurant-bergwerk.ch.
21 quarzsand-bergwerk.ch.

Rudolf Gamper: Bergbau und Alchemie um 1590

1 Die grundlegenden Studien zu Schmid und den Haintzelbrüdern stammen aus den 1950er-Jahren: Frieda Maria Huggenberg: Alchemisten und Goldmacher im 16. Jahrhundert in der Schweiz, in: Gesnerus 13 (1956), S. 97–164. Eine stark erweiterte Darstellung der Vorgänge wird in den Schaffhauser Beiträgen zur Geschichte 98 (2026) erscheinen. Für Hilfe bei der Quellen- und Literatursuche danke ich Urs Leo Gantenbein, Winterthur, und Felix Graf, Stein am Rhein, für Recherchen und redaktionelle Mitarbeit meiner Frau Gertraud.
2 Frieda Maria Huggenberg: Felix Schmid von Stein am Rhein, in: Schaffhauser Nachrichten, 6., 11., 13. 9. 1957. Die Artikel basieren auf Frieda Maria Huggenberg: Handelsherr und Bergwerkingenieur Felix Schmid zum Schwarzen Horn in Stein am Rhein, Typoskript, Stadtarchiv Stein am Rhein, 08.03.02-3, und Stadtarchiv Zürich, VII. 143,1.2. Edwin Tobler, Benedikt Zäch, Samuel Nussbaum: Die Münzprägung der Stadt St. Gallen 1407–1797, St. Gallen 2008, S. 250.
3 Leo Weisz: Studien zur Handels- und Industrie-Geschichte der Schweiz, Bd. 1, Zürich 1938, S. 225–265, hier S. 226–231; Huggenberg (wie Anm. 2), 11. 9. 1957.
4 Paul Warmbrunn: Zwei Konfessionen in einer Stadt. Das Zusammenleben von Katholiken und Protestanten in den paritätischen Reichsstädten Augsburg, Biberach, Ravensburg und Dinkelsbühl von 1548 bis 1648, Wiesbaden 1983, S. 322–326, 360–375; Bernd Roeck: Eine Stadt in Krieg und Frieden. Studien zur Geschichte der Reichsstadt Augsburg zwischen Kalenderstreit und Parität, Göttingen 1989, S. 125–189; Brief von Haintzel an Abraham Musculus vom 28. 7. 1585, Stadtbibliothek Zofingen, Pa 14:1,219-1 (231); Huggenberg (wie Anm. 1), S. 120.
5 Huggenberg (wie Anm. 1), S. 120.
6 Brief Haintzels an Musculus (wie Anm. 4).
7 Rudolf Gamper, Thomas Hofmeier: Alchemische Vereinigung. Das «Rosarium Philosophorum» und sein Besitzer Bartlome Schobinger, Zürich 2014, S. 140–155; Huggenberg (wie Anm. 1), S. 100, 121 f.
8 Staatsarchiv Schaffhausen, Finanzen 1/332 und 333. Huggenberg (wie Anm. 1), S. 121.
9 Ebd., S. 121–123.
10 Ebd., S. 122.
11 Fronfastenrodel 1587: «Herr von Ougspurg», Staatsarchiv Zürich, W I 15.115.1.55; Hans Conrad Peyer: Von Handel und Bank im alten Zürich, Zürich 1968, S. 21, 27; Martin Illi: Die Constaffel. Von Bürgermeister Rudolf Brun bis ins 20. Jahrhundert, Zürich 2003, S. 159, 161.
12 Iordani Bruni Nolani De imaginum, signorunm, & idearum compositione, Frankfurt 1591, fol. 2r.
13 Huggenberg (wie Anm. 1), S. 124 f.
14 Peyer (wie Anm. 11), S. 17–31.
15 Huggenberg (wie Anm. 1), S. 124 f.; Hans Martin Gubler: Die Kunstdenkmäler des Kantons Zürich, Bd. 7: Der Bezirk Winterthur, südlicher Teil, Basel 1986, S. 342, 346, 252, Anm. 237; Zentralbibliothek Zürich, Ms S 279, ab Nr. 212.
16 Huggenberg (wie Anm. 1), S. 126–129, 139; zum Bergwerk Flums siehe Niederhäuser, Zürcher Eisenherren im Sarganserland, in diesem Band.
17 Die Alchemie des Andreas Libavius. Ein Lehrbuch der Chemie aus dem Jahre 1597, hg. von Friedemann Rex, Weinheim 1964, S. 181.
18 Zentralbibliothek Zürich, Ms S 279 (26. 5. 1589), Nr. 57; Staats- und Universitätsbibliothek Hamburg, Sup. Ep. (40) 30 (24. 1. 1591).
19 Huggenberg (wie Anm. 1), S. 129, 136.
20 Ivo Striedinger: Der Goldmacher Marco Bragadino, München 1928.
21 Zentralbibliothek Zürich, Ms F 60, fol. 164r–165v; Ms S 279, Nr. 211; vgl. Huggenberg (wie Anm. 1), S. 139.
22 Huggenberg (wie Anm. 1), S. 131–133; Huggenberg (wie Anm. 2), S. 42–47. In der Überlieferung Zentralbibliothek Ms F 61, fol. 35r, heisst der Alchemist «Ryffel», in Ms 279, Nr. 210, S. k-l, «Apfel».
23 Ludwig Beck: Die Geschichte des Eisens in technischer und kulturgeschichtlicher Beziehung, 2. Abteilung, Braunschweig 1893–1895, S. 706; Hans-Jürgen Worring: Das Fürstenbergische Eisenwerk Hammereisenbach, Allensbach 1954, S. 31, 104.
24 Huggenberg (wie Anm. 1), S. 141 f.

25 Ebd., S. 138; Staatsarchiv Zürich, A 116,2, Nr. 19.
26 Huggenberg (wie Anm. 1), S. 119–123 mit Anm. 7.
27 Ebd., S. 143, 145, 151; zum Berg- und Schmelzwerk Flums: Staatsarchiv Zürich, A 116.2, Nr. 30; vgl. Die Rechtsquellen des Sarganserlandes, hg. von Sibylle Malamud und Pascale Sutter, Basel 2013, Nr. 197, S. 715–719; Nr. 343, S. 1146; Rahel C. Ackermann: Die Münzprägung der Herrschaft Haldenstein – ein Zwischenbericht, in: Jahresbericht des Archäologischen Dienstes Graubünden 2008, S. 48–60; Felix Graf: Die Mutter des Freiherrn. Die Welt der Elisabeth Hürus in Stein am Rhein um 1600, Schleitheim 2022, S. 95–120.

Peter Niederhäuser: Das Goldloch am Dägelsberg

1 Grundlegende Informationen: Walter Hofmann, Richard Heer: Höhlen im Tösstal. Ein Beitrag zur Heimatkunde, Winterthur 1967; Hans-Peter Bärtschi: Bergbau im Kanton Zürich? In: Minaria Helvetica 1991 (11 b), S. 33–41, und ders.: Industriekultur im Kanton Zürich. Vom Mittelalter bis heute, Zürich 1994, S. 188. Vgl. auch das Neujahrsblatt der Gemeinde Eschenbach SG 2018, die Zusammenstellung von Ueli Wenger: Die Gold Löcher im Goldingertal (Typoskript 2013, www.sghb.ch/historische-bergwerkforschung/datenbank), sowie Richard Graf: Höhlen im Zürcher Oberland. Beitrag zum schweizerischen Höhleninventar, 2019.
2 Hofmann/Heer (wie Anm. 1), S. 25.
3 Vgl. Wenger (wie Anm. 1), S. 6–10.
4 Karl Werner Glättli: Zürcher Sagen, Zürich 1959, hier S. 107–109. Vgl. auch Jakob Kuoni: Sagen des Kantons St. Gallen, St. Gallen 1903, Nr. 413.
5 Vgl. die Zusammenstellung bei Wenger (wie Anm. 1).
6 Emil Zopfi: Mondmilchsteine. Roman einer Gibswiler Jugend, Zürich 1979; Otto Schaufelberger: Menschen am Schnebelhorn. Aus dem Tagebuch des Schulmeisters von Strahlegg, Wetzikon-Rüti 1959, S. 113–126.
7 Schaufelberger (wie Anm. 6), S. 121.

Autorin und Autoren

Kurt Altorfer
Leiter der archäologischen Sammlungen bei der Kantonsarchäologie Zürich. Promovierung an der Universität Basel über die Silizitversorgung der neolithischen Seeufersiedlungen im Grossraum Zürich.

Jean-Daniel Blanc
Promovierte 1993 mit einer Studie über die Verkehrspolitik der Stadt Zürich. Nach langjähriger Tätigkeit für die SBB und die Wasserversorgung Zürich arbeitet er heute als freischaffender Historiker unter anderem an historischen Flussbiografien. 2025 erschien sein Buch über die Reuss.

Sebastian Brändli
Altpräsident der Antiquarischen Gesellschaft in Zürich und promovierter Sozialhistoriker und Archäologe. Er forscht vor allem über Bildung und Wissen, ein Schwerpunkt liegt auf Zürichs Vergangenheit.

Rudolf Gamper
Bis 2014 Bibliothekar der Vadianischen Sammlung der Ortsbürgergemeinde St. Gallen. In mehreren Schweizer Bibliotheken katalogisierte er Handschriften; er publizierte Studien zur Chronistik, zur Handschriftenkunde, zur Bibliotheksgeschichte und zur Reformation in St. Gallen.

Peter Niederhäuser
Freischaffender Historiker, lebt in Winterthur. Neben seiner Tätigkeit für Museen und als Reiseleiter forscht und publiziert er zur Landesgeschichte der Ostschweiz mit besonderem Schwerpunkt auf der Adelsgeschichte. Er ist Vizepräsident der Antiquarischen Gesellschaft in Zürich.

Johann Savary
Von Oron (VD), Studium in Basel. 2018–2024 Zeichner und Archäologe bei der Archäologischen Bodenforschung Basel-Stadt; Fund von Schmiedetätigkeiten an der Freien Strasse, Besuch von Kursen von Vincent Serneels. Seit 2024 Teilbereichsleiter Mittelalter/Neuzeit bei der Kantonsarchäologie Zürich.

Bettina Schöller
Historikerin, aktuell unter anderem tätig als wissenschaftliche Mitarbeiterin im Stadtmuseum Rapperswil-Jona und als Präsidentin der Antiquarischen Gesellschaft in Zürich. Forschungsschwerpunkte sind Aufzeichnungen der Welt im Mittelalter, Erinnerungskulturen sowie Männer- und Frauenklöster.

Roger Widmer
Seit Jugendzeiten leidenschaftlicher Bergwerksforscher. 2012 Anstellung bei der Schweizerischen Geotechnischen Kommission der ETH Zürich, um im Rahmen des Rohstoff-Informationssystems (RIS) die Vorkommen, Lagerstätten und Abbaustellen in der Schweiz zu erfassen. Vorstandsmitglied der Schweizerischen Gesellschaft für Historische Bergbauforschung und Redaktor von deren Zeitschrift Minaria Helvetica.

Dölf Wild
Historiker, Archäologe, bis 2019 Leiter der Stadtarchäologie Zürich, im Vorstand der Antiquarischen Gesellschaft in Zürich. Seit der Pensionierung freischaffender Historiker und neben anderem Guide im Besucherbergwerk Käpfnach.